工业和信息化部"十四五"规划教材

高等职业院校"互联网+"系列精品教材

传感器的应用与调试

（立体资源全彩图文版）

主编　王瑜瑜　龚小涛

副主编　刘少军　乔琳君　王波　叶婷　罗剑

电子工业出版社

Publishing House of Electronics Industry

北京·BEIJING

内 容 简 介

本书基于传感器相关的操作与调试岗位技能要求，以及"1+X 工业传感器集成应用"和"1+X 中级物联网智慧农业系统集成和应用"职业资格鉴定考试要求，对接全国人工智能应用技术技能大赛智能传感器技术应用赛项标准，将企业的 11 个典型任务按照工作过程设计成模块化的课程内容体系，包括传感器的认识与选用、温度传感器的应用与调试、力传感器的应用与调试、光敏器件和光敏传感器的应用与调试、新型传感器的应用与调试 5 个项目、11 个任务。

本书实现了课程内容与职业标准的对接，也实现了教学过程与工作过程的高效统一。本书落实课程思政，实施系统育人模式；聚焦能力培养，构建五大课程模块；推动课堂革命，设计五步教法改革；深化三教改革，开发多元数字资源。本书配套开发了动画、微课、技能实操视频、虚拟仿真、音频、图片、文档、试题等多元化数字资源，以提升学生的学习效果。

本书为高等职业本专科院校传感器技术课程的教材，也可作为开放大学、成人教育、自学考试、中职学校、培训班的教材，以及工程技术人员的参考书。

未经许可，不得以任何方式复制或抄袭本书之部分或全部内容。
版权所有，侵权必究。

图书在版编目（CIP）数据

传感器的应用与调试：立体资源全彩图文版 / 王瑜瑜，龚小涛主编. —北京：电子工业出版社，2023.8
高等职业院校"互联网+"系列精品教材
ISBN 978-7-121-46299-3

Ⅰ. ①传… Ⅱ. ①王… ②龚… Ⅲ. ①传感器－高等职业教育－教材 Ⅳ. ①TP212

中国国家版本馆 CIP 数据核字（2023）第 172974 号

责任编辑：陈健德（E-mail:chenjd@phei.com.cn）
印　　刷：天津画中画印刷有限公司
装　　订：天津画中画印刷有限公司
出版发行：电子工业出版社
　　　　　北京市海淀区万寿路 173 信箱　邮编　100036
开　　本：787×1 092　1/16　印张：16　字数：410 千字
版　　次：2023 年 8 月第 1 版
印　　次：2023 年 8 月第 1 次印刷
定　　价：68.00 元

凡所购买电子工业出版社图书有缺损问题，请向购买书店调换。若书店售缺，请与本社发行部联系，联系及邮购电话：(010) 88254888，88258888。
质量投诉请发邮件至 zlts@phei.com.cn，盗版侵权举报请发邮件至 dbqq@phei.com.cn。
本书咨询联系方式：chenjd@phei.com.cn。

前　言

为深化落实教师、教材、教法改革，全面推进习近平新时代中国特色社会主义思想和党的二十大精神"系统进教材，生动进课堂，深入进头脑"，扎实推动新时代"课堂革命"。本书依托1个国家级项目和2个省级教育教学改革项目，以教育部课程思政示范课程和精品在线开放课程为基础，以深化"岗课赛证"融通为出发点，以提升学生传感器工程实践应用能力、综合职业能力和创新能力为立足点，按照"名师引领—研赛助推—项目驱动"的思路，通过校企"双元"模式完成教材的建设开发。本书主要有以下3个特点。

1. 聚焦能力培养，构建五大课程模块

按照"系统化设计、模块化课程、碎片化资源"的建构逻辑，以培养学生传感器系统设计、安装、调试的综合应用能力为目标，基于工作过程系统化，将教材内容设计为传感器的认识与选用、温度传感器的应用与调试、力传感器的应用与调试、光敏器件和光敏传感器的应用与调试、新型传感器的应用与调试5个平行项目，下设11个任务。项目1设有2个任务，分别介绍传感器的认识和传感器的选用；项目2设有2个任务，分别介绍电阻式温度传感器的应用与调试和热电偶的应用与调试；项目3设有2个任务，分别介绍电阻应变式传感器的应用与调试和电容式传感器的应用与调试；项目4设有2个任务，分别介绍光敏器件的应用与调试和光敏传感器的应用与调试；项目5设有3个任务，分别介绍磁敏传感器的应用与调试、气体传感器的应用与调试和超声波传感器的应用与调试。

2. 推动课堂革命，设计五步教法改革

本书的结构体例编排采用工作过程导向的工作手册式，以"明确任务—探究新知—研析应用—设计调试—测评总结"的教学主线为教材编写的基本结构（五步教法）。明确任务环节通过典型任务案例导入内容，促使学生主动思考，培养其问题意识；"探究新知"环节利用基础篇和拓展篇增强学生对技术知识的理解，培养学生的探索精神；"研析应用"环节利用多个典型的案例提升学生的工程应用能力，培养学生的团队精神；"设计调试"环节通过提升篇和创新篇增强学生对工作过程的体验，提升学生运用知识分析、解决问题的能力及创新思维能力；"测评总结"环节对整个任务进行考核评价和梳理总结，提升学生的系统思维能力和逻辑思维能力。

3. 落实课程思政，实施系统育人模式

本书设计了"两纵五横""点面结合"的全程全方位育人模式，以大飞机C919、"奋斗者"号载人潜水器、复兴号高铁、歼-20等大国重器作为载体，将唯实精神、探索精神、团队精神、创新精神、职业精神五种思政元素等融入教学组织过程中，并将"小器件、大精神"课程思政主线贯穿于五步教法的各环节。对课程思政的设计说明见下表：

课程思政设计模式		融入方法
一个核心	小器件，大精神	贯穿始终
四大主题	大飞机C919—时代精神	在项目概述中利用案例导入思政内容
	奋斗者号载人潜水器—中国力量	
	复兴号高铁—中国速度	
	歼-20—民族精神	
五条主线	明确任务—唯实精神	在教学过程与方法中蕴含思政内容
	探究新知—探索精神	
	研析应用—团队精神	
	设计调试—创新精神	
	展示测评—职业精神	
七项素养	心怀热爱，向阳而生	通过"每课一语"和"心灵驿站"环节导入思政内容
	坚持不懈，久久为功	
	勤奋努力，孜孜不倦	
	心怀感恩，不忘初心	
	精益求进，追求极致	
	自信自律，自强自爱	
	守正创新，行稳致远	

"两纵"指的是任务引入的载体和职业综合能力的培养目标，"五横"指的是五步教法。本书寓价值观于知识传授和能力培养中，实现对学生的专业能力、职业能力、创新能力的培养。编者在书中设计了"每课一语""心灵驿站""小试牛刀""赛证链接""快速检测"等特色环节，以实现知识和技能的有效迁移，培养学生在不同工作情境下通用的问题解决能力，同时升华教学内容、增进师生交流、培养学生的学习主动性，在潜移默化中提升育人效果。对特色环节的设计说明见下表：

特色环节名称	数量	数量小计
每课一语	5（个）	285
心灵驿站	22（个）	
小试牛刀	22（个）	
赛证链接	5（个）	
快速检测	11（个）	
快速制作	2（个）	
拓展驿站	11（个）	
典型案例	50（个）	
案例分析	12（个）	
思考一刻	34（个）	
特别提醒	48（个）	
小贴士	23（个）	
小常识	10（个）	
小结论	20（个）	

续表

特色环节名称	数量	数量小计
小科普	4（个）	
小拓展	4（个）	285
小总结	2（个）	

本书由西安航空职业技术学院王瑜瑜、龚小涛任主编，西安航空职业技术学院刘少军、乔琳君、王波、叶婷和陕西能源职业技术学院罗剑任副主编，西安航空职业技术学院王朋飞、魏挺、付强、张思思和中航西飞民用飞机有限责任公司魏严锋参加编写。其中，王瑜瑜编写项目2和项目3，龚小涛编写项目4的任务4.1，刘少军编写项目4的任务4.2，乔琳君编写项目5的任务5.1和5.2，王波编写项目1的任务1.1，叶婷编写项目1的任务1.2，罗剑编写项目5的任务5.3。王朋飞、魏挺、付强、张思思参与数字资源的设计制作以及试题库的建设，魏严锋参与典型应用案例的分析。全书由王瑜瑜统稿，王植任主审。

编者在编写本书的过程中，参阅了国内外作者大量的文献资料，还得到了西安航空职业技术学院、陕西能源职业技术学院等多所院校的老师及中航西飞民用飞机有限责任公司、深圳市大疆创新科技有限公司等多家企业人员的关心和帮助，2018级、2019级的多位学生提出了很多建议，在此一并表示衷心的感谢！

尽管我们在探索教材特色建设方面做出了许多努力，但教材内容仍可能存在一些疏漏之处，恳请广大读者批评、指正。

为了方便教师教学和学生学习，本书配套开发了动画、微课、技能实操视频、虚拟仿真、音频、图片、文档、试题等多元化数字资源，对本书资源的设计说明见下表：

资源类别		数量	数量小计
微课视频	知识讲解	38（个）	
	技能操作	17（个）	
虚拟仿真视频		12（个）	
教学动画		81（个）	
教学课件		36（个）	
音频		7（个）	
知识拓展文档		29（个）	317
技能拓展文档		13（个）	
思维拓展文档		7（个）	
应用拓展文档		10（个）	
任务书		11（个）	
考核评价表		29（个）	
考核测试	基础试题	11（套）	
	提升试题	11（套）	
	综合试题	5（套）	

请有需要上述资源的读者通过扫描书中二维码阅览或下载，也可登录华信教育资源网（http://www.hxedu.com.cn）注册后再进行下载，如有问题，请在网站留言或与电子工业出版社联系（E-mail:hxedu@phei.com.cn）。

编　者

扫一扫看本书课程思政、核心资源、特色环节设计说明

扫一扫下载本课程任务书

扫一扫看本书参考文献

目　录

项目 1　传感器的认识与选用 ··· 1
每课一语 ·· 1
项目概述 ·· 1
项目导航 ·· 2
任务 1.1　传感器的认识 ·· 3
明确任务 ·· 3
探究新知 ·· 4
基础篇 1.1.1　认识传感器 ··· 4
拓展篇 1.1.2　认识 MEMS 传感器 ··· 7
研析应用 ·· 9
典型案例 1　传感器在工业控制领域中的应用 ·· 9
典型案例 2　传感器在电子产品领域中的应用 ··· 10
典型案例 3　传感器在航空领域中的应用 ··· 10
典型案例 4　传感器在家居生活领域中的应用 ··· 10
典型案例 5　传感器在交通管理领域中的应用 ··· 10
典型案例 6　传感器在环境监测领域中的应用 ··· 10
设计调试 ·· 11
提升篇 1.1.3　对工业机器人中传感器的分析 ··· 11
创新篇 1.1.4　对无人机中传感器的分析 ··· 12
测评总结 ·· 14
任务 1.2　传感器的选用 ··· 16
明确任务 ·· 16
探究新知 ·· 16
基础篇 1.2.1　认识传感器的误差理论 ·· 16
　　　　 1.2.2　认识传感器的特性 ·· 19
拓展篇 1.2.3　传感器的命名与代号 ··· 24
研析应用 ·· 25
典型案例 7　航空插头式 Pt100 热电阻 WZP-270 ·· 25
典型案例 8　7104A 压电式加速度传感器 ·· 26
典型案例 9　HTS2230SMD 湿敏电容传感器 ··· 27
设计调试 ·· 27
提升篇 1.2.4　传感器的测量分析与选用 ··· 27
创新篇 1.2.5　传感器的认知与质量检测 ··· 28
测评总结 ·· 29
赛证链接 ·· 31

项目 2　温度传感器的应用与调试 ·· 33

　　每课一语 ·· 33
　　项目概述 ·· 33
　　项目导航 ·· 34
　　任务 2.1　电阻式温度传感器的应用与调试 ··· 35
　　　　明确任务 ··· 35
　　　　探究新知 ··· 36
　　　　　　　　　　　　2.1.1　认识温度传感器 ··· 36
　　　　　　基础篇 2.1.2　认识热电阻 ·· 40
　　　　　　　　　　　　2.1.3　认识热敏电阻 ·· 47
　　　　　　拓展篇 2.1.4　认识红外温度传感器 ·· 49
　　　　研析应用 ··· 51
　　　　　　典型案例 10　电阻式温度传感器在工业流量计中的应用 ························ 51
　　　　　　典型案例 11　电阻式温度传感器在冰箱温度控制系统中的应用 ··············· 52
　　　　　　典型案例 12　电阻式温度传感器在飞机机舱恒温控制系统中的应用 ········· 52
　　　　设计调试 ··· 53
　　　　　　提升篇 2.1.5　铂热电阻测温系统的调试 ······································· 53
　　　　　　创新篇 2.1.6　热电阻测温电路的设计与调试 ··································· 55
　　　　测评总结 ··· 57
　　任务 2.2　热电偶的应用与调试 ·· 59
　　　　明确任务 ··· 59
　　　　探究新知 ··· 59
　　　　　　基础篇 2.2.1　认识热电偶 ··· 59
　　　　　　拓展篇 2.2.2　认识集成温度传感器 ··· 71
　　　　研析应用 ··· 75
　　　　　　典型案例 13　热电偶与测量仪表配套使用 ··· 75
　　　　　　典型案例 14　热电偶在工业生产中的应用 ··· 77
　　　　　　典型案例 15　热电偶在金属表面温度测量中的应用 ····························· 77
　　　　设计调试 ··· 78
　　　　　　提升篇 2.2.3　K 型热电偶测温系统的调试 ····································· 78
　　　　　　创新篇 2.2.4　热电偶测温电路的设计与调试 ··································· 80
　　　　测评总结 ··· 81
　　赛证链接 ··· 83

项目 3　力传感器的应用与调试 ·· 89

　　每课一语 ·· 89
　　项目概述 ·· 89
　　项目导航 ·· 90
　　任务 3.1　电阻应变式传感器的应用与调试 ··· 91
　　　　明确任务 ··· 91
　　　　探究新知 ··· 91

基础篇 3.1.1　认识力传感器 ··· 91
　　　　　　3.1.2　认识电阻应变式传感器 ·· 94
　　拓展篇 3.1.3　认识压电式传感器 ··· 102
　研析应用 ··· 108
　　典型案例 16　圆柱式力传感器的应用 ·· 108
　　典型案例 17　悬臂梁式测力传感器的应用 ·· 108
　　典型案例 18　称重传感器的应用 ·· 109
　　典型案例 19　应变式加速度传感器的应用 ·· 109
　　典型案例 20　高分子压电电缆的应用 ·· 110
　　典型案例 21　玻璃破碎报警器的应用 ·· 110
　　典型案例 22　汽车安全气囊系统的应用 ·· 111
　设计调试 ··· 111
　　提升篇 3.1.4　悬臂梁式称重传感器系统的调试 ··· 111
　　创新篇 3.1.5　电阻应变式传感器称重电路的设计与调试 ··· 114
　测评总结 ··· 116
任务 3.2　电容式传感器的应用与调试 ··· 117
　明确任务 ··· 117
　探究新知 ··· 118
　　基础篇 3.2.1　认识电容式传感器 ··· 118
　　拓展篇 3.2.2　认识电感式传感器 ··· 125
　研析应用 ··· 130
　　典型案例 23　电容式油量表的应用 ··· 130
　　典型案例 24　电容式差压计的应用 ··· 131
　　典型案例 25　电容式厚度仪的应用 ··· 131
　　典型案例 26　电容式接近开关的应用 ··· 132
　　典型案例 27　电容式液位计的应用 ··· 133
　　典型案例 28　电容式转速测量仪的应用 ··· 133
　　典型案例 29　电容式指纹识别器的应用 ··· 134
　　典型案例 30　电容式键盘的应用 ··· 134
　设计调试 ··· 135
　　提升篇 3.2.3　电容式传感器位移测试系统的调试 ··· 135
　　创新篇 3.2.4　电容式触摸按键电路的设计与调试 ··· 137
　测评总结 ··· 139
　赛证链接 ··· 141

项目 4　光敏器件和光敏传感器的应用与调试 ·· 146
　每课一语 ··· 146
　项目概述 ··· 146
　项目导航 ··· 147
　任务 4.1　光敏器件的应用与调试 ··· 147
　　明确任务 ··· 147

探究新知 148
　　　　　基础篇 4.1.1 认识光敏器件 148
　　　　　　　　　 4.1.2 认识光敏电阻 151
　　　　　　　　　 4.1.3 认识光敏二极管 155
　　　　　拓展篇 4.1.4 认识光电池 159
　　　研析应用 162
　　　　　典型案例 31 光控调光电路的应用 162
　　　　　典型案例 32 暗激发光控开关电路的应用 162
　　　　　典型案例 33 照相机自动曝光控制电路的应用 163
　　　　　典型案例 34 火焰探测报警控制电路的应用 164
　　　设计调试 165
　　　　　提升篇 4.1.5 声光双控 LED 系统的调试 165
　　　　　创新篇 4.1.6 感光灯控制电路的设计与调试 166
　　　测评总结 167
　　任务 4.2 光敏传感器的应用与调试 168
　　　明确任务 168
　　　探究新知 169
　　　　　基础篇 4.2.1 认识光敏传感器 169
　　　　　拓展篇 4.2.2 认识热释电红外传感器 172
　　　　　　　　　 4.2.3 认识光纤传感器 174
　　　研析应用 176
　　　　　典型案例 35 光电脉搏心率检测仪的应用 176
　　　　　典型案例 36 光电式烟雾报警器的应用 176
　　　　　典型案例 37 光电浊度计的应用 178
　　　　　典型案例 38 光电开关的应用 178
　　　设计调试 180
　　　　　提升篇 4.2.4 光敏传感器测速系统的调试 180
　　　　　创新篇 4.2.5 红外测距电路的设计与调试 182
　　　测评总结 184
　　赛证链接 185

项目 5　新型传感器的应用与调试 189
　　每课一语 189
　　项目概述 189
　　项目导航 190
　　任务 5.1 磁敏传感器的应用与调试 191
　　　明确任务 191
　　　探究新知 192
　　　　　基础篇 5.1.1 认识霍尔元件 192
　　　　　　　　　 5.1.2 认识霍尔传感器 195
　　　　　拓展篇 5.1.3 认识霍尔接近开关 198

研析应用 ··· 201
　　　典型案例 39　线性型霍尔传感器在磁场测量方面的应用 ···················· 201
　　　典型案例 40　线性型霍尔传感器在电流测量方面的应用 ···················· 202
　　　典型案例 41　线性型霍尔传感器在位移测量方面的应用 ···················· 202
　　　典型案例 42　开关型霍尔传感器在转速测量中的应用 ························ 203
　　　典型案例 43　开关型霍尔传感器在汽车点火器中的应用 ···················· 203
　　设计调试 ··· 203
　　　提升篇 5.1.4　霍尔转速测试系统的调试 ·· 203
　　　创新篇 5.1.5　霍尔电动机转速测试电路的设计与调试 ······················ 205
　　测评总结 ··· 206
　任务 5.2　气体传感器的应用与调试 ··· 207
　　明确任务 ··· 207
　　探究新知 ··· 208
　　　基础篇 5.2.1　认识气体传感器 ·· 208
　　　基础篇 5.2.2　认识半导体气体传感器 ·· 210
　　　拓展篇 5.2.3　认识接触燃烧式气体传感器 ·· 215
　　研析应用 ··· 216
　　　典型案例 44　家用可燃气体报警器的应用 ·· 216
　　　典型案例 45　烟雾报警器的应用 ·· 217
　　　典型案例 46　酒精浓度检测仪的应用 ·· 218
　　设计调试 ··· 219
　　　提升篇 5.2.4　气体传感器测试系统的调试 ·· 219
　　　创新篇 5.2.5　酒精浓度检测电路的设计与调试 ···································· 220
　　测评总结 ··· 221
　任务 5.3　超声波传感器的应用与调试 ··· 223
　　明确任务 ··· 223
　　探究新知 ··· 223
　　　基础篇 5.3.1　认识超声波传感器 ·· 223
　　　拓展篇 5.3.2　认识声音传感器 ·· 230
　　研析应用 ··· 231
　　　典型案例 47　超声波无损探伤 ·· 231
　　　典型案例 48　超声波测量流体流量 ·· 232
　　　典型案例 49　超声波测量物位 ·· 233
　　　典型案例 50　超声波测厚 ·· 235
　　设计调试 ··· 235
　　　提升篇 5.3.3　超声波测距系统的调试 ·· 235
　　　创新篇 5.3.4　超声波倒车雷达电路的设计与调试 ································ 237
　　测评总结 ··· 238
赛证链接 ··· 239

项目 1

传感器的认识与选用

扫一扫收听音频：心怀热爱，向阳而生

每课一语

心怀热爱　向阳而生

罗曼·罗兰在《米开朗琪罗传》中写道："世界上只有一种英雄主义，就是在认清生活真相之后依然热爱生活。"即使在疲惫的时刻，也会拾起心情，怀揣着温暖的希望，继续向前。泰戈尔也曾说："我们热爱这个世界时，才真正活在这个世界上。"因为热爱，我们能忍受生活中所有的不易，在黑暗中拥抱光明，从逆境中看到生机。

热爱可抵岁月漫长，温柔可挡时光艰难。长路漫漫，怀揣梦想，保持赤忱和热爱，直到万物明朗，未来可期。

项目概述

人类从诞生至今，就一直锲而不舍地感知、思考和改造世界，也改善自我。传感器是人类感知、测量世界万事万物的工具，是人类改造世界画龙点睛的关键性配套工程。形象地说，传感器是人类了解世间万事万物的"眼睛""耳朵"。它成就了物联网，从而实现了人和物之间的"对话"及物和物之间的"交流"。所以，我们称传感器是物联网产业链上最有温度的一环，称传感器技术是物联网感知层的核心技术。如今，芯片与传感器技术飞速发展，全世界的科技力量正在通过创新技术描绘一幅万物互联、万物感知、万物智能的美好图景。

本项目以工业机器人中的传感器和实际温度传感器选择的典型案例为载体，通过对传感器认识与选用的讲解，分析、梳理了常用传感器的基础知识、传感器的误差理论与特性等内容，以期学生能够识别传感器的常见类型，能够分析传感器在具体系统中的作用，能够进行传感器的精度判定，并能够进行传感器的一般选用。

项目导航

项目构成	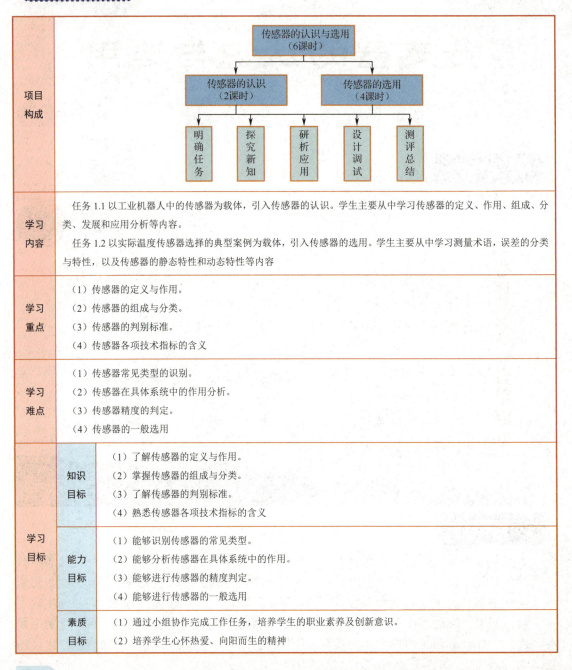		
学习内容	任务 1.1 以工业机器人中的传感器为载体，引入传感器的认识。学生主要从中学习传感器的定义、作用、组成、分类、发展和应用分析等内容。 任务 1.2 以实际温度传感器选择的典型案例为载体，引入传感器的选用。学生主要从中学习测量术语，误差的分类与特性，以及传感器的静态特性和动态特性等内容		
学习重点	（1）传感器的定义与作用。 （2）传感器的组成与分类。 （3）传感器的判别标准。 （4）传感器各项技术指标的含义		
学习难点	（1）传感器常见类型的识别。 （2）传感器在具体系统中的作用分析。 （3）传感器精度的判定。 （4）传感器的一般选用		
学习目标	知识目标	（1）了解传感器的定义与作用。 （2）掌握传感器的组成与分类。 （3）了解传感器的判别标准。 （4）熟悉传感器各项技术指标的含义	
	能力目标	（1）能够识别传感器的常见类型。 （2）能够分析传感器在具体系统中的作用。 （3）能够进行传感器的精度判定。 （4）能够进行传感器的一般选用	
	素质目标	（1）通过小组协作完成工作任务，培养学生的职业素养及创新意识。 （2）培养学生心怀热爱、向阳而生的精神	

项目 1　传感器的认识与选用

任务 1.1　传感器的认识

明确任务

1. 任务引入

扫一扫看知识拓展：工业机器人发展简史

工业机器人是在工业领域应用广泛的多关节机械手或多自由度的机器装置，具有一定的自动性，可依靠自身的动力能源和控制能力实现各种工业加工制造功能。世界上首台工业机器人 Unimate 于 1959 年在美国诞生，历经 60 余年，工业机器人的应用和技术的发展经历了从第一代示教再现机器人到第二代具有感知能力的机器人再到第三代智能机器人的三个阶段。工业机器人正向着小型化、轻型化、柔性化的方向发展，类人精细化操作能力不断增强。

一般来说，工业机器人由三部分、六个子系统组成。三部分是机械部分、传感部分和控制部分，六个子系统是机械结构系统、驱动系统、感知系统、机器人-环境交互系统、人机交互系统和控制系统，如图 1-1 所示。传感部分是工业机器人中十分重要的部分。在工业自动化领域，工业机器人需要传感器提供必要的信息，才能正确执行相关的操作。可以说，没有传感器的机器人相当于失去感觉器官的人类，几乎就是一堆废铁了。那么什么是传感器？一台工作流畅的工业机器人中会用到哪些传感器？它们能够起什么作用呢？

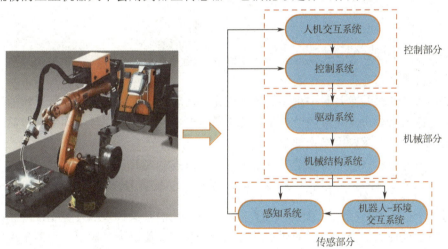

图 1-1　工业机器人系统的构成图

2. 任务目标

◆ 知识目标

（1）了解传感器的定义与作用。

（2）掌握传感器的组成与分类。

◆ 能力目标

（1）能够识别传感器的常见类型。

（2）能够分析传感器在具体系统中的作用。

◆ 素质目标
（1）通过小组协作完成工作任务，培养学生的职业素养及创新意识。
（2）培养学生心怀热爱、向阳而生的精神。

探究新知

基础篇

1.1.1 认识传感器

1. 传感器的定义与作用

1）传感器的定义

GB/T 7665—2005《传感器通用术语》中对传感器（Transducer/Sensor）的定义为："能感受被测量并按照一定的规律转换成可用输出信号的器件或装置。"

广义地说，传感器就是一种能把特定的信息（物理、化学、生物）按一定规律转换成可用输出信号的器件和装置，传感器又被称为变换器、换能器、探测器等，可以用图 1-2 所示框图简单表示。

图 1-2　传感器的定义框图

小结论：（1）传感器是检测器件或测量装置，能完成检测任务，其作用是将来自外界的各种信号转换成电信号。

（2）传感器的输入量是某一被测量，可能是物理量，也可能是化学量、生物量等。

（3）传感器的输出量是某种物理量，这个物理量要便于传输、转换、处理、显示等，可以是气量、光量、电量，主要是电量。

（4）传感器的输出量和输入量有对应关系，且应有一定的精确程度。

（5）根据字面意思，可以将传感器理解为"一感二传"，即感受信息并传递出去。

传感器所检测的信号品种繁多，为了对各种各样的信号进行检测及控制，就必须获得尽量简单而易于处理的信号，这样的要求只有电信号能够满足，因为对电信号便于进行放大、反馈、滤波、微分、存储、远距离操作等。传感器的狭义定义是将外界的输入信号变换为电信号的器件。

2）传感器的作用

由图 1-3 可见，人体系统是通过感官（视、听、嗅、味、触）接收外界的信息，大脑处理这些信息并控制肢体做出相应的动作。机器系统则利用传感器来接收外界信息，控制器处理、分析这些信息并控制执行器做出相应的动作。可以说，控制器相当于人的大脑，而传感器相当于人的五官，所以传感器也常被称为"电五官"。它是从自然领域中获取信息的主要途径与手段。科学技术越发达，自动化程度就越高，机器系统对传感器的依赖程度就越高，传感器对机器系统功能的决定性作用也就越明显。

项目1 传感器的认识与选用

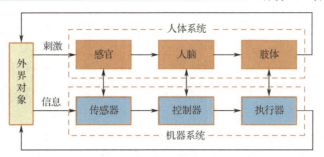

图1-3 人体系统与机器系统对比结构示意图

> **小贴士：不同功能的传感器与人类的五种感觉**
>
> 在检测和自动控制系统中，常将不同功能的传感器与人类的五种感觉相比拟：
> 光敏传感器——视觉；
> 声音传感器——听觉；
> 气体传感器——嗅觉；
> 化学传感器——味觉；
> 压敏传感器、温度传感器、流体传感器——触觉。

2. 传感器的组成与分类

1）传感器的组成

从功能上讲，传感器通常由敏感元件、转换元件及测量电路组成，如图1-4所示。其中，敏感元件是直接感受被测量，并输出与被测量呈确定关系的某一物理量的元件，比如应变式压力传感器的敏感元件是弹性膜片，如图1-5所示，其作用是将压力转换成膜片的变形。转换元件是将敏感元件的输出量转换成电路参量的元件，比如应变式压力传感器的转换元件是应变片，如图1-6所示，它的作用是将弹性膜片的变形转换为阻值的变化。测量电路的作用是将转换元件输出的电路参量进一步变换成可直接利用的电信号，比如电压信号或电流信号。

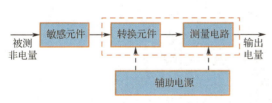

图1-4 传感器的组成结构图

图1-5 弹性膜片

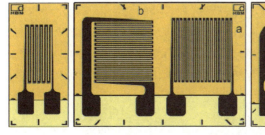

图1-6 应变片

最简单的传感器是由一个敏感元件（兼转换元件）组成的，它在感受被测量时能够直接输出电量信号，比如热电偶。有些传感器由敏感元件和转换元件组成，而没有测量电路，比如压电式加速度传感器，其中，质量块是它的敏感元件，压电片（块）是它的转换元件。还有些传感器，转换元件不止一个，信号的转换要经过若干次才能完成，所以不同传感器的组成是有很大差异的，不能一概而论。

2）传感器的分类

传感器按照不同的分类方式，其种类也是不一样的。

（1）传感器按工作机理（或者检测范畴）可以分为物理型、化学型、生物型等。

（2）传感器按能量转换情况可以分为能量控制型、能量转换型。从外部供给能量并由被测输入量控制的就属于能量控制型，而直接由被测目标输入能量使其工作的就属于能量转换型，比如电阻应变式传感器就属于能量控制型，而热电偶属于能量转换型。

（3）传感器按构成原理可以分为结构型、物性型，其中，以转换元件结构参数的变化实现信号转换的就属于结构型传感器，比如电容式传感器；而以转换元件本身物理特性的变化实现信号转换的则属于物性型传感器，比如热电偶。

（4）传感器按工作原理可以分为电容式、电感式、热电式、光电式、电阻式、压电式、磁电式、光纤式等。

（5）传感器按用途可以分为位移传感器、压力传感器、温度传感器等。

（6）传感器按转换过程可逆与否可以分为单向型和双向型。

（7）传感器按输出信号的形式可以分为模拟信号传感器和数字信号传感器。

（8）传感器按是否需外接电源可以分为有源传感器和无源传感器。

特别提醒

目前，对于传感器尚无一个统一的分类方法，但比较常用的有按用途分类、按工作原理分类、按输出信号的形式分类。

3. 传感器的发展

传感器发展至今主要经历了三个阶段，第一阶段是 20 世纪 50 年代开始，结构型传感器出现，它利用结构参量的变化来感受和转化信号；第二阶段是 20 世纪 70 年代开始，固体型传感器逐渐发展起来，这种传感器由半导体、电介质、磁性材料等固体元件构成，是利用材料的某些特性制成的；第三阶段是 20 世纪 80 年代开始，智能传感器出现并得到快速发展。智能传感器是微型计算机技术与检测技术相结合的产物，该类传感器具有人工智能的特性。

从早期的结构型传感器到物性型传感器再到后期的智能传感器，传感器的发展主要分为两个方面，一方面是提高与改善传感器的技术性能，另一方面是寻找新原理、新材料、新工艺及新功能等。未来将通过开展新理论研究，采用新技术、新材料、新工艺，实现传感器的"五化"发展，"五化"即传感器的智能化、可移动化、微型化、集成化、多样化。

项目 1 传感器的认识与选用

> **小贴士：国内传感器技术的发展与创新**
>
> 国内传感器技术的发展与创新的重点在材料、结构、性能和技术 4 个方面：
> （1）材料。敏感材料从液态向半固态、固态方向发展。
> （2）结构。结构向小型化、集成化、模块化、智能化方向发展。
> （3）性能。性能向检测范围宽、检测精度高、抗干扰能力强、性能稳定、寿命长久方向发展。
> （4）技术。产品正逐渐向微机电系统（MEMS）技术、无线数据传输技术、红外技术、新材料技术、纳米技术、陶瓷技术、薄膜技术、光纤技术、激光技术、复合传感器技术、多学科交叉融合的方向发展。

拓展篇

1.1.2　认识 MEMS 传感器

1. MEMS 传感器的定义与组成

扫一扫看知识拓展：MEMS 传感器发展简史

MEMS 是 Micro Electro Mechanical System 的缩写，中文名称为微机电系统，是按功能要求在芯片上将微电路和微机械集成于一体的系统，它的尺寸一般在微米量级。MEMS 基于光刻、腐蚀等传统半导体技术，融入超精密机械加工技术，并结合力学、化学、光学等学科知识和技术基础，使得一个微米量级的 MEMS 具备精确而完整的机械、化学、光学等特性结构。与传统的传感器相比，MEMS 传感器具有体积小、质量轻、成本低、功耗低、可靠性高、适于批量化生产、易于集成和实现智能化的特点。同时，微米量级的特征尺寸使得 MEMS 传感器可以实现某些传统机械传感器不能实现的功能。

MEMS 传感器元件通常与专用集成电路（ASIC）封装在一起，制成一个单元，如图 1-7 所示。

MEMS 传感器总共由五部分组成：第一部分是 MEMS 单元，第二部分是 ASIC 即专用集成电路单元，第三部分是解耦单元，第四部分是半导体键合金线（连接线），还有就是所有的这些部件必须要有一个附着体，那就是印制电路板（PCB），这些单元共同组成了一块 MEMS 传感器。

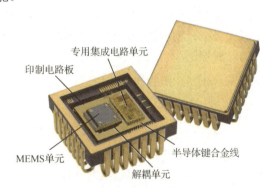

图 1-7　MEMS 传感器构成图

2. MEMS 传感器的分类

MEMS 传感器种类繁多，主要的 MEMS 传感器包括 MEMS 运动传感器、MEMS 压力传感器、MEMS 麦克风、MEMS 环境传感器、MEMS 生物传感器等。

1）MEMS 运动传感器

扫一扫看教学动画：MEMS 加速度传感器的工作原理

扫一扫看教学动画：MEMS 陀螺仪的工作原理

MEMS 运动传感器主要有 MEMS 加速度传感器、MEMS 陀螺仪、MEMS 磁力计三类，MEMS 加速度传感器和 MEMS 陀螺仪可

7

以集成为六轴惯性传感器，MEMS 磁力计和 MEMS 加速度传感器可以集成为电子罗盘，MEMS 加速度传感器、MEMS 陀螺仪和 MEMS 磁力计可以集成为九轴惯性传感器。MEMS 陀螺仪基于陀螺仪的重心原理及科里奥利力测角速度，MEMS 加速度传感器可以感知任意方向的加速度，MEMS 磁力计通过测试磁场的强度和方向可以定位设备的方位。

2) MEMS 麦克风

MEMS 麦克风在消费电子、汽车电子、医疗等领域的应用广泛。目前，几乎每部智能手机至少可以使用一个 MEMS 麦克风，高端的智能手机甚至可以使用三个或更多个 MEMS 麦克风。三个 MEMS 麦克风分别用于采集语音、消除噪声、改善语音识别效果。在物联网的时代，大量的物联网设备也将使用 MEMS 麦克风。

扫一扫看教学动画：MEMS 麦克风的工作原理

3) MEMS 压力传感器

压力传感器主要用于检测压力，根据量程，可分为低压、中压、高压压力传感器。MEMS 压力传感器则属于低压压力传感器，根据检测原理，可分为硅电容式和硅压阻式。与 MEMS 惯性传感器相比，目前 MEMS 压力传感器在消费电子与移动领域的应用不是特别广泛，主要应用于潜水运动手表、计步器和徒步高度计；部分应用于饮水机、洗衣机、太阳能热水器等家电产品，充当水位传感器。未来，智能手机、平板电脑可能集成 MEMS 压力传感器用以检测大气压，或充当高度计以支持室内定位服务。

扫一扫看教学动画：MEMS 硅压阻式传感器的工作原理

4) MEMS 环境传感器

MEMS 湿度传感器在工业控制、气象、农业、矿山检测等行业中得到了广泛应用。MEMS 气体传感器主要用于检测目标气体的成分、浓度等。

5) MEMS 生物传感器

MEMS 生物传感器目前处于发展初期。MEMS 生物传感器是利用生物分子探测生物反应信息的器件，被列为新世纪五大医学检验技术之一，是现代生物技术与微电子学、化学等多学科交叉结合的产物。未来，MEMS 生物传感器在医学、食品工业、环境监测等领域具有广阔的发展空间。

3. MEMS 传感器的应用

1) 汽车电子领域

MEMS 传感器可满足汽车环境高标准、可靠性高、精度准确、成本低的要求。其应用方向和市场需求包括车辆的防抱死系统（ABS）、电子稳定程序（ESP）、电控悬架（ECS）、电子手刹（EPB）、斜坡启动辅助（HSA）、胎压监测系统（TPMS）、引擎防抖、车辆倾角计量和车内心跳检测等。汽车电子产业被认为是 MEMS 传感器的第一波应用高潮的推动者，全球平均每辆汽车采用 10 个 MEMS 传感器。在高档汽车中，采用 25~40 个 MEMS 传感器。

2) 消费电子领域

随着消费电子领域大发展及产品创新不断涌现，特别是受益于智能手机和平板电脑的快速发展，消费电子领域已经取代汽车电子领域成为 MEMS 最大的应用市场。MEMS 传感器在消费电子领域的应用包括运动/坠落检测、导航数据补偿、游戏/人机界面、电源管理、GPS 增强/盲区消除、速度/距离计数等，这些 MEMS 技术都在很大程度上提高了用户体验。

项目1 传感器的认识与选用

3）航空航天领域

将MEMS传感器应用在航空航天领域，要求其适应不同的空间环境，包括真空、电磁辐射、高能粒子辐射、等离子体、微流星体、行星大气、磁场和引力场等，以及航天器某些系统工作时或在空间环境作用下产生的诱导环境，如轨道控制推力器点火和太阳电池阵翼伸展引起的振动、冲击环境。航空航天MEMS传感器主要有状态传感器和环境传感器之分，前者包括各种活动机件的即时位置传感器、飞机状态传感器、飞机姿态传感器等，后者包括温度传感器、湿度传感器、氧气传感器、压力传感器、流量传感器等。

4）生物医疗行业

MEMS传感器技术的突破也为医疗应用带来前所未有的便利和体验。体外诊断、药物研究、病患监测、给药方式及植入式医疗器械等领域都在不断发展，系统集成商们需要创新的技术来迅速提高产品性能、降低产品成本、缩小产品尺寸。生物医疗行业中常用的MEMS传感器包括医用测压传感器、植入式传感器、压电聚合传感器、心脏起搏器、加速度传感器、生物传感器等。

心灵驿站

唯有热爱可抵岁月漫长

热爱是我们在世界上对抗平庸、无聊、漫无目的的一种存在形式。如果虚度时间无法让你快乐，那就去认真热爱一件有意义的事。你把时间花在哪里，别人在很多时候是看得到的。其实不仅仅是别人，更重要的是，你自己是看得到的。

但经世事，莫问结果，心有所向，一生明朗。你所热爱的，定可抵岁月漫长。愿你心中有丘壑，眉目作山河。愿你能够在走过那些糟糕透顶的日子之后，依旧意气风发。

研析应用

传感器是任何一个自动控制系统必不可少的环节。自动控制系统的组成框图如图1-8所示。传感器技术在工业自动化、军事国防和以宇宙开发、海洋开发为代表的尖端科学与工程等重要领域有广泛应用。同时，它正以巨大潜力，向着与人们生活密切相关的方面渗透，比如生物工程、医疗卫生、环境保护、安全防范、智能家居等方面。

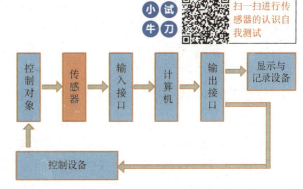

图1-8 自动控制系统的组成框图

典型案例1 传感器在工业控制领域中的应用

传感器在工业控制领域中的应用较为广泛，如用于汽车制造、产品工艺控制、工业机械、专用设备及自动化生产设备等的各种工艺变量（温度、液位、压力、流量等）的测量、电子特性（电流、电压等）的测量和其他物理量（速度、负载及强度等）。同时，智能传感器通过将人机连接，并结合软件和大数据分析，可以突破物理和材料科学的限制，并将改变人类社会的运行方式，通过端到端传感器解决方案和服务在制造领域实现复兴。它有助于人类做出更明智的决策、提高运营效率、提高产量、提高工程生产力并显著提高业务绩效。

典型案例2　传感器在电子产品领域中的应用

传感器在电子产品领域中的应用多见于智能穿戴产品、3C 电子产品[①]，其中，手机的应用占比最大。手机可通过内部集成的光线、距离、重力、GPS 等传感器来完成智能化工作，是具有综合功能的便携式电子设备。手机的虚拟功能，比如交互、游戏功能，都是通过处理器强大的计算能力来实现的，但与现实结合的功能，则是通过传感器来实现的。在可穿戴式应用领域方面，比如健身追踪器和智能手表，它们可帮助人们跟踪自己的活跃程度及基本的健康参数。任何典型的健身手环或智能手表都内置约 16 个传感器，不同价格的商品中传感器的数量可能会有所不同。如今可穿戴设备的应用领域正从外置的手表、眼镜、鞋子等向更广阔的领域扩展，如电子肌肤等。

典型案例3　传感器在航空领域中的应用

在航空领域中，对安装组件的安全性和可靠性要求极高，这尤其适用于可以在不同地方使用的传感器。例如，火箭在起飞时，由于起飞速度非常高，空气会在火箭表面和箭身上产生巨大的作用力，形成极其苛刻的环境。因此，需要用压力传感器来监控这些作用力，以确保它们保持在箭身的设计限制范围内。起飞时，压力传感器会暴露于从火箭表面流过的空气中，从而测出数据。这些数据还用于指导未来的箭身设计，以使其更可靠、紧固和安全。此外，如果出现什么错误，压力传感器的数据还将成为极其重要的分析依据。

典型案例4　传感器在家居生活领域中的应用

无线传感器网络的逐渐普及促进了信息家电、网络技术的快速发展，家庭网络的主要设备已由单一机向多种家电设备扩展，基于无线传感器网络的智能家居网络控制节点为家庭内、外部网络的连接及内部网络之间信息家电和设备的连接提供了一个基础平台。在家电中嵌入传感器节点，通过无线网络将家电与互联网连接在一起，将为人们提供更加舒适、方便和更人性化的智能家居环境。利用远程监控系统可以实现对家电的远程遥控，也可以通过图像传感设备随时监控家庭安全情况。

典型案例5　传感器在交通管理领域中的应用

在交通管理领域中，利用安装在道路两侧的无线传感网络系统，可以实时监测路面状况、积水状况及公路的噪声、粉尘、气体等参数，达到道路保护、环境保护和行人健康保护的目的。智能交通系统（ITS）是在传统的交通体系的基础上发展起来的新型交通系统，它将信息、通信、控制和计算机技术及其他现代通信技术综合应用于交通领域，并将人、车、路、环境有机地结合在一起。在现有的交通设施中增加一种无线传感器网络技术，将能够从根本上缓解困扰现代交通的安全、通畅、节能和环保等问题，同时可以提高交通工作效率。

典型案例6　传感器在环境监测领域中的应用

在环境监测方面，无线传感器网络可用于农作物灌溉情况、土壤空气情况、家畜和家禽的环境和迁移状况的监视，无线土壤生态学，以及大面积的地表监测等；还可用于行星探测、

---

① 3C 电子产品是指通信产品（Communication）、计算机产品（Computer）、消费类电子产品（Consumer）。

气象和地理研究、洪水监测等。基于无线传感器网络，可以通过数种传感器来监测降雨量、河水水位和土壤水分，并依此预测山洪暴发、描述生态多样性，从而进行动物栖息地生态监测；还可以通过跟踪鸟类、小型动物和昆虫，进行种群复杂度的研究等。随着人类对环境质量的重视度和关注度的提升，在实际的环境检测过程中，人们往往需要既可以方便携带，又能够实现多种待测物持续动态监测的分析设备和仪器。借助新型的传感器技术，能够满足上述需求。

设计调试

提升篇

扫一扫对传感器的认识试题进行分析

1.1.3 对工业机器人中传感器的分析

1. 梳理、总结传感器相关知识

需要梳理、总结的传感器相关知识，包括传感器的构成、作用及分类等。

2. 认识工业机器人中的传感器

传感器是工业机器人的重要组成部分，按其采集信息的位置，一般可分为内部和外部两类传感器。

1）内部传感器

内部传感器是完成工业机器人运动控制所必需的传感器，用于采集机器人内部信息，是构成机器人不可缺少的基本元件，如图1-9所示。

（1）位置传感器、角度传感器：用于检测预先规定的位置或角度，检测机器人的起始点、越限位置或确定位置，测量机器人的关机线位移和角位移，是机器人位置反馈控制中必不可少的元件。

（2）速度传感器、角速度传感器：速度、角速度测量是驱动器反馈控制中必不可少的环节。机器人中最常用的速度传感器是测速发电机，分为直流式和交流式两种。在机器人中，直流测速用得较多。

（3）加速度传感器：在机器人运动手臂等位置安装加速度传感器，是为了测量振动加速度，并将测量结果反馈到驱动器上。

（a）角度传感器　　　　（b）角速度传感器　　　　（c）加速度传感器

图1-9　内部传感器

除了以上常用内部传感器，还有一些根据机器人的不同作用和需求而安装的不同功能的传感器，如用于倾斜角测量的液体式倾斜角传感器和用于方位测量的地磁传感器等。

2）外部传感器

外部传感器用来检测工业机器人所处环境、外部物体状态或机器人与外部物体的关系。常用的外部传感器按功能分类有视觉传感器、触觉传感器、力传感器、接近传感器等，如图 1-10 所示。

（1）视觉传感器。视觉传感器以光为媒介测量物体的位置、速度、形状等物理量所感知的信息，其测量方式是非接触测量。因此，相对其他传感器而言，视觉传感器的应用更加广泛。

（2）触觉传感器。触觉是接触、冲击、压迫等机械刺激感觉的综合，利用触觉可以进行机器人抓取，可以进一步感知物体的形状、软硬等物理性质。对机器人触觉的研究只能集中于扩展机器人能力所必需的触觉功能，一般把检测感知和外部直接接触而产生的接触觉、压力觉及接近觉的传感器称为机器人触觉传感器。

（3）力传感器。力觉是指对机器人的关节、肢体等运动中所受力的感知，根据被测目标的负载，可以把力传感器分为测力传感器（单轴力传感器）、力矩表（单轴力矩传感器）、手指传感器（检测机器人手指作用力的超小型测力传感器）和六轴力传感器。

（4）接近传感器。接近传感器是机器人用来控制自身与周围物体之间的相对位置或距离的传感器。

除了上述机器人外部传感器，还可以根据机器人的用途安装听觉、嗅觉、味觉等传感器。可以说，传感器赋予了工业机器人鲜活的"生命"。随着智能制造的不断发展，未来使用工业机器人生产的企业会越来越多，市场需求也会越来越大。

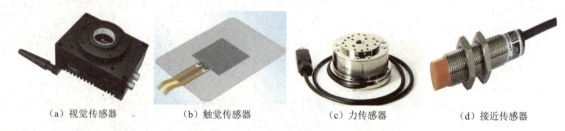

（a）视觉传感器　　　（b）触觉传感器　　　（c）力传感器　　　（d）接近传感器

图 1-10　外部传感器

创新篇

1.1.4　对无人机中传感器的分析

1. 分析、梳理无人机中的传感器及其作用

无人机已经被广泛应用于气象监测、国土资源执法、环境保护、遥感航拍、抗震救灾、快递运送等领域。随着物联网的发展，无人机对物联网技术的运用不断增加，各种传感器的运用对于更好地控制无人机的飞行起到了十分重要的作用。无人机系统的构成图如图 1-11 所示。

2. 认识无人机中的传感器

无人机中用到的传感器包括加速度传感器、陀螺仪、磁罗盘、气压传感器、超声波传感器等。

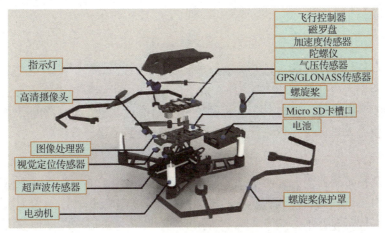

图1-11 无人机系统的构成图

1) 加速度传感器

加速度传感器能用来测量无人机在 x、y、z 轴各轴向所承受的加速力；能决定无人机在静止状态时的倾斜角度；能用来测量水平及垂直方向的线性加速度，相关数据可用于计算速率、方向甚至无人机高度的变化率；能用来监测无人机所承受的振动。对任何一款无人机来说，加速度传感器都是一个非常重要的传感器，这是因为即使无人机处于静止状态，都要靠它提供关键输入信号。

2) 陀螺仪

陀螺仪能监测 x、y、z 三轴的角速度，因此可监测出俯仰、翻滚和偏摆时角度的变化率。即使是一般飞行器，陀螺仪都是相当重要的传感器。角度的变化能用来维持无人机的稳定状态，由陀螺仪提供的信息将汇入马达控制驱动器，通过动态控制马达速度，并提供马达稳定度。陀螺仪还能确保无人机根据用户控制装置所设定的角度旋转。

3) 磁罗盘

磁罗盘能为无人机提供方向感。它能提供装置在 x、y、z 轴各轴向所承受磁场的数据，接着相关数据会汇入微控制器的运算法，以提供磁北极相关的航向角，然后就能用这些数据来侦测地理方位。

为了算出正确方位，磁性数据还需要加速度传感器提供倾斜角度数据以补强信息。有了倾斜数据，加上磁性数据，就能计算出正确方位。磁罗盘除了用于方向的感测，还可以用来侦测四周的磁性与含铁金属，如电极、电线、车辆、其他无人机等，以避免事故发生。

4) 气压传感器

气压传感器运作的原理就是利用大气压力换算出高度。气压传感器能侦测地球的大气压力，由气压传感器提供的数据能辅助无人机导航，使无人机上升到所需的高度。意法半导体集团已推出 LPS22HD 气压传感器，数据传输频率达 200 Hz，可满足预测高度时的需求。

5) 超声波传感器

无人机采用超声波传感器就是利用超声波碰到其他物质会反弹这一特性来进行高度控制。近地面时，利用气压传感器是无法应对的，但是利用超声波传感器在近地面时就能够实现高度控制。这样一来，气压传感器与超声波传感器结合就可以使无人机无论是在高空还是

在低空都能够实现平稳飞行。

6）GPS 传感器

如同汽车有导航系统一般，无人机也有导航系统。通过 GPS 才可能知道无人机的位置信息。不过，最近无人机开始不单单采用 GPS 了，有些机型会将 GPS 与其他卫星导航系统相结合，同时接收多种信号，以检测无人机的位置。无论是设定经度、纬度以使无人机能够自动飞行，还是使无人机保持定位进行悬停，GPS 传感器都是极其重要的一种功能传感器。

7）特定应用传感器

除了上述几种传感器，无人机中还可能会用到检测电压、电流状态的传感器及温湿度传感器等。正是由于这些宛如人五官一般的传感器在无人机中发挥作用，无人机才能够在空中平稳飞行。这类传感器并不影响无人机核心功能的运作，因此越来越多地被用在无人机上，以提供各种应用，如气候监测、农耕用途等。

（1）电流传感器：电流传感器可用于监测和优化电能耗费，保证无人机内部电池充电和电动机故障检查体系的安全，确保无人机在飞行的过程中，不出现电力系统引发的危机。

（2）温湿度传感器：温湿度传感器能监测温湿度参数，相关数据可应用于气象站、凝结高度监测、空气密度监测与气体传感器测量结果的修正。

（3）MEMS 麦克风：MEMS 麦克风是一种能将音频信号转换为电子信号的音频传感器。MEMS 麦克风正逐渐取代传统麦克风，这是因为 MEMS 麦克风能提供更高的信噪比（SNR）、更小的外形尺寸、更好的射频抗扰性，面对振动时也更加稳健。这类传感器可用于无人机的影片拍摄、监控等领域。

测评总结

1. 任务测评

按照表 1-1 完成对该任务的考核评价。

表 1-1　任务考核评价表

评价环节	权重	评价内容与要求	评分
明确任务	0.1	明确任务的目标及具体要求 成员主动学习意识强，善于发现、分析问题	
探究新知	0.2	主动学习研究、解决问题 小试牛刀环节的测试成绩	
研析应用	0.2	熟悉传感器在常见领域中的应用 小试牛刀环节的测试成绩	
设计调试	0.5	分析、梳理工业机器人及无人机系统中用到的主要传感器类型及具体作用	
		任务总分	

2. 总结拓展

该任务以工业机器人中的传感器为载体，引入传感器的认识，明确了任务目标。任务 1.1 的总结图如图 1-12 所示。在探究新知环节中，主要介绍了传感器的定义、作用、组成、分类、发展等内容；在拓展篇中，阐述了 MEMS 传感器的定义、组成、分类、应用。在研析应用环

项目 1 传感器的认识与选用

节中,重点分析了传感器在工业控制领域、电子产品领域、航空领域、家居生活领域、交通管理领域及环境监测领域中的应用。在设计调试环节的提升篇中,分析、梳理了工业机器人中内部和外部两类传感器的作用;在设计调试环节的创新篇中,分析、梳理了无人机中常用加速度传感器、陀螺仪、磁罗盘、气压传感器、超声波传感器等的作用。

通过对任务的分析、计划、实施及考核评价等,了解传感器的定义与作用,掌握传感器的组成与分类,能够识别传感器的常见类型,并能够分析传感器在具体系统中的作用。

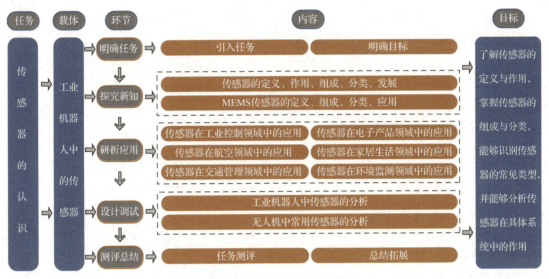

图 1-12 任务 1.1 的总结图

向阳而生,做最好的自己

心里有光,世界就是光明的;心若灰暗,世界就是暗淡的。境由心造,物随心转;心之所向,境之所在。

最好的生活状态并不是每时每刻都要轰轰烈烈,而是在追求热烈的同时,能珍惜平淡日子里的小美好。未来有无限可能,愿你心中充满希望,喜对花开花落,笑看云卷云舒。

学习随笔

任务1.2 传感器的选用

明确任务

1. 任务引入

要实时监测一个测温箱的温度：测量温度为50～80 ℃，检测结果的精度要达到1 ℃。

现有三种带数字显示仪表的温度传感器，它们的测量范围分别是0～500 ℃、0～300 ℃、0～100 ℃，精度等级分别是0.2级、0.5级和1.0级，为了满足需要，应该怎样选择呢？判别传感器好坏的标准是什么？

2. 任务目标

◆ 知识目标

（1）了解传感器的判别标准。
（2）熟悉传感器各项技术指标的含义。

◆ 能力目标

（1）能够进行传感器的精度判定。
（2）能够进行传感器的一般选用。

◆ 素质目标

（1）通过小组协作完成工作任务，培养学生的职业素养及创新意识。
（2）培养学生心怀热爱、向阳而生的精神。

探究新知

基础篇

1.2.1 认识传感器的误差理论

扫一扫看微课视频：传感器的误差理论

扫一扫看教学课件：传感器的误差理论

1. 测量术语

误差理论是对实际测量值进行科学、准确评价的理论，它是检测技术中十分重要的基础知识。通过掌握误差理论的分析方法，能够对所获得的测量结果进行正确的分析和处理，确认测试精度、误差大小和类型，评价测量结果的可信程度。通过分析测量误差形成的原因，可以采取相应的补偿措施。测量过程中常用的测量术语包括真值、约定真值、实际值、示值、误差等。

1）真值

真值是指在一定的时间和空间环境条件下，被测量本身所具有的真实值。在实际测量时，真值一般是无法得到的，所以它是一个理想的概念。在实际计算误差时，一般用约定真值或实际值来代替真值。

2）约定真值

约定真值是一个与真值之差可忽略不计并可以用来代替真值的值。在实际测量时，在没有系统误差的情况下，可以用足够多次测量的平均值作为约定真值。

3）实际值

实际值也叫作相对实际值，可以用来代替真值。在实际测量时，在每一级的比较中，一般将上一级标准所体现的值作为准确无误的值（实际值）。

4）示值

示值是由测量仪器读数装置显示出的被测量的量值，它也被称为测量仪器的测量值，由数值和单位两部分构成。

5）误差

当用测量仪表对被测量进行测量时，测量结果与被测量的约定真值之间的差值就被称为误差。

2. 误差的分类与特性

误差的种类有很多，其中，按表示方法可分为绝对误差、相对误差和引用误差三类。

1）绝对误差

绝对误差是指用测量结果 x 减去被测量的约定真值 x_0 所得的差值，用 Δx 表示，其计算公式为

$$\Delta x = x - x_0 \tag{1-1}$$

式中，约定真值 x_0 在实际应用时，常用精度高一级的标准仪器的示值来代替约定真值。

特别提醒

绝对误差是有符号和单位的，它的单位与被测量相同。

小常识：修正值

修正值是与绝对误差大小相等、符号相反的量，用字母 C 表示，$C = -\Delta x = x_0 - x$。这样就可得到被测量的约定真值 $x_0 = x + C$。

修正值必须在仪器检定的有效期内使用，否则要重新进行检定，以获得准确的修正值。

小结论：绝对误差越小，说明示值就越接近真值，测量精度也就越高。但这一结论只适用于被测量值相同的情况，而不能说明不同值的测量精度。

思考一刻：某测量长度的仪表，用其测量 10 mm 的长度，绝对误差为 0.001 mm；另一测量长度的仪表，用其测量 200 mm 的长度，绝对误差为 0.01 mm。如何判断它们测量精度的高低？

2）相对误差

相对误差是指绝对误差 Δx 与被测量的真值 x_0 的比值，常用 δ 表示，其计算公式为

$$\delta = \frac{\Delta x}{x_0} \times 100\% \tag{1-2}$$

相对误差相比绝对误差能更好地说明测量的精确程度，比如，上文思考一刻中案例的具体解答如下：

根据相对误差的公式，可以求出第一种仪表的相对误差：

$$\delta_1 = \frac{\Delta x}{x_0} \times 100\% = \frac{0.001}{10} \times 100\% = 0.01\%$$

而第二种仪表的相对误差为

$$\delta_2 = \frac{\Delta x}{x_0} \times 100\% = \frac{0.01}{200} \times 100\% = 0.005\%$$

显然，第二种仪表更精确。

小结论：相对误差能说明不同测量结果的准确程度，但不适用于衡量仪表本身的精度。同一台仪表在整个测量范围内的相对误差不是定值，而会随着被测量的减小而增大。为了更合理地评价仪表质量，引入了引用误差的概念。

3）引用误差

引用误差是仪表的绝对误差 Δx 与仪表量程 x_m 之比的百分数，常用 γ 表示，其计算公式为

$$\gamma = \frac{\Delta x}{x_m} \times 100\% = \frac{\Delta x}{x_{max} - x_{min}} \times 100\% \tag{1-3}$$

式中，x_{max} 和 x_{min} 分别代表仪表输入信号的最大值和最小值。

通常，用最大引用误差 γ_m 来定义仪表的精度等级，其计算公式为

$$\gamma_m = \frac{\Delta x_m}{x_m} \times 100\% = \frac{\Delta x_m}{x_{max} - x_{min}} \times 100\% \tag{1-4}$$

小结论：利用最大引用误差 γ_m 去掉"%"后的数字来判断仪表的精度等级，比如一台仪表的最大引用误差 $\gamma_m = a\%$，将"%"去掉所得的数字 a 就可用来判断仪表的精度等级。

工业仪表常见的精度等级有 8 个，分别是 0.1 级、0.2 级、0.5 级、1.0 级、1.5 级、2.0 级、2.5 级和 5.0 级。若某仪表的精度等级为 1.0 级，说明在使用时，它的最大引用误差不超过 ±1.0%。

案例分析 1：一台测量仪表，其标尺范围为 0~400 ℃，已知其最大绝对误差为 5 ℃，求其最大引用误差。

解：根据最大引用误差的计算公式，$\gamma_m = \frac{5}{400-0} \times 100\% = 1.25\%$，可得最后的计算结果为 1.25%。

案例分析 2：一台仪表的最大引用误差为 0.45%，求该仪表的精度等级。

解：将最大引用误差 0.45% 的"%"去掉后剩下 0.45，由工业仪表的精度等级可知，0.45 位于 0.2 和 0.5 之间，由于 0.45 达不到 0.2 级的要求，而完全可以满足 0.5 级的要求，所以判断该仪表的精度等级为 0.5 级。

小结论：（1）最大引用误差只能用来作为判断仪表精度等级的尺度，而不能直接用其表示仪表的精度等级，这是因为国家对于仪表的精度等级是有统一规定的。

（2）在具体判断仪表的精度等级时，是以仪表最大引用误差去掉"%"后的数字向上取值（保留小数点后 1 位）的相应精度等级来表达，即往数据大、精度等级低的方向取值后进行判断。

思考一刻：判断仪表的精度等级和选择仪表的精度等级的区别有哪些？

在具体应用时，仪表的精度等级又是如何表示的呢？一般的表示方法有两种。方法1：使用三角形符号，里面加上精度等级。方法2：使用圆形符号，里面加上精度等级，并且一般将精度等级标注在仪表的表盘上。比如，1.5级仪表可用图1-13中的两个图示表示。

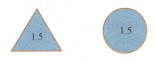

图1-13　仪表精度等级表示方法

误差按性质可分为随机误差（偶然误差）、系统误差及粗大误差。

1）随机误差

（1）定义。在相同条件下，对同一被测量进行多次等精度测量时，由于各种随机因素（如温度、湿度、电源电压波动、磁场等）的影响，各次测量值之间存在一定差异，这种差异就是随机误差，它还被称为偶然误差。

（2）特点。随机误差表示了测量结果偏离真实值的分散情况。一般分布形式接近于正态分布。

（3）消除方法。可以采用在同一条件下，对被测量进行足够多次重复测量，取其算术平均值作为测量结果的方法来消除随机误差的影响。

2）系统误差

（1）定义。系统误差是指在分析过程中某些确定的、经常性的因素引起的误差，它是一种可测误差。

（2）计算。在重复测量条件下，对同一被测量进行无限多次测量，其结果的平均值$\overline{x}$减去真值x_0就是系统误差，即

$$\overline{x}(n \to \infty) - x_0 \qquad (1\text{-}5)$$

式中，n代表测量次数。

（3）特点。系统误差具有重现性、单向性、可测性的特点，重现性是指重复测定、重复出现，单向性是指误差或大、或小、或正、或负，可测性是指误差恒定、可测量且是可以校正的。

（4）原因。系统误差通常是由下述四方面因素造成的：一是测试环境没有达到标准（也称环境误差），二是测试仪表不够完善（也称仪表误差），三是测试电路的搭接或系统的安装不正确（也称方法误差），四是测试人员的不良操作或视觉偏差（也称人员误差）。上述因素都是可以预知的，可以通过比较法、修正值法等来消除。

3）粗大误差

（1）定义。粗大误差又称寄生误差，是指在相同条件下，对同一被测量进行多次等精度测量时，有个别测量结果的误差远远大于规定条件下的预计值。这类误差一般是由于测量者粗心大意或测量仪器突然出现故障等造成的。

（2）消除方法。凡是粗大误差，均应予以剔除，不参与测量结果精度的评价，因而用于评价测量结果精度的误差只有随机误差和系统误差。

1.2.2　认识传感器的特性

扫一扫看微课视频：传感器的特性

扫一扫看教学课件：传感器的特性

1. 传感器的基本特性

传感器的特性是指传感器的输出量与输入量之间的关系。这里分为两种情况，当被测量不随时间变化或随时间缓慢变化时，传感器的输出量与输入量之间的对应关系叫作静态特性，

仪器仪表设备在多数情况下的测量特性都属于静态特性，图 1-14 所示为静态测量；当被测量随时间快速变化时，传感器的输出量与输入量之间的对应关系则叫作动态特性，比如，发生地震时测量的振动信号波形就属于动态特性，图 1-15 所示为动态测量。

传感器的输出量与输入量之间的对应关系最好呈线性关系。但在多数情况下，传感器的输出与输入之间是不符合所要求的线性关系的，同时由于迟滞、蠕变、摩擦、间隙和松动等各种因素及外界条件的影响，使输出量、输入量对应关系的唯一确定性也不能实现。

图 1-14　静态测量

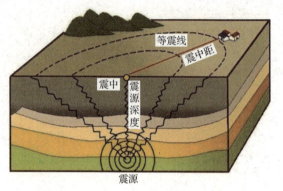

图 1-15　动态测量

2. 传感器的静态特性

传感器静态测量的数学模型可用 n 次多项式来表示，即

$$y = a_0 + a_1x + a_2x^2 + \cdots + a_nx^n \tag{1-6}$$

式中，x 为输入量；y 为输出量；a_0 为零输入时的输出，也称零位输出；a_1 为传感器线性项系数，也称线性灵敏度，常用 K 或 S 表示；a_2、a_3……a_n 为非线性项系数，其数值由具体传感器的非线性特性决定。

上述各项系数的取值决定了传感器测量结果特性曲线的具体形式。

传感器的静态特性性能指标主要包含测量范围与量程、线性度、灵敏度、重复性、迟滞、精度、分辨力、分辨率、阈值、稳定性和漂移等。

1）测量范围与量程

测量范围（Measuring Range）是传感器所能测量到的最小输入量 $x_{\min}$ 与最大输入量 $x_{\max}$ 之间的范围。

量程（Span）是指传感器测量范围的上限值与下限值的代数差。

传感器的测量范围与量程表示图如图 1-16 所示。其中，y_{FS} 表示传感器满量程输出值。

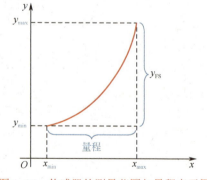

图 1-16　传感器的测量范围与量程表示图

案例分析 3：某温度计测量的温度下限是 -20 ℃，上限是 100 ℃，它的量程和测量范围分别为多少？

解：测量范围为 -20～100 ℃，量程为 $x_{\max} - x_{\min} = 100 - (-20) = 120$ ℃。

2）线性度

线性度是指传感器的输出量与输入量之间对应关系的线性程度，也被称为非线性误差。

在具体计算时，线性度是指传感器的校准曲线与选定的拟合直线之间的偏离程度。校准曲线是利用一定等级的标准设备，对传感器进行反复测试所得的各种输出、输入数据绘制成的曲线，图 1-17 中的非线性曲线为校准曲线。而拟合直线是反映校准曲线的变化趋势且使误差的绝对值最小的直线，图 1-17 中线性化的直线就被称为拟合直线。

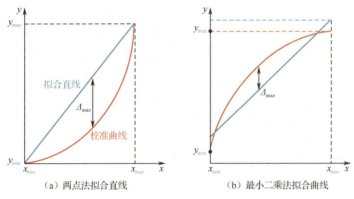

图 1-17 传感器的输出特性曲线

传感器的线性度 δ 的计算公式为

$$\delta = \pm \frac{\Delta_{max}}{y_{FS}} \times 100\% \tag{1-7}$$

式中，Δ_{max} 表示全量程范围内实际特性曲线与拟合直线之间的最大偏差值；y_{FS} 表示传感器满量程输出值，也就是图 1-17 中最大输出值 y_{max} 减去最小输出值 y_{min} 的结果。

小结论：传感器的线性度就是指在全量程范围内，实际特性曲线与拟合直线之间的最大偏差值与满量程输出值之比的百分数。

3）灵敏度

灵敏度是指传感器在稳态下输出量的增量 Δy 与输入量的增量 Δx 的比值，这里用字母 S 表示，其计算公式为

$$S = \frac{\Delta y}{\Delta x} = \frac{dy}{dx} \tag{1-8}$$

线性传感器的灵敏度应该是一个常数，也就是它的静态特性的斜率，即 $S = \frac{\Delta y}{\Delta x}$，如图 1-18 所示。

非线性传感器的灵敏度是一个随工作点变化的变量，并不是常数，每个点的灵敏度等于该点的导数值，即 $S = \frac{dy}{dx}$，如图 1-19 所示。

案例分析 4：有一个位移传感器，当位移的变化为 0.5 mm 时，输出电压的变化为 150 mV，那么该传感器的灵敏度是多少？

解：由灵敏度的计算公式可知，该传感器的灵敏度为

$$S = \frac{\Delta y}{\Delta x} = \frac{150}{0.5} = 300 \text{ mV/mm}$$

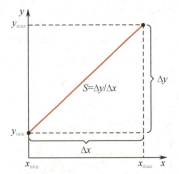

图 1-18　线性传感器的输出特性曲线

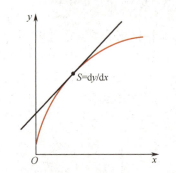

图 1-19　非线性传感器的输出特性曲线

4）重复性

重复性是指传感器在输入量按同一方向进行全量程连续多次测试时，所得输出与输入特性曲线不重合的程度，它是反映传感器精密度的一个指标，重合性越好，传感器的精密度就越高，误差也就越小。

重复性误差可分为上半部分的正向测量重复性误差和下半部分的反向测量重复性误差，如图 1-20 所示。正向测量的输入信号是由小至大进行测量的，反向测量的输入信号是由大至小进行测量的。

重复性误差为输出最大不重复误差与满量程输出值比值的百分数，其计算公式为

$$e_R = \pm \frac{\Delta_{max}}{y_{FS}} \times 100\% \tag{1-9}$$

5）迟滞

迟滞是指传感器在正行程（输入量增大）、反行程（输入量减小）期间，输出与输入特性曲线不重合的程度。传感器的迟滞特性曲线如图 1-21 所示，对于同样大小的输入信号，传感器的正行程、反行程输出信号的大小不相等，二者的最大差值对应图 1-21 中的 Δ_{max}，即为最大迟滞差值。

迟滞误差为全量程范围内最大迟滞差值与满量程输出值比值的百分数，其计算公式为

$$e_{max} = \pm \frac{\Delta_{max}}{y_{FS}} \times 100\% \tag{1-10}$$

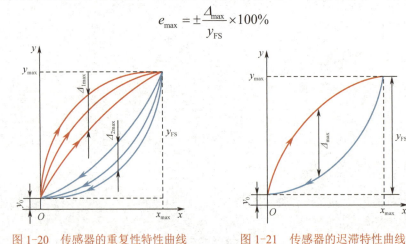

图 1-20　传感器的重复性特性曲线　　图 1-21　传感器的迟滞特性曲线

6）精度

（1）精度：精度又叫精确度，它是指传感器的输出示值与被测量的约定真值的一致程度，

能够反映传感器测量准确度和精密度的综合偏差程度。

（2）精密度：精密度是用来说明传感器输出值的分散性的，即对某一稳定的被测量，由同一个测量者用同一个传感器，在相当短的时间内连续重复测量多次，其测量结果的分散程度。精密度是随机误差大小的标志，精密度高意味着随机误差小。

（3）准确度：准确度是用来说明传感器的输出值与真值的偏离程度的。比如，某流量传感器的准确度为 0.3 m³/s，表示该传感器的输出值与真值偏离 0.3 m³/s。准确度是系统误差大小的标志，准确度高意味着系统误差小。

> **特别提醒**
>
> 精密度高，不一定准确度就高；准确度高，不一定精密度就高。

精度则是精密度与准确度两者的总和，精度高表示精密度和准确度都比较高。在最简单的情况下，精度可取精密度和准确度的代数和。

图 1-22（a）表示准确度高而精密度低，图 1-22（b）表示准确度低而精密度高，图 1-22（c）则表示精度高。在实际测量中，我们希望得到精度高的结果，即图 1-22（c）的结果。

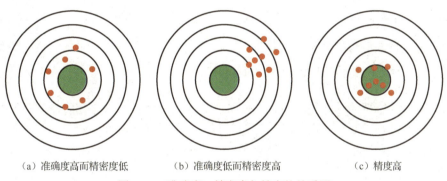

(a) 准确度高而精密度低　　　(b) 准确度低而精密度高　　　(c) 精度高

图 1-22　准确度、精密度与精度的关系图

7）分辨力、分辨率、阈值

在实际测量时，传感器的输出量、输入量之间的关系不可能保持绝对连续。有时输入量开始变化，但输出量并不立刻随之变化，而是输入量变化到某一程度时输出才突然产生小的阶跃变化。如图 1-23 所示，输入量的最小变化量为 $\Delta x_{\min}$，它就是传感器的分辨力。

（1）分辨力：在规定测量范围内所能检测的输入量的最小变化量就叫分辨力，分辨力一般用绝对值表示，是有量纲的。

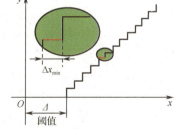

图 1-23　传感器的分辨力和阈值表示图

对于模拟式仪表，当输入量连续变化时，输出量只发生阶梯变化，则分辨力就是输出量的每个阶梯所代表的输入量的最小变化量；对于数字式仪表，分辨力就是仪表示值的最后一位数字所代表的值。

（2）分辨率：分辨力与满量程输出值比值的百分数即为分辨率。

（3）阈值：阈值通常又被称为死区、失灵区、灵敏限、灵敏阈、钝感区，它是指输入量

由 0 变化到使输出量开始发生可观变化的输入量的值,图 1-23 中的 $\varDelta$ 值就是阈值,也就是说,传感器输入零点附近的分辨力被称为阈值。

8) 稳定性

稳定性有短期稳定性和长期稳定性之分,但我们常用的是长期稳定性。它是指在室温条件下,经过相当长的时间间隔,比如一天、一个月或一年,传感器的输出与起始标定时的输出之间的差异,也就是传感器的稳定性误差。

综合来讲,稳定性是指在规定条件下及一定的时间内,传感器保持其测量的性能参数恒定不变的能力。

9) 漂移

漂移是指在输入量不变的情况下,传感器的输出量随时间变化的现象。

产生漂移的原因有两个方面:一方面是传感器自身结构参数,另一方面是周围环境(如温度、湿度等)的影响。

最常见的漂移是温度漂移,它表示由周围环境温度变化而导致输出量发生变化的现象。温度漂移主要表现为温度零点漂移和温度灵敏度漂移,二者表示由周围环境温度变化而导致传感器的零点和灵敏度发生变化的现象。

3. 传感器的动态特性

在测量动态输入信号的情况下,要求传感器不仅能精确地测量信号的幅值,而且能测量出信号变化的过程。这就要求传感器能迅速、准确地响应和再现被测信号的变化。也就是说,传感器要有良好的动态特性。

在具体研究传感器的动态特性时,通常从时域和频域两个方面采用瞬态响应法和频率响应法来分析。在时域内研究响应特性时,通常研究特定的输入时间函数,如阶跃函数、脉冲函数等;在频域内研究响应特性时,一般采用正弦函数。

拓展篇

1.2.3 传感器的命名与代号

1. 传感器的命名

GB/T 7666—2005《传感器命名法及代码》规定了传感器的命名方法及图形符号,并将其作为统一传感器命名及图形符号的依据。该标准适用于传感器的生产、科学研究、教学及其他相关领域。

根据 GB/T 7666—2005 的规定,传感器的全称应由主题词+四级修饰语组成。

(1) 主题词——传感器。

(2) 第一级修饰语——被测量,包括修饰被测量的定语。

(3) 第二级修饰语——转换原理,一般可后缀以"式"字。

(4) 第三级修饰语——特征描述,指必须强调的传感器的结构、性能、材料特征、敏感元件及其他必要的性能特征,一般可后缀以"型"字。

(5) 第四级修饰语——主要技术指标(如量程、精度、灵敏度等)。

2. 传感器的代号

一般规定由大写英文字母和阿拉伯数字构成传感器完整代号，各部分依次为主称（传感器）、被测量、转换原理和序号，传感器代号的编制格式如图 1-24 所示。被测量、转换原理和序号三部分代号之间须用连字符"-"连接。

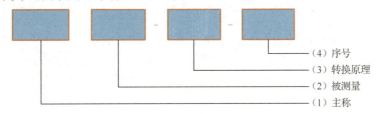

图 1-24　传感器代号的编制格式

（1）主称——传感器，代号 C。

（2）被测量——用一个或两个汉语拼音的第一个字母的大写形式标记。

（3）转换原理——用一个或两个汉语拼音的第一个字母的大写形式标记。

（4）序号——用一个阿拉伯数字标记，厂家自定，用来表征产品的设计特征、性能参数、系列等。若产品的性能参数不变，仅在局部有改动或变动，其序号可在原序号后面按顺序加注大写英文字母 A、B、C 等（其中，I、Q 不用）。

应变式位移传感器，代号为 CWY-YB-10；光纤压力传感器，代号为 CY-GX-1；温度传感器，代号为 CW-01A；电容式加速度传感器，代号为 CA-DR-2。

> **特别提醒**
>
> 有少数代号用其英文的第一个字母的大写形式表示，如加速度用"A"表示。

心灵驿站

努力去发光，而不是等着被照亮

每段路走来，都应该靠着自己的双脚站立、行走，靠着自己的双手把握机会并换得对应的人生。时光赐予我们孤独，我们就在踽踽独行中修炼自己；生活赐予我们磨难，我们就在遍体鳞伤中破茧而出，努力去发光，而不是等待着被照亮。

研析应用

扫一扫进行传感器的选用自我测试

典型案例 7　航空插头式 Pt100 热电阻 WZP-270

1）产品特点

航空插头式 Pt100 热电阻 WZP-270 的外形图如图 1-25 所示，其产品具有以下 5 个方面的特点：

（1）WZP-270 为小航空插头连接的温度传感器。

（2）采用进口铂热电阻芯片制作而成，适合测量 -200～450 ℃的温度范围。

图 1-25　航空插头式 Pt100 热电阻 WZP-270 的外形图

（3）精度高、体积小、安装使用方便。

（4）航空插头式 Pt100 热电阻 WZP-270 的输出采用的接线方式是二线制、三线制或四线制。

（5）输出信号通常为电阻信号。

2）工作原理

航空插头式 Pt100 热电阻 WZP-270 的输出信号通常为电阻信号，可以通过配套的温度变送器将其转化为标准的电流、电压信号或 485 信号，如 4～20 mA、DC 0～10 V、485 信号，主要根据现场实际需求而定。其产品主要应用于工业温度测量、自动化温度测控领域。

3）产品参数

WZP-270 的产品参数如表 1-2 所示。

表 1-2　WZP-270 的产品参数

产品名称	航空插头式 Pt100 热电阻	引线长度	默认不带外线，可定制
产品型号	WZP-270	探头材质	不锈钢
分度号	Pt100	螺纹	M16×1.5 螺纹
工作温度范围	−200～450 ℃	接线口	二线、三线、四线
精度等级	2B	螺纹接口	氩弧焊焊接
探头直径（D）	6 mm	安装方式	螺纹安装
探头长度	50 mm（包含螺纹）	热响应时间	小于 5 s

典型案例 8　7104A 压电式加速度传感器

1）产品简介

7104A 压电式加速度传感器为高性能压电集成电路（IEPE）加速度传感器，其外形图如图 1-26 所示。其工作温度范围为-55～125 ℃，产品测量范围为 ±(50～500)g，响应频率可达 10 kHz，并且采用全密封结构，可通过产品上的螺孔固定安装。

2）基本参数

7104A 压电式加速度传感器的产品参数如表 1-3 所示。

图 1-26　7104A 压电式加速度传感器的外形图

表 1-3　7104A 压电式加速度传感器的产品参数

产品测量范围	±(50～500)g	封装材料	不锈钢
工作温度范围	−55～125 ℃	精度	±2%
供电电源	DC 18～30 V	带宽	10 kHz
类型	IEPE	灵敏度	100 mV/g

3）应用场合

7104A 压电式加速度传感器可用于振动冲击监测、实验室测试、模型应用、高频应用、铁路测试等众多场合。

典型案例9　HTS2230SMD 湿敏电容传感器

1）产品简介

HTS2230SMD 湿敏电容传感器基于一个测量湿度的独立电容元件和一个测量温度的负温度系数热敏电阻（NTC），它的外形图如图 1-27 所示。该传感器适用于各种结露场合和单独的湿度测量场合，在标准条件下可直接替换，无须校准。

图 1-27　HTS2230SMD 湿敏电容传感器的外形图

2）主要参数

（1）湿度特性。

① 工作温度：-60～140 ℃。

② 供电电压：10 V。

③ 湿度测量范围：1%RH～99%RH。

④ 平均灵敏度（33%～75%）：0.13 pF/%RH。

⑤ 湿度迟滞：±1%RH。

⑥ 最大时间常数：3 s。

（2）温度特性。

① 测温范围：-40～125 ℃。

② 响应时间：10 s。

3）应用领域

HTS2230SMD 湿敏电容传感器主要应用于汽车制造业、家庭应用、打印机、气象设备。

扫一扫对传感器的选用试题进行分析

1.2.4　传感器的测量分析与选用

前面明确任务环节提出的任务要求在选择温度传感器时，主要从技术指标和成本两个方面进行考虑。

1. 技术指标分析

在技术指标方面，测量精度的影响较大，分别计算各温度传感器的最大示值相对误差并比较。

（1）如果选用 0～500 ℃、0.2 级的温度传感器，它的最大示值相对误差为

$$\delta_{max} = \pm \frac{\Delta_{max}}{x_0} \times 100\% = \pm \frac{0.2\% \times (500-0)}{80} \times 100\% = \pm 1.25\%$$

（2）如果选用 0～300 ℃、0.5 级的温度传感器，它的最大示值相对误差为

$$\delta_{max} = \pm \frac{\Delta_{max}}{x_0} \times 100\% = \pm \frac{0.5\% \times (300-0)}{80} \times 100\% = \pm 1.875\%$$

(3) 如果选用 0～100 ℃、1.0 级的温度传感器,它的最大示值相对误差为

$$\delta_{max} = \pm \frac{\Delta_{max}}{x_0} \times 100\% = \pm \frac{1.0\% \times (100-0)}{80} \times 100\% = \pm 1.25\%$$

精度计算表明:0～300 ℃、0.5 级的温度传感器的最大示值相对误差较大,0～500 ℃、0.2 级的温度传感器与 0～100 ℃、1.0 级的温度传感器的最大示值相对误差相同。

2. 综合分析与选择

从成本的角度考虑,0～500 ℃、0.2 级的温度传感器在测量 80 ℃ 的温度时,灵敏度较小,且价格较高。综合以上分析,选用 0～100 ℃、1.0 级的温度传感器比较合适。

创新篇

1.2.5 传感器的认知与质量检测

1. 目的与要求

通过对常用传感器的外观、结构与功能的辨识及使用万用表相关功能挡位对传感器进行简单的质量鉴别,达到了解常用传感器的功能,熟悉常用传感器的结构,以及掌握常用传感器的质量检测与使用方法的目标。

2. 器材准备

K 型热电偶、Pt100 热电阻、5 kΩ 正温度系数热敏电阻(PTC)、3 kΩ 光敏电阻、霍尔传感器、电阻应变式传感器、超声波传感器、气体传感器、万用表等。

3. 传感器的认知

根据所提供的器材,辨识图 1-28 中所示的各类传感器,并说明它们相应的功能。

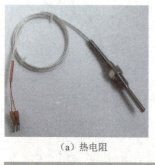
(a) 热电阻

(b) 热电偶

(c) 热敏电阻

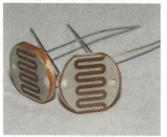
(d) 光敏电阻

(e) 气体传感器

(f) 光敏传感器

图 1-28 各类传感器

项目 1　传感器的认识与选用

（g）超声波传感器　　　　　（h）电阻应变式传感器　　　　　（i）霍尔传感器

图 1-28　各类传感器（续）

4. 传感器的质量检测

1）热电偶的质量检测

在常温下，用万用表电阻挡测量热电偶的阻值，在正常状态下测量的阻值应在 5 Ω 以下。另外，也可用万用表直流毫伏挡测量热电偶输出电动势的大小，通过改变热电偶热端的温度，观察热电动势的变化情况。若热电动势随温度升高而增大，则说明该热电偶质量合格。

2）Pt100 热电阻的质量检测

用万用表电阻挡测量 Pt100 热电阻阻值的方法来检测热电阻的质量，在常温下测量得到的 Pt100 热电阻的阻值应为 110 Ω 左右。升高热电阻测量端的温度，观察 Pt100 热电阻的阻值变化情况，若所测阻值随温度升高而增大，且温度每升高 10 ℃，阻值增大 3.9 Ω 左右，则说明该热电阻质量合格。

3）热敏电阻的质量检测

用万用表电阻挡测量热敏电阻阻值的方法来检测热敏电阻的质量，在常温下测量热敏电阻的阻值，并用手握住热敏电阻来加温。在正常情况下，PTC 的阻值应随着温度的升高而增大，NTC 的阻值应随着温度的升高而减小。符合上述变化规律的热敏电阻，其质量基本合格。

4）光敏电阻的质量检测

在常温下，用万用表电阻挡测量光敏电阻的阻值，改变光敏电阻表面的光照强度（用手遮挡即可）。若光敏电阻的阻值会随着光照强度的降低而增大，且会随着光照强度的提高而减小，则说明该光敏电阻质量合格。

思考一刻：
（1）如何利用万用表检测超声波传感器的质量？
（2）如何判断霍尔传感器的质量合格与否？

测评总结

1. 任务测评

按照表 1-4 完成对该任务的考核评价。

表 1-4 任务考核评价表

评价环节	权重	评价内容与要求	评分
明确任务	0.1	明确任务的目标及具体要求 成员主动学习意识强,善于发现、分析问题	
探究新知	0.2	主动学习研究、解决问题 小试牛刀环节的测试成绩	
研析应用	0.2	熟悉典型传感器的应用 小试牛刀环节的测试成绩	
设计调试	0.5	能够根据实际案例进行传感器的选择,并能够进行常用传感器的质量检测	
任务总分			

2. 总结拓展

该任务以实际温度传感器选择的典型案例为载体,引入传感器的选用,明确了任务目标。任务 1.2 的总结图如图 1-29 所示。在探究新知环节中,主要介绍了测量术语,误差的分类与特性,以及传感器的静态特性和动态特性等内容;在拓展篇中,阐述了传感器的命名与代号。在研析应用环节中,重点分析了航空插头式 Pt100 热电阻 WZP-270、7104A 压电式加速度传感器及 HTS2230SMD 湿敏电容传感器。在设计调试环节的提升篇中,详细解读了实际温度传感器选用的具体方法、步骤;在设计调试环节的创新篇中,分析、梳理了常用传感器的外形与质量检测方法。

通过对任务的分析、计划、实施及考核评价等,了解传感器的判别标准,熟悉传感器各项技术指标的含义,能够进行传感器的精度判定,并能够进行传感器的一般选用。

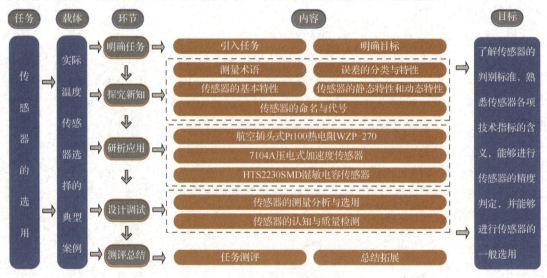

图 1-29 任务 1.2 的总结图

从点滴做起,与闪闪发光的自己不期而遇

追求的后面没有句号,人生也永远没有太晚的开始,只要你听从内心的召唤,勇于迈出第一步,人生的风景就永远是新奇的、美妙的。不冲动、有目标、戒骄躁、敢挑战……时光不会辜负用心的你,走好脚下的每一步路,心怀热爱,奔赴山海。

项目1 传感器的认识与选用

学习随笔

赛证链接

仪表数据测量分析是检测技术中十分重要的基础知识,也是"电工仪器仪表装配工""电子仪器仪表装调工"等职业资格鉴定考试的必考内容,赛证链接环节主要对接职业资格鉴定考试中"仪表选用及数据测量分析"的相关内容,提供了职业资格鉴定考试的相关试题。

一、填空题

1. 调校用的标准仪器,其基本误差的绝对值不应超过敏校仪表基本误差绝对值的_____。

2. 从传感器的输出曲线看,曲线越陡,传感器的灵敏度_____。

3. 在选购线性仪表时,应尽量使选购的仪表量程为欲测量的_____倍左右。

4. 有一温度计,它的测量范围为 0~200 ℃,精度等级为 0.5 级。该温度计可能出现的最大误差为_____,用其测量 100 ℃ 的温度时的示值相对误差为_____。

5. 某位移传感器,当输入量变化 5 mm 时,输出电压变化 300 mV,其灵敏度为_____。

6. 仪表的最大引用误差越小,仪表的基本误差就_____,准确度就_____。

二、选择题

1. 下列属于相对误差常用的表示方法的是(   )。
   A. 满度相对误差   B. 使用误差   C. 绝对误差   D. 满度绝对误差

2. 精度等级是按照(   )来划分的。
   A. 质量等级   B. 电压等级   C. 满度绝对误差   D. 满度相对误差

3. 电表的精度等级为 0.5 级是指它的(   )不大于±0.5%。
   A. 基本误差   B. 最大误差   C. 允许误差   D. 最大引用误差

4. 仪器仪表的测量结果一般总是低于仪器仪表的(   )。
   A. 大小   B. 可信度   C. 准确度   D. 正负

5. 当使用指针型显示仪表进行测量时,应注意选择合适量程的仪表,且偏转位置尽可能在满刻度值的(   )以上的区域。
   A. 1/4   B. 1/2   C. 2/3   D. 1/3

6. 某数字式压力表的测量范围为 0~999.9 Pa,当被测量小于(   )Pa 时,仪表的输出不变。
   A. 9   B. 1.0   C. 0.9   D. 0.1

7. 某采购员分别在三家商店购买了 100 kg 大米、10 kg 苹果、1 kg 巧克力,发现均缺少

31

约 0.5 kg，但该采购员对卖巧克力的商店意见最大，在这个例子中，产生此心理作用的主要因素是（　　）。

  A．绝对误差　　　　B．示值相对误差　　　C．引用误差　　　　D．准确度等级

8．同类仪表的精度等级数值越小，（　　）。

  A．精度就越高，价格也就越高　　　　B．精度就越低，价格也就越低

  C．精度就越高，价格也就越低　　　　D．精度就越低，价格也就越高

9．用万用表交流电压挡（频率上限为 5 kHz）测量 100 kHz、10 V 左右的高频电压，发现示值不到 2 V（跟不上高频电压的变化），该误差属于（　　）。用该表的直流电压挡测量同一节 5 号干电池的电压，发现每次示值均为 1.76 V，该误差属于（　　）。

  A．系统误差　　　B．粗大误差　　　C．随机误差　　　D．动态误差

10．有四台测量范围不同，但精度等级均为 1.0 级的测温仪表。今欲测 250 ℃的温度，选用（　　）的测量仪表最为合理。

  A．0～1 000 ℃　　B．300～500 ℃　　C．0～300 ℃　　D．0～500 ℃

三、分析题

1．使用一只 0.2 级、量程为 10 V 的电压表，测得某一电压为 5.0 V，试求该测量值可能出现的绝对误差和相对误差的最大值。

2．有三台测温仪表，测量范围均为 0～800 ℃，精度等级分别为 2.5 级、2.0 级和 1.5 级，现要测量 500 ℃的温度，要求相对误差不超过 2.5%，选哪台仪表合理？

3．现需选择一台测温范围为 0～500 ℃的测温仪表。根据工艺要求，温度示值的误差不允许超过±4 ℃，试问精度等级应选哪一级？

4．图 1-30 所示为某传感器的结构原理图，回答以下问题。

（1）图 1-30 中的是什么设备？

（2）分析图 1-30 中所标序号对应部件的名称。

（3）简述传感器的工作原理。

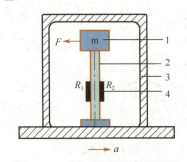

图 1-30　某传感器的结构原理图

项目 2

温度传感器的应用与调试

扫一扫收听音频：坚持不懈，久久为功

每课一语

坚持不懈 久久为功

壹

柏拉图说过，成功唯一的秘诀是坚持到最后一分钟。失败的次数越多，离成功就越近，成功往往是最后一分钟来访的客人。

贰

不管你现在的生命是如何的，坚信坚持的力量，相信一切皆有可能，内心的信念将会是你坚持的力量源泉，它会带你看遍人生旅途上别人看不到的风景。努力是一辈子的事情，梦想从来都是靠坚持来实现的。

叁

凡事都要脚踏实地去作，不驰于空想，不骛于虚声，而惟以求真的态度作踏实的工夫。以此态度求学，则真理可明；以此态度做事，则功业可就。

项目概述

扫一扫看微课视频：初识温度传感器

扫一扫看教学课件：初识温度传感器

  温度传感器是开发较早，也是应用极为广泛的一种传感器。它将物体的温度转化为电信号输出，具有结构简单、测量范围宽、稳定性好、精度高等优点。从 1593 年意大利科学家伽利略发明温度计开始，人们便开始了温度测量，而真正把温度转换成电信号的传感器是 1821 年德国物理学家赛贝发明的热电偶传感器。随着科技的不断发展，测量和自动化技术的要求也不断提高，温度传感器的发展大致经历了以下三个阶段：传统的分立式温度传感器（含敏感元件）、模拟集成温度传感器/控制器和智能温度传感器。目前，新型温度传感器正从模拟式向数字式，从集成化向智能化、网络化的方向发展。

本项目以直升机测温系统和大飞机 C919 的起落架刹车系统为载体，通过对电阻式温度传感器的应用与调试和热电偶的应用与调试的讲解，分析、梳理了常用温度传感器的原理、特性、典型应用及其对应系统的调试，以期学生能够正确识别、选择常用的电阻式温度传感器并对其进行质量检测，能够进行电阻式温度传感器典型应用的分析及电阻式温度传感器应用系统的调试，能够正确识别、选择常用的热电偶并对其进行质量检测，以及能够进行热电偶典型应用的分析及热电偶应用系统的调试。

项目导航

项目构成	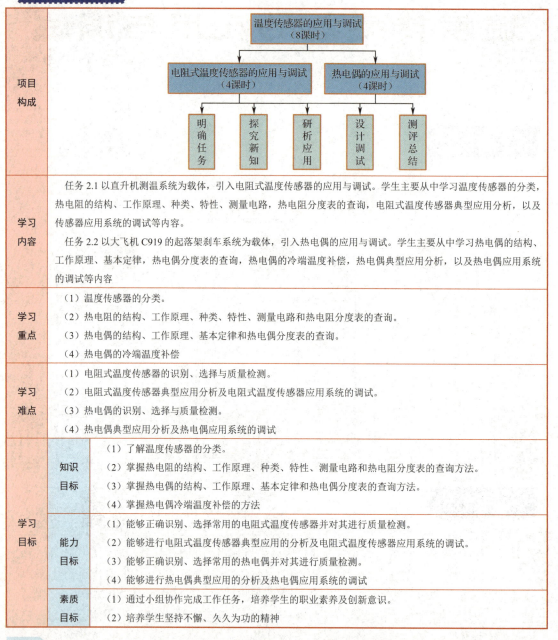		
学习内容	任务 2.1 以直升机测温系统为载体，引入电阻式温度传感器的应用与调试。学生主要从中学习温度传感器的分类、热电阻的结构、工作原理、种类、特性、测量电路，热电阻分度表的查询，电阻式温度传感器典型应用分析，以及传感器应用系统的调试等内容。 任务 2.2 以大飞机 C919 的起落架刹车系统为载体，引入热电偶的应用与调试。学生主要从中学习热电偶的结构、工作原理、基本定律，热电偶分度表的查询，热电偶的冷端温度补偿，热电偶典型应用分析，以及热电偶应用系统的调试等内容		
学习重点	（1）温度传感器的分类。 （2）热电阻的结构、工作原理、种类、特性、测量电路和热电阻分度表的查询。 （3）热电偶的结构、工作原理、基本定律和热电偶分度表的查询。 （4）热电偶的冷端温度补偿		
学习难点	（1）电阻式温度传感器的识别、选择与质量检测。 （2）电阻式温度传感器典型应用分析及电阻式温度传感器应用系统的调试。 （3）热电偶的识别、选择与质量检测。 （4）热电偶典型应用分析及热电偶应用系统的调试		
学习目标	知识目标	（1）了解温度传感器的分类。 （2）掌握热电阻的结构、工作原理、种类、特性、测量电路和热电阻分度表的查询方法。 （3）掌握热电偶的结构、工作原理、基本定律和热电偶分度表的查询方法。 （4）掌握热电偶冷端温度补偿的方法	
	能力目标	（1）能够正确识别、选择常用的电阻式温度传感器并对其进行质量检测。 （2）能够进行电阻式温度传感器典型应用的分析及电阻式温度传感器应用系统的调试。 （3）能够正确识别、选择常用的热电偶并对其进行质量检测。 （4）能够进行热电偶典型应用的分析及热电偶应用系统的调试	
	素质目标	（1）通过小组协作完成工作任务，培养学生的职业素养及创新意识。 （2）培养学生坚持不懈、久久为功的精神	

项目 2　温度传感器的应用与调试

任务 2.1　电阻式温度传感器的应用与调试

明确任务

扫一扫看技能拓展：武装直升机温度测量

1. 任务引入

直升机由于具备垂直起落、空中悬停和定点回转等固定翼飞机所不具备的特性，具有十分重要的作用。而各类传感器为直升机提供各类机内、机外参数，在直升机状态监测和飞行控制中至关重要。直升机的传感器可以分为功能传感器和飞控传感器两类。功能传感器主要用于测量各种机体运行参数和飞行状态参数，分为压力传感器、温度传感器和其他传感器。飞控传感器主要用于增稳装置、自动驾驶仪或自动飞行控制系统，主要用来获取驾驶员的输出指令并检测直升机舵机的运行状态。温度是直升机飞行过程中一项重要的物性参数，与直升机飞行有关的温度参数主要涉及发动机系统、辅助动力系统、滑油系统、防火系统、环控系统、大气数据系统等。

（1）发动机排气温度传感器安装在发动机的涡轮和尾喷处，用于测量这些位置的排气温度，从而实现对发动机工作状态的在线检测。

（2）滑油温度传感器安装在滑油流经的管路或者滑油腔内部，用于检测工作滑油的温度，避免滑油过热。

（3）气温传感器包括测量外界大气温度的传感器，测量座舱内温度的座舱温度传感器，以及测量货舱、行李舱、电子设备舱内温度的传感器。气温传感器不仅为保证座舱气温舒适提供依据，还监控机内各舱是否发生超温起火事故。

（4）火灾探测器主要安装于发动机和辅助动力系统，用于测量动力装置的工作温度，监控发动机和辅助动力装置舱内是否失火。

目前，直升机的温度传感器正在大量应用电阻式传感器，特别是精度较高的铂电阻温度传感器，如图 2-1 所示。铂电阻温度传感器除了具有温度精度较高的优点，还具有长期稳定性较好、抗氧化与抗时效误差效果好等优点，因此常被应用于中低温区的温度测量。那么什么是电阻式温度传感器？它们是如何实现测温的呢？它们还有哪些应用呢？

图 2-1　航空用电阻式温度传感器

2. 任务目标

◆ **知识目标**

（1）了解温度传感器的分类。

（2）掌握热电阻的结构、工作原理、种类、特性、测量电路和热电阻分度表的查询方法。

◆ **能力目标**

（1）能够正确识别、选择常用的电阻式温度传感器并对其进行质量检测。

（2）能够进行电阻式温度传感器典型应用的分析及电阻式温度传感器应用系统的调试。

◆ **素质目标**

（1）通过小组协作完成工作任务，培养学生的职业素养及创新意识。

（2）培养学生坚持不懈、久久为功的精神。

探究新知

基础篇

2.1.1 认识温度传感器

1. 温度与温标

 扫一扫看教学课件：认识温度传感器

 扫一扫看知识拓展：温标发展简史

 扫一扫看知识拓展：温度传感器发展简史

扫一扫看微课视频：认识温度传感器

1）温度及其性质

温度是表示物体冷热程度的物理量，从微观上讲，温度表征了物体内分子热运动的剧烈程度。两个不同温度的物体相接触时，将会产生热传导和热交换，最终使两个物体具有相同的温度并处于热平衡状态，而热平衡恰好就是进行温度测量的基础。

不同温度的物体会发出不同波长和不同强度的热辐射，通过对热辐射强度的测量可以获取准确的温度。

思考一刻：温度数值的大小应该如何体现？

2）温标及其分类

温标是指用来度量物体温度数值的标尺。它规定了温度读数的起点（零点）和测量温度的基本单位。

目前，国际上用得较多的温标有以下3种：

（1）华氏温标：一般用 θ 表示，单位为华氏度，即℉。

（2）摄氏温标：一般用 t 表示，单位为摄氏度，即℃。

（3）热力学温标：一般用 T 表示，单位为开尔文，即K。

摄氏温标将标准大气压下冰的熔点定为 0 ℃，水的沸点定为 100 ℃，并将两个温度点间均匀划分为 100 份，每份为 1 ℃。

华氏温标将标准大气压下冰的熔点定为 32 ℉，水的沸点定为 212 ℉，并将两温度点间划分为 180 份，每份为 1 ℉。它与摄氏温标的关系式为

$$\theta = 1.8t + 32 \tag{2-1}$$

案例分析 1：室温为 25 ℃时的华氏温标是多少？

解：依据华氏温标与摄氏温标的关系式，可得

项目 2　温度传感器的应用与调试

$$\theta = 1.8t + 32 = 1.8 \times 25 + 32 = 77\ ℉$$

所以，室温为 25 ℃时的华氏温标是 77 ℉。

热力学温标是国际单位制中的基本温标，它以水的三相点平衡共存时的温度为基本定点，并规定此时的温度为 273.15 K。水的三相图如图 2-2 所示。

开氏温度计上的一度等于摄氏温度计上的一度，只是两者的起点温度不同。水的冰点摄氏温标为 0 ℃，而对应的开氏温标为 273.15 K。所以，摄氏温标与热力学温标的关系式为

$$t = T - 273.15 \qquad (2\text{-}2)$$

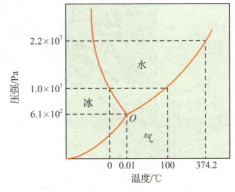

图 2-2　水的三相图

小科普：三相点

三相点一般是指，各种化学性质稳定的纯物质处于固、液、气三个相态，在平衡共存时的三条平衡线的交点，这个交点具有固定的温度和压强。简单来讲，三相点是指在热力学里，可使一种物质三相（气相、液相、固相）共存的一个温度和压强的数值。

举个例子，水的三相点在 0.01 ℃（273.16 K）及 610.75 Pa 时出现，水在三相点 0.007 6 ℃（273.157 6 K）及 610.75 Pa 时，压强非常接近绝对真空，如果温度不变而压力进一步下降，冰就直接升华为水蒸气。而汞的三相点在 -38.834 4 ℃及 0.2 MPa 时出现。氦是唯一一种没有三相点的物质。

2. 温度传感器

1）温度传感器的定义

温度传感器是一种将温度变化转换为电参量变化的传感器，其外形图如图 2-3 所示。它利用感温元件的电参量随温度变化的特性，并通过测量电信号的变化来检测温度的大小。它首先将温度变化转化为电阻、电动势、磁导等的变化，再通过适当的测量电路，就可以用这些电参量的变化来表达所测温度的变化。

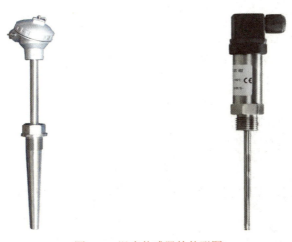

图 2-3　温度传感器的外形图

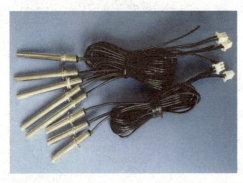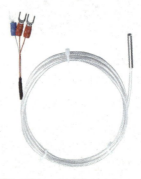

图 2-3　温度传感器的外形图（续）

2）温度传感器的分类

温度传感器种类繁多，分类方法各异，通常可分为接触式温度传感器和非接触式温度传感器两类，如表 2-1 所示。其中，接触式温度传感器是指传感器直接与被测物体接触，利用被测物体的热量传递给传感器达到热平衡来进行温度测量。它具有测量精度较高；在一定测温范围内，可测量物体内部的温度场；对于运动体、小目标或热容量很小的对象，会产生较大测量误差等特点。后面要学习的热电阻、热敏电阻、热电偶等都属于接触式温度传感器。

非接触式温度传感器则是利用被测物体因热辐射而发出红外线，从而测量物体的温度，并可进行遥测。与接触式温度传感器相比，它具有不从被测物体上吸收热量，不会干扰被测物体的温度场，连续测量不会产生消耗，反应快，制造成本较高，以及测量精度较低等特点。常见的红外温度传感器、辐射高温计等就属于非接触式温度传感器。

表 2-1　温度传感器的分类

分类	定义	特点	案例
接触式温度传感器	传感器直接与被测物体接触，利用被测物体的热量传递给传感器达到热平衡来进行温度测量	测量精度较高；在一定测温范围内，可测量物体内部的温度场；对于运动体、小目标或热容量很小的对象，会产生较大测量误差等	热电阻、热敏电阻、热电偶等
非接触式温度传感器	利用被测物体因热辐射而发出红外线，从而测量物体的温度，可进行遥测	不从被测物体上吸收热量，不会干扰被测物体的温度场，连续测量不会产生消耗，反应快，制造成本较高，测量精度较低等	红外温度传感器、辐射高温计等

温度传感器的测温原理通常可分为物质热膨胀与温度的关系、金属导体或半导体电阻与温度的关系、热电效应和热、光辐射与温度的关系四种，如表 2-2 所示。其中，利用物质热膨胀与温度的关系制成的传感器有气体温度计、玻璃水银温度计、双金属温度计、液体压力温度计、气体压力温度计，利用金属导体或半导体电阻与温度的关系制成的传感器有热电阻、热敏电阻，利用热电效应制成的传感器主要有热电偶温度传感器，而利用热、光辐射与温度的关系制成的传感器主要有红外辐射温度计、光学高温计。

表 2-2　温度传感器按测温原理分类

原理	案例
物质热膨胀与温度的关系	气体温度计、玻璃水银温度计、双金属温度计、液体压力温度计、气体压力温度计

续表

原理	案例
金属导体或半导体电阻与温度的关系	热电阻、热敏电阻
热电效应	热电偶温度传感器
热、光辐射与温度的关系	红外辐射温度计、光学高温计

温度传感器如果按测温范围来分，通常有超高温传感器、高温传感器、中高温传感器、中温传感器、低温传感器及极低温传感器，如表 2-3 所示。其中，超高温传感器的可测温度在 1 500 ℃以上，常见的有光学高温计、辐射传感器等；高温传感器的可测温度在 1 000～1 500 ℃范围内，常见的有光学高温计、辐射传感器、热电偶等；中高温传感器的可测温度在 500～1 000 ℃范围内，常见的有光学高温计、辐射传感器、热电偶等；中温传感器的可测温度在 0～500 ℃范围内，常见的有热电偶、热敏电阻、金属温度计、压力式温度计、玻璃制温度计、辐射传感器、测温电阻器、石英晶体振荡器、半导体集成电路传感器、晶闸管等；低温传感器的可测温度在-250～0 ℃范围内，常见的有热敏三极管、热敏电阻、压力式玻璃温度计等；最后一类是极低温传感器，其可测温度在-270～-250 ℃范围内，常见的有 $BaSrTiO_3$ 陶瓷等。

表 2-3 温度传感器按温度测量范围分类

分类	可测温度	案例
超高温传感器	1 500 ℃以上	光学高温计、辐射传感器等
高温传感器	1 000～1 500 ℃	光学高温计、辐射传感器、热电偶等
中高温传感器	500～1 000 ℃	光学高温计、辐射传感器、热电偶等
中温传感器	0～500 ℃	热电偶、热敏电阻、金属温度计、压力式温度计、玻璃制温度计、辐射传感器、测温电阻器、石英晶体振荡器、半导体集成电路传感器、晶闸管等
低温传感器	-250～0 ℃	热敏三极管、热敏电阻、压力式玻璃温度计
极低温传感器	-270～-250 ℃	$BaSrTiO_3$ 陶瓷

温度传感器如果按测温特性来分，通常有线性型、指数型和开关型三类，如表 2-4 所示。线性型温度传感器具有测温范围宽、输出小的特点，常见的有热电偶、压力式温度计、玻璃制温度计、测温电阻器、石英晶体振荡器、半导体集成电路传感器、晶闸管等；指数型温度传感器具有测温范围窄、输出大的特点，常见的有热敏电阻等；开关型温度传感器具有可用于特定温度测量、输出大的特点，常见的有感温铁氧体、双金属温度计等。

表 2-4 温度传感器按测温特性分类

分类	特点	案例
线性型温度传感器	测温范围宽、输出小	热电偶、压力式温度计、玻璃制温度计、测温电阻器、石英晶体振荡器、半导体集成电路传感器、晶闸管等
指数型温度传感器	测温范围窄、输出大	热敏电阻等
开关型温度传感器	可用于特定温度测量、输出大	感温铁氧体、双金属温度计等

2.1.2 认识热电阻

1. 热电阻的结构、工作原理与材料要求

1）热电阻的结构

电阻式温度传感器是利用导体或半导体的阻值随温度变化而变化的原理进行测温的传感器。用仪表测量出电阻式温度传感器的阻值变化，经过查表换算即可得到与阻值对应的温度值。

由金属导体铂、铜、镍等制成的测温元件被称为金属热电阻，可构成金属热电阻传感器。由半导体材料制成的测温元件被称为热敏电阻，可构成半导体热敏电阻传感器，它的灵敏度比前者高10倍以上。

> **小贴士：电阻式温度传感器的分类**
>
> 电阻式温度传感器可分为金属热电阻传感器和半导体热敏电阻传感器，如图2-4所示。
>
>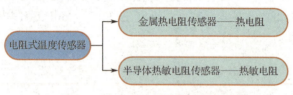
>
> 图2-4 电阻式温度传感器的分类

普通工业热电阻主要由感温元件、引出线、保护管、接线盒等部分组成，如图2-5所示，通常还具有与外部测量及控制装置、机械装置连接的部件。感温元件（电阻体）通常采用双线形式绕在由石英、云母或塑料等材料制成的骨架上，再浸入酚醛树脂以起到保护作用。金属热电阻的外形与热电偶相似，使用时要注意避免用错。

2）热电阻的工作原理

热电阻主要是利用物质的电阻率随温度变化而变化的特性来进行温度测量的，也就是利用热电阻效应。温度升高，金属内部原子晶格振动加剧，从而使金属内部的自由电子通过金属导体时的阻力增大，宏观上表现出电阻率变大，总阻值增加，即阻值与温度的变化趋势相同。

热电阻的阻值与温度的关系式为

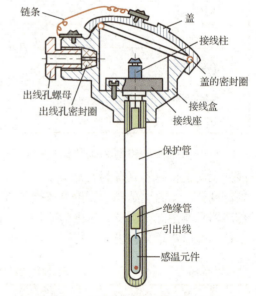

图2-5 普通工业热电阻的结构图

$$R_t = R_0(1 + At + Bt^2 + Ct^3 + Dt^4) \tag{2-3}$$

式中，R_t 为热电阻在 $t\ \text{℃}$ 时的阻值；R_0 为热电阻在 $0\ \text{℃}$ 时的阻值；A、B、C、D 为温度系数。

3）热电阻对感温材料的要求

热电阻对电阻体材料的基本要求如下：

（1）材料的电阻温度系数要大——提高灵敏度。

（2）在测温范围内，材料的物理、化学性质要稳定——减小误差。

（3）在测温范围内，温度系数要保持为常数——实现温度表的线性刻度特性。

（4）材料要具有较大的电阻率，较小的热容量，以及较快的响应速度——减小电阻尺寸和提高响应速度。

（5）材料要具有良好的可加工性及良好的特性复现性，要容易复制且价格低廉——提高工艺性和经济性。

热电阻感温材料一般有铂、铜、铁和镍，最常用的是铂和铜。几种常用金属热电阻材料的参数如表 2-5 所示。

表 2-5　几种常用金属热电阻材料的参数

材料	温度系数 α / (1/℃)	电阻率 ρ / ($\Omega \cdot mm^2/m$)	工作温度范围/℃	特性
铂	3.92×10^{-3}	0.098 1	$-200 \sim +850$	近线性
铜	4.25×10^{-3}	0.017 0	$-50 \sim +150$	线性
铁	6.50×10^{-3}	0.091 0	$-50 \sim +150$	非线性
镍	6.60×10^{-3}	0.121 0	$-50 \sim +100$	非线性

2. 热电阻的种类与特性

热电阻按结构可分为普通型、铠装型、防爆型等类型，按使用材料可分为铂热电阻和铜热电阻。

1）铂热电阻

金属铂（Pt）的阻值随温度变化而变化，并且具有很好的重现性和稳定性，利用铂的上述物理特性制成的传感器被称为铂电阻温度传感器。通常使用的铂电阻温度传感器在 0 ℃时的阻值为 100 Ω，电阻变化率为 0.385 1 Ω/℃。铂电阻温度传感器精度高、稳定性好、工作温度范围广，是中低温区（-200～850 ℃）最常用的一种温度检测器，不仅常被应用于工业测温，而且被制成各种标准的温度计供计量和校准用。

铂热电阻的阻值与温度的关系式为

$$R_t = \begin{cases} R_0(1+At+Bt^2), & 0\ ℃ < t < 850\ ℃ \\ R_0, & t = 0\ ℃ \\ R_0[1+At+Bt^2+Ct^3(t-100)], & -200\ ℃ < t < 0\ ℃ \end{cases} \tag{2-4}$$

式中，R_t 为 t ℃时的阻值；R_0 为 0 ℃时的阻值；A、B、C 为温度系数。

目前，我国常用的铂热电阻有两种，对应阻值分别为 R_0=10 Ω 和 R_0=100 Ω，对应分度号分别为 Pt10 和 Pt100，其中最常用的是 Pt100 热电阻。

> **小贴士：对分度号的介绍**
>
> 分度号是指 0 ℃时的阻值，比如，分度号 Pt100 是指 R_0=100 Ω，Pt10 是指 R_0=10 Ω。在实际测量中，只要测得热电阻的阻值 R_t，即可从对应的分度表中查出对应的温度值。

思考一刻： 表 2-6 所示为 Pt100 热电阻的分度表，应该如何查询分度表？

表2-6 Pt100热电阻的分度表

阻值/Ω

温度/℃	0	1	2	3	4	5	6	7	8	9
-200	18.52									
-190	22.83	22.40	21.97	21.54	21.11	20.68	20.25	19.82	19.38	18.95
-180	27.10	26.67	26.24	25.82	25.39	24.97	24.54	24.11	23.68	23.25
-170	31.34	30.91	30.49	30.07	29.64	29.22	28.80	28.37	27.95	27.52
-160	35.54	35.12	34.70	34.28	33.86	33.44	33.02	32.60	32.18	31.76
-150	39.72	39.31	38.89	38.47	38.05	37.64	37.22	36.80	36.38	35.96
-140	43.88	43.46	43.05	42.63	42.22	41.80	41.39	40.97	40.56	40.14
-130	48.00	47.59	47.18	46.77	46.36	45.94	45.53	45.12	44.70	44.29
-120	52.11	51.70	51.29	50.88	50.47	50.06	49.65	49.24	48.83	48.42
-110	56.19	55.79	55.38	54.97	54.56	54.15	53.75	53.34	52.93	52.52
-100	60.26	59.85	59.44	59.04	58.63	58.23	57.82	57.41	57.01	56.60
-90	64.30	63.90	63.49	63.09	62.68	62.28	61.88	61.47	61.07	60.66
-80	68.33	67.92	67.52	67.12	66.72	66.31	65.91	65.51	65.11	64.70
-70	72.33	71.93	71.53	71.13	70.73	70.33	69.93	69.53	69.13	68.73
-60	76.33	75.93	75.53	75.13	74.73	74.33	73.93	73.53	73.13	72.73
-50	80.31	79.91	79.51	79.11	78.72	78.32	77.92	77.52	77.12	76.73
-40	84.27	83.87	83.48	83.08	82.69	82.29	81.89	81.50	81.10	80.70
-30	88.22	87.83	87.43	87.04	86.64	86.25	85.85	85.46	85.06	84.67
-20	92.16	91.77	91.37	90.98	90.59	90.19	89.80	89.40	89.01	88.62
-10	96.09	95.69	95.30	94.91	94.52	94.12	93.73	93.34	92.95	92.55
0	100.00	99.61	99.22	98.83	98.44	98.04	97.65	97.26	96.87	96.48
0	100.00	100.39	100.78	101.17	101.56	101.95	102.34	102.73	103.12	103.51
10	103.90	104.29	104.68	105.07	105.46	105.85	106.24	106.63	107.02	107.40
20	107.79	108.18	108.57	108.96	109.35	109.73	110.12	110.51	110.90	111.29
30	111.67	112.06	112.45	112.83	113.22	113.61	114.00	114.38	114.77	115.15
40	115.54	115.93	116.31	116.70	117.08	117.47	117.86	118.24	118.63	119.01
50	119.40	119.78	120.17	120.55	120.94	121.32	121.71	122.09	122.47	122.86
60	123.24	123.63	124.01	124.39	124.78	125.16	125.54	125.93	126.31	126.69
70	127.08	127.46	127.84	128.22	128.61	128.99	129.37	129.75	130.13	130.52
80	130.90	131.28	131.66	132.04	132.42	132.80	133.18	133.57	133.95	134.33
90	134.71	135.09	135.47	135.85	136.23	136.61	136.99	137.37	137.75	138.13
100	138.51	138.88	139.26	139.64	140.02	140.40	140.78	141.16	141.54	141.91
110	142.29	142.67	143.05	143.43	143.80	144.18	144.56	144.94	145.31	145.69
120	146.07	146.44	146.82	147.20	147.57	147.95	148.33	148.70	149.08	149.46
130	149.83	150.21	150.58	150.96	151.33	151.71	152.08	152.46	152.83	153.21
140	153.58	153.96	154.33	154.71	155.08	155.46	155.83	156.20	156.58	156.95
150	157.33	157.70	158.07	158.45	158.82	159.19	159.56	159.94	160.31	160.68
160	161.05	161.43	161.80	162.17	162.54	162.91	163.29	163.66	164.03	164.40
170	164.77	165.14	165.51	165.89	166.26	166.63	167.00	167.37	167.74	168.11
180	168.48	168.85	169.22	169.59	169.96	170.33	170.70	171.07	171.43	171.80
190	172.17	172.54	172.91	173.28	173.65	174.02	174.38	174.75	175.12	175.49

续表

温度/℃	0	1	2	3	4	5	6	7	8	9
200	175.86	176.22	176.59	176.96	177.33	177.69	178.06	178.43	178.79	179.16
210	179.53	179.89	180.26	180.63	180.99	181.36	181.72	182.09	182.46	182.82
220	183.19	183.55	183.92	184.28	184.65	185.01	185.38	185.74	186.11	186.47
230	186.84	187.20	187.56	187.93	188.29	188.66	189.02	189.38	189.75	190.11
240	190.47	190.84	191.20	191.56	191.92	192.29	192.65	193.01	193.37	193.74
250	194.10	194.46	194.82	195.18	195.55	195.91	196.27	196.63	196.99	197.35
260	197.71	198.07	198.43	198.79	199.15	199.51	199.87	200.23	200.59	200.95
270	201.31	201.67	202.03	202.39	202.75	203.11	203.47	203.83	204.19	204.55
280	204.90	205.26	205.62	205.98	206.34	206.70	207.05	207.41	207.77	208.13
290	208.48	208.84	209.20	209.56	209.91	210.27	210.63	210.98	211.34	211.70
300	212.05	212.41	212.76	213.12	213.48	213.83	214.19	214.54	214.90	215.25
310	215.61	215.96	216.32	216.67	217.03	217.38	217.74	218.09	218.44	218.80
320	219.15	219.51	219.86	220.21	220.57	220.92	221.27	221.63	221.98	222.33
330	222.68	223.04	223.39	223.74	224.09	224.45	224.80	225.15	225.50	225.85
340	226.21	226.56	226.91	227.26	227.61	227.96	228.31	228.66	229.02	229.37
350	229.72	230.07	230.42	230.77	231.12	231.47	231.82	232.17	232.52	232.87
360	233.21	233.56	233.91	234.26	234.61	234.96	235.31	235.66	236.00	236.35
370	236.70	237.05	237.40	237.74	238.09	238.44	238.79	239.13	239.48	239.83
380	240.18	240.52	240.87	241.22	241.56	241.91	242.26	242.60	242.95	243.29
390	243.64	243.99	244.33	244.68	245.02	245.37	245.71	246.06	246.40	246.75
400	247.09	247.44	247.78	248.13	248.47	248.81	249.16	249.50	245.85	250.19
410	250.53	250.88	251.22	251.56	251.91	252.25	252.59	252.93	253.28	253.62
420	253.96	254.30	254.65	254.99	255.33	255.67	256.01	256.35	256.70	257.04
430	257.38	257.72	258.06	258.40	258.74	259.08	259.42	259.76	260.10	260.44
440	260.78	261.12	261.46	261.80	262.14	262.48	262.82	263.16	263.50	263.84
450	264.18	264.52	264.86	265.20	265.53	265.87	266.21	266.55	266.89	267.22
460	267.56	267.90	268.24	268.57	268.91	269.25	269.59	269.92	270.26	270.60
470	270.93	271.27	271.61	271.94	272.28	272.61	272.95	273.29	273.62	273.96
480	274.29	274.63	274.96	275.30	275.63	275.97	276.30	276.64	276.97	277.31
490	277.64	277.98	278.31	278.64	278.98	279.31	279.64	279.98	280.31	280.64
500	280.98	281.31	281.64	281.98	282.31	282.64	282.97	283.31	283.64	283.97
510	284.30	284.63	284.97	285.30	285.63	285.96	286.29	286.62	286.85	287.29
520	287.62	287.95	288.28	288.61	288.94	289.27	289.60	289.93	290.26	290.59
530	290.92	291.25	291.58	291.91	292.24	292.56	292.89	293.22	293.55	293.88
540	294.21	294.54	294.86	295.19	295.52	295.85	296.18	296.50	296.83	297.16
550	297.49	297.81	298.14	298.47	298.80	299.12	299.45	299.78	300.10	300.43
560	300.75	301.08	301.41	301.73	302.06	302.38	302.71	303.03	303.36	303.69
570	304.01	304.34	304.66	304.98	305.31	305.63	305.96	306.28	306.61	306.93
580	307.25	307.58	307.90	308.23	308.55	308.87	309.20	309.52	309.84	310.16
590	310.49	310.81	311.13	311.45	311.78	312.10	312.42	312.74	313.06	313.39

续表

温度/℃	0	1	2	3	4	5	6	7	8	9
600	313.71	314.03	314.35	314.67	314.99	315.31	315.64	315.96	316.28	316.60
610	316.92	317.24	317.56	317.88	318.20	318.52	318.84	319.16	319.48	319.80
620	320.12	320.43	320.75	321.07	321.39	321.71	322.03	322.35	322.67	322.98
630	323.30	323.62	323.94	324.26	324.57	324.89	325.21	325.53	325.84	326.16
640	326.48	326.79	327.11	327.43	327.74	328.06	328.38	328.69	329.01	329.32
650	329.64	329.96	330.27	330.59	330.90	331.22	331.53	331.85	332.16	332.48
660	332.79									

2）铜热电阻

由于铂是贵金属，因此在测量精度要求不高、介质温度不高、腐蚀性不强、测温元件体积不受限制的条件下普遍采用铜热电阻，它的测量范围一般为-50～150 ℃。铜热电阻的阻值 R_0 常取 50 Ω、100 Ω 两种，对应的铜热电阻的分度号为 Cu50、Cu100。

铜热电阻的阻值与温度之间的关系近似为

$$R_t = R_0(1+\alpha t) \tag{2-5}$$

式中，R_t 为 t ℃时的阻值；R_0 为 0 ℃时的阻值；α 为温度系数。

铜热电阻的优缺点如下：

（1）铜易于提纯、价格低廉，且其电阻的温度特性线性较好。
（2）价格低廉，互换性好，固有电阻小。
（3）电阻率较小，因此铜热电阻所用阻丝细而且长。
（4）机械强度较差，热惯性较大，在温度高于 100 ℃时，易氧化，稳定性较差。因此，只能用于低温及无腐蚀性的介质中。

小结论：铂热电阻和铜热电阻的区别

铂热电阻和铜热电阻都是常见的温度传感器，它们有相同的地方，即都是测温元件。表 2-7 中总结了它们的不同之处，它们的主要区别在于所用材料、工作温度范围、电阻率及温度系数等不一样。

表 2-7 铂热电阻和铜热电阻的比较

材料	铂	铜
工作温度范围/℃	-200～850	-50～150
电阻率/（Ω·m×10^{-6}）	0.098 1～0.106 0	0.017 0
电阻温度系数（平均值）/（ppm/℃）	0.003 85	0.004 28
化学稳定性	在氧化性介质中较稳定，不能在还原性介质中使用（尤其在高温情况下）	超过 100 ℃易氧化
特性	特性接近于线性，性能稳定，精度高	线性较好，价格低廉，体积大
应用	适于较高温度的测量，可做标准测温装置	适于测量低温、无水分、无腐蚀性介质的温度

项目2 温度传感器的应用与调试

热电阻特性的检测

1. 热电阻的质量检测

一般对铜热电阻、铂热电阻而言,如果用测量阻值来判断,阻值无穷大说明开路了或是电阻坏了,三根线之间的阻值都为0说明短路了。

(1)用万用表的电阻挡测得电阻信号。

(2)首先,根据现场环境温度,查询分度表,对比所测阻值与分度表显示阻值是否一致。然后,把热电阻置于热水中,或者是用电烙铁对热电阻进行加热,看热电阻的阻值是否上升,若其阻值没有变化,则说明热电阻质量不合格。

(3)热电阻的精度等参数需要用专门的仪器来检测,万用表在此只能检测热电阻的好坏。也就是说,用户只要判定热电阻没有短路,也没有开路,阻值随温度变化而变化,即可认为热电阻质量合格。

2. 热电阻的特性检测

在确保热电阻质量合格的情况下,依次检测热电阻在不同温度下对应的阻值,记录数据并将其与分度表的数据进行对照,分析测量误差的大小。

3. 热电阻测量电路

热电阻测量电路的作用是将由温度引起的阻值变化转换成电压信号。热电阻测量电路图如图 2-6 所示,热电阻温度传感器的测温电路通常采用电桥把热电阻阻值的微小变化转化为电压的微小变化,再由差动放大器将其放大成较大的电压信号输出,带动指针型表头指示温度,或使其经模数转换(A/D 转换),并由数字显示表头显示温度或由微处理器采集温度。热电阻测量电路的接线方式分为二线制、三线制和四线制三种,图 2-7 所示为采用不同接线方式的热电阻。

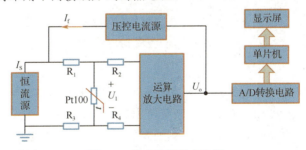

图 2-6 热电阻测量电路图

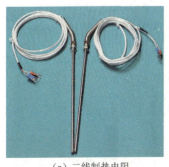

(a)二线制热电阻

(b)三线制热电阻

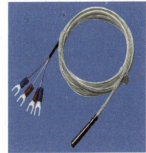

(c)四线制热电阻

图 2-7 采用不同接线方式的热电阻

1）二线制

从热电阻的两端各引出一根导线与指示仪表连接被称为二线制接线方式,如图2-8所示。二线制接线方式仅适用于热电阻与指示仪表距离较近、连接导线较短或精度不高的场合。

2）三线制

如果热电阻安装的位置与仪表相距较远,当环境温度变化时,连接导线的电阻也要变化。为消除连接导线电阻变化带来的测量误

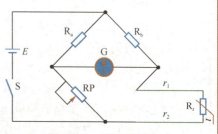

图2-8 二线制接线方式

差,测量时需采用三线制接线方式。三线制接线方式的测量精度高于二线制接线方式,因而目前在工业检测中,三线制接线方式的应用较广。

三线制接线方式如图2-9所示,图中,R_a、R_b为固定电阻,RP为零位调节电阻,R_t为热电阻。可以看出,在热电阻R_t根部的一端连接一根引线,另一端连接两根引线,这种接线方式就被称为三线制接线方式。三线制接线方式通常与电桥配套使用,可以减小或消除内引线电阻(对应图2-9中的电阻r_1、r_2、r_3)对电路的影响,提高热电阻的精度。

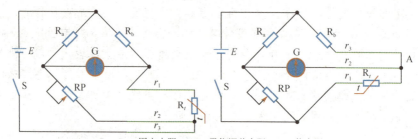

R_a、R_b—固定电阻;RP—零位调节电阻;R_t—热电阻

图2-9 三线制接线方式

3）四线制

为消除连接导线电阻变化带来的测量误差,测量时除了三线制接线方式,还有四线制接线方式,该接线方式主要用于精密测量。四线制接线方式如图2-10所示,它是指在热电阻感温元件的两端各连接两根引线,其中,两根引线为热电阻提供恒定电流I,并把热电阻R_t的阻值转换成电压信号U,再通过另两根引线把电压信号U引至二次测量仪表。这种接线方式对于引线没有等阻值的要求,且真正意义上完全消除了引线电阻对温度测量的影响,主要适用于高精度的温度检测(如建立温度基准、计量校准等)。

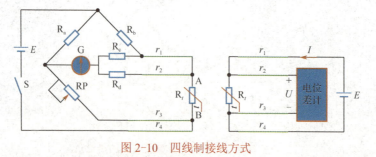

图2-10 四线制接线方式

项目2　温度传感器的应用与调试

> **小贴士：Pt100 三线温度传感器的接线方式**
>
> Pt100 三线温度传感器有三根引线，如图 2-11 所示。可用 A、B、C（红、蓝、蓝）来代表三根线，三根线之间有如下规律：A 与 B 或 A 与 C 之间的阻值在常温下为 110 Ω 左右，B 与 C 之间的阻值在常温下为 0 Ω，B 与 C 在内部是直通的，原则上 B 与 C 没什么区别。A 接在仪表上的一个固定端子上，B 和 C 接在仪表上的另外两个固定端子上，B 和 C 的位置可以互换，但都得接上。如果中间接有加长线，那么三根线的规格和长度要相同。
>
> 热电阻采用二线制、三线制还是四线制接线方式，主要由使用（选用）的二次仪表来决定。四线制接线方式精度最高，三线制接线方式精度也可以，二线制接线方式精度最低，具体用法要考虑精度要求和成本。一般显示仪表提供三线制接线方式，Pt100 三线温度传感器一端出一根线，另一端出两根线，都接仪表，仪表内部通过电桥抵消导线电阻。

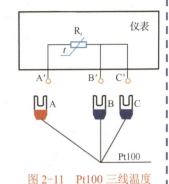

图 2-11　Pt100 三线温度传感器的接线图

2.1.3　认识热敏电阻

扫一扫看知识拓展：热敏电阻的发展简史

扫一扫看微课视频：认识热敏电阻

1. 热敏电阻的种类与特性

热敏电阻属于半导体测温元件，它是利用某种半导体材料的阻值随温度变化而变化的特质制成的热敏元件。热敏电阻按材料一般分为半导体类、金属类、合金类三类。

热敏电阻的结构形式有很多，如图 2-12 所示，热敏电阻按结构形式可分为圆片形、圆柱形、圆圈形和薄片形等。

（a）圆片形（片状）

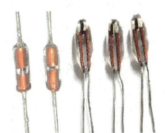
（b）圆柱形（左边两个）和圆圈形（右边三个）

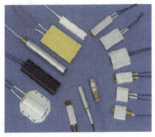
（c）薄片形

图 2-12　不同结构形式的热敏电阻

热敏电阻按阻值与温度的关系特性可分为正温度系数热敏电阻（PTC）、负温度系数热敏电阻（NTC）、临界温度系数热敏电阻（CTR），如图 2-13 所示。

扫一扫看教学课件：认识热敏电阻

1）正温度系数热敏电阻（PTC）

正温度系数热敏电阻是指阻值随温度升高而增大的电阻，简称 PTC。它适用于一定范围内的温度测量，在电子线路中多起限流、保护作用，最高温度一般不超过 140 ℃。

2）负温度系数热敏电阻（NTC）

负温度系数热敏电阻是指阻值随温度升高而减小的热敏电阻，

扫一扫看教学动画：NTC 热敏电阻分压器电路

简称 NTC。它常被应用于需要定点测温的自动控制电路中，如冰箱、空调等，一般用于-50～300℃的温度测量。

3）临界温度系数热敏电阻（CTR）

临界温度系数热敏电阻简称 CTR，它的阻值在某特定温度范围内随温度的升高而降低 3～4 个数量级，即具有很大的负温度系数，主要用于温度开关等的控制。

2. 热敏电阻的结构特点

热敏电阻主要由热敏探头、引线、壳体等构成，如图 2-14 所示。热敏电阻一般被做成二端元件，但也有被做成三端或四端元件的。二端和三端元件为直热式，即热敏电阻直接从连接的电路中获得功率；四端元件则为旁热式。

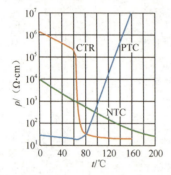

图 2-13　各种热敏电阻的特性曲线

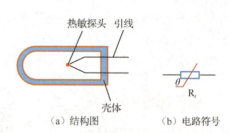

图 2-14　热敏电阻的结构图及电路符号

热敏电阻的主要特点如下：

（1）灵敏度较高，其电阻温度系数要比金属大 10～100 倍甚至更大，能检测出 10^{-6} ℃的温度变化。

（2）在同温度情况下，热敏电阻的阻值远远大于金属热电阻。所以，连接导线电阻的影响极小，适用于远距离测量。

（3）热敏电阻 $R\text{-}T$ 曲线的非线性情况十分明显，所以其工作温度范围远小于金属热电阻。

（4）体积小、质量轻、热惯性小，能够测量其他温度计无法测量的空隙、腔体及生物体内血管的温度。

（5）易加工成复杂的形状，可大批量生产，工作寿命长，且价格低廉。

3. 热敏电阻的主要参数

（1）标称电阻值 R_{25}：标称电阻值 R_{25} 是指热敏电阻上标出的 (25 ± 0.2) ℃时的阻值。

（2）额定功率 P_N：额定功率 P_N 是指在规定技术条件下，热敏电阻长期连续负荷所允许的耗散功率。在此功率下，热敏电阻自身的温度不应超过 $T_{\max}$。

（3）测量功率 P_c：测量功率 P_c 是指在规定环境温度下，热敏电阻测量电源加热而引起的阻值变化不超过 0.1%时所消耗的功率。

（4）时间常数 t：时间常数 t 是指热敏电阻在无功功率状态下，当环境温度由一个特定温度向另一个特定温度突然改变时，热敏电阻体的温度变化两个特定温度之差的 63.2%所需的时间。t 越小表明热敏电阻的热惯性越小。

（5）电阻温度系数（%/℃）：电阻温度系数是指热敏电阻的温度变化 1℃时阻值的变化率。

项目 2　温度传感器的应用与调试

（6）最高工作温度 T_{max}：最高工作温度 T_{max} 是指热敏电阻在规定技术条件下长期连续工作所允许最高温度。

（7）转变点温度 T_c：转变点温度 T_c 是指热敏电阻的电阻-温度特性曲线上的拐点温度，这里的热敏电阻主要指 CTR 和 PTC。

扫一扫看应用拓展：热敏电阻和热电阻的区别和联系

思考一刻：热敏电阻和热电阻相比，两者的区别和联系分别是什么？

热敏电阻的质量检查和特性检测

1. 热敏电阻的质量检查

（1）查看热敏电阻的外表。正常的热敏电阻的外表应完好无损，壳体印字清晰，没有出现壳体裂缝或膨胀情况，引脚也没有生锈。如果热敏电阻的外表出现壳体开裂或膨胀、印字不清晰、引脚生锈等情况，就说明热敏电阻有质量问题。

（2）使用万用表的欧姆挡检查。在检查热敏电阻时，根据热敏电阻的标称电阻值将万用表的电阻挡拨到适当的量程进行欧姆调零，在室温（25 ℃左右）下进行检查，使用两支表笔分别连接热敏电阻的两端引脚并测出其阻值。正常情况下所测的阻值应该和热敏电阻的标称电阻值接近（两者的差值在±2 Ω 内即为正常）；若测得的阻值与标称电阻值相差较远，则说明该电阻性能不好或已损坏。

（3）加温检查。在常温测试正常情况下进一步进行加温检查，将热源（如电烙铁）靠近热敏电阻并对其进行加热，观察万用表表盘上的阻值是否随温度的升高而变化（增大或减小）。如果万用表表盘上的阻值随着温度的升高而变化，就说明热敏电阻正常；如果万用表表盘上的阻值无变化，就说明热敏电阻的性能变劣，不能继续使用。

2. 热敏电阻的特性检测

在确保热敏电阻质量合格的情况下，依次检测热敏电阻在不同温度下对应的阻值，记录数据并分析温度和阻值之间的对应关系。

温馨提示

在给热敏电阻加热时，宜采用 20 W 左右的小功率烙铁，烙铁头距离热敏电阻 2～4 mm。最好不要长时间将烙铁头放在热敏电阻上，以免损坏热敏电阻。

拓展篇

2.1.4　认识红外温度传感器

扫一扫看教学动画：红外温度传感器的测温原理

1. 红外温度传感器的测温原理

红外温度传感器如图 2-15 所示，它利用辐射热效应，使探测元件接收辐射能后温度升高，进而使传感器中热敏元件的性能发生变化，再通过测量电路将电参量变化转化为电量变化来进行温度测量。

图 2-15　红外温度传感器

小科普：可见光

生活中人眼可以看到的光都是可见光，波长为 0.38～0.78 μm。在 19 世纪初，赫歇尔发现了一种人眼看不到的光，就是红外线。红外线的波长为 0.78～1 000 μm，波长紧邻红色可见光，而可见光的另一个邻居是波长紧邻紫色可见光的紫外线，波长为 0.01～0.38 μm，如图 2-16 所示。

在自然界中，当物体的温度高于绝对零度（-273 ℃）时，由于其内部热运动的存在，会有热辐射，即向外部辐射能量，物体的温度不同，其辐射出的能量就不同，辐射波的波长也就不同，但总是包含红外辐射在内。1 000 ℃ 以下的物体，其热辐射中强的电磁波是红外波，所以对物体自身的红外辐射进行测量，便能准确测定它的表面温度。这就是红外辐射测温所依据的客观基础。

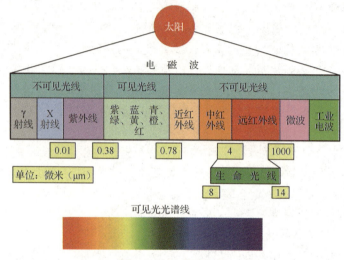

图 2-16 光波分布图

红外温度传感器测量系统由光学系统、光学传感器、显示及输出等部分组成，如图 2-17 所示。光学系统汇聚其视场内的被测目标红外辐射能量，红外辐射能量聚集在光学传感器上并转变为相应的电信号，该信号再经换算转变为被测目标的温度值。

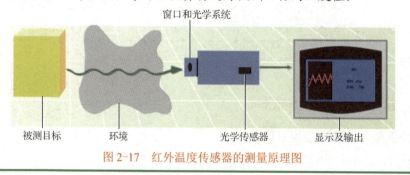

图 2-17 红外温度传感器的测量原理图

2. 红外温度传感器的特点

红外温度传感器在测量时不与被测目标直接接触，因而不存在摩擦，并且有测量范围广、温度分辨率高、响应速度快、不扰动被测目标的温度场、测量精度高、灵敏度高、稳定性好等优点。

项目2 温度传感器的应用与调试

（1）非接触测量：红外温度传感器不需要接触到被测目标的温度场的内部或表面，因此不会干扰被测目标的温度场的状态，测温仪本身也不受温度场的损伤。

（2）测量范围广：因红外温度传感器是非接触测温，所以测温仪并不处在较高或较低的温度场中，而是工作在正常的温度下或测温仪允许的条件下。一般情况下，可测量零下几十摄氏度到三千多摄氏度。

（3）响应速度快：测温响应时间短，只要接收到目标的红外辐射能量，即可在短时间内定温。

（4）测量精度高：红外测温不会与接触式测温一样破坏被测目标的温度场，因此测量精度高。

（5）灵敏度高：只要物体温度有微小变化，辐射能量就有较大改变，易于测出。可进行微小温度场的温度测量及运动物体或转动物体的温度测量，使用安全且使用寿命长。

当然，红外温度传感器还存在一定的缺点，比如：易受环境因素（环境温度、空气中的灰尘等）影响；对于光亮或者抛光的金属表面的测温读数影响较大；只限于测量物体外部温度，不方便测量物体内部和存在障碍物时的温度。

小常识：红外温度传感器的正确使用方法

由于传感器接收的是由透镜入射的红外线，所以检测范围非常重要。红外温度传感器使用图如图2-18所示，如果被测目标以外的红外线被采集，就意味着非被测目标的信息也被采集，从而影响到测量的准确性。所以，镜头的选择、被测目标距离的计算尤为重要。

图2-18 红外温度传感器使用图

坚持

最慢的步伐不是跬步，而是徘徊；最快的脚步不是冲刺，而是坚持。

扫一扫进入心灵驿站：坚持

研析应用

扫一扫进行电阻式温度传感器自我测试

典型案例10　电阻式温度传感器在工业流量计中的应用

介质的质量流量的计算公式为

$$q_m = \frac{P}{c_p \Delta T} \quad (2\text{-}6)$$

扫一扫看应用拓展：非接触式对称结构的热式流量计分析

式中，q_m 为介质的质量流量；P 为加热功率；c_p 为定压比热容；ΔT 为加热器前后温度差。

由式（2-6）可知，采用恒定功率法并利用测量温差 ΔT 可以求出介质的质量流量。如果采用恒定温差法，求出输入功率 P 就可求出质量流量。

热电阻工业流量计的原理是利用热电阻上的热量消耗和介质流速的关系来测量流量、流速、风速等，它的电路图如图 2-19 所示。R_{t1} 和 R_{t2} 分别置于管道中央和不受介质流速影响的小室中，介质静止时，电桥平衡；介质流动时，将 R_{t1} 的热量带走，阻值变化，桥路相应输出。因为介质从 R_{t1} 上带走的热量的大小与介质的流量有关，所以可以用热电阻工业流量计测流量。

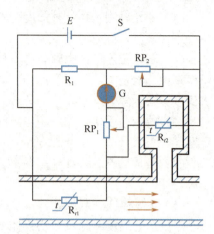

图 2-19 热电阻工业流量计的电路图

扫一扫看应用拓展：冰箱除霜温度控制电路分析

典型案例 11 电阻式温度传感器在冰箱温度控制系统中的应用

冰箱温度控制系统主要有温度自动控制、除霜温度控制、流量自动控制、过热及过电流保护等功能。要实现这些功能，需要采用检测温度和流量（或流速）的传感器。热敏电阻式温度控制电路如图 2-20 所示，由负温度系数热敏电阻（NTC）RT 与电阻 R_3、R_4、R_5 组成的电桥，经由 IC_1 组成的比较器、由 IC_2 组成的触发器、驱动管 VT、继电器 K 控制压缩机的启停。

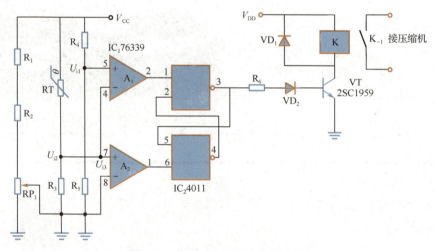

图 2-20 热敏电阻式温度控制电路

典型案例 12 电阻式温度传感器在飞机机舱恒温控制系统中的应用

测温型 NTC 由于具有较灵敏的负温度特性，较高的材料常数，较快的响应速度，以及性能可靠、成本低等优点，因此被应用于所有需要测量温度的场合中。图 2-21 所示为采用 NTC 作为敏感元件的某型号飞机机舱的恒温控制系统电路图。当环境温度大于 t_1 时，误差信号经过由运算放大器 A_1 和 A_2 构成的窗口比较器及集成运算放大器 A_3 放大，驱动系统断开加热单元；当环境温度小于 t_2 时，误差信号经过由运算放大器 A_1 和 A_2 构成的窗口比较器及集成运算放大器 A_3 放大，启动加热单元给系统加热，可以使环境的温度始终维持在 $t_1 \sim t_2$ 范围内。

项目2　温度传感器的应用与调试

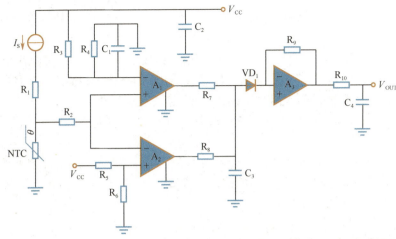

图 2-21　采用 NTC 作为敏感元件的某型号飞机机舱的恒温控制系统电路图

设计调试

提升篇

2.1.5　铂热电阻测温系统的调试

  扫一扫进行电阻式温度传感器研析应用测试　 扫一扫看虚拟仿真视频：铂热电阻测温系统的调试

1. 系统的构成与原理

 扫一扫看微课视频：认识 THSKE-1 型传感器操作台　 扫一扫看微课视频：铂热电阻测温系统的调试

铂热电阻测温系统的调试需要用到智能调节仪、铂电阻温度传感器 Pt100（2 个）、温度源、温度传感器模块等，其中，温度传感器模块的电路图如图 2-22 所示。

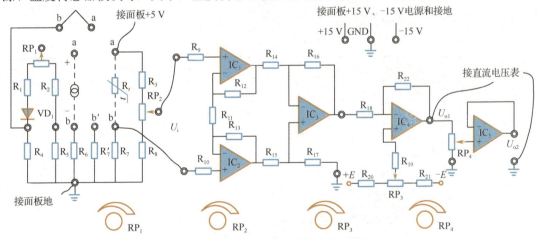

图 2-22　温度传感器模块的电路图

当热电阻 R_t 的温度发生变化时，其阻值随温度的变化而变化。通过电桥电路，由 IC_1、IC_2 和 IC_3 构成的差动集成运算放大器，以及集成运算放大器 IC_4，可将变化的阻值转换成电压信号，即可得到被测目标的温度。

2. 电路搭接与调试

（1）进行温度控制调试，将温度控制在 50 ℃，在另一个温度传感器插孔中插入另一个铂电阻温度传感器 Pt100。

（2）将±15 V 直流稳压电源接至温度传感器模块，温度传感器模块的输出电压 U_{o1} 接直流电压表。

（3）将温度传感器模块上差动放大器的 U_i 端短接，调节电位器 RP_3 使直流电压表显示 0。

（4）按图 2-22 接线，并将铂电阻温度传感器 Pt100 的三根引线插入温度传感器模块中的 R_t 两端（其中，颜色相同的两根引线短接并接 a，第三根引线接 b）。

（5）拿掉短路线，将 R_7 一端接至差动放大器的 U_i 端，将电位器 RP_2 先逆时针旋到底，然后顺时针旋转 6 圈。

（6）首先将智能控温仪的控制温度设置为 120 ℃，待温度稳定后，再将控制温度设置为 50 ℃，此时热源开始降温，然后从 110 ℃ 开始，每隔 5 ℃ 记录一次 U_{o1} 的值（选择 20 V 挡），最后将调试结果填入表 2-8 中。

表 2-8 系统调试数据记录表

$t/℃$											
U_{o1}/V											

3. 数据分析

根据表 2-8 中的数据，作出 U_{o1}-t 曲线，分析铂电阻温度传感器 Pt100 的温度特性曲线，并计算其线性度。

4. 拆线整理

断开电源，拆除导线，整理工作现场。

5. 考核评价

按照表 2-9 完成对该环节的考核评价。

表 2-9 考核评价表

评价要素	权重	评价内容	评价主体			评分
			自评	互评	教师评	
明确任务并分析电路的工作原理	0.03	明确任务的具体要求及规范操作的标准	0.3	0.3	0.4	
	0.05	熟悉系统要用到的元器件，并能分析电路的工作原理	0.3	0.3	0.4	
	0.02	成员主动学习意识强，善于发现、解决问题	0.3	0.3	0.4	
电路搭接	0.10	电路搭接正确	0.3	0.3	0.4	
	0.10	电路接线整齐、美观	0.3	0.3	0.4	
	0.05	导线的选择规范	0.3	0.3	0.4	
	0.05	成员参与积极性高，相互协作，高效完成工作	0.3	0.3	0.4	
电路调试与数据分析	0.10	电路调试方法、步骤准确	0.3	0.3	0.4	
	0.10	正确选择测试点且测量方法方便、可行	0.3	0.3	0.4	
	0.10	调试过程认真观察且测量的实验数据完整、可靠	0.3	0.3	0.4	
	0.10	成员积极认真，善于分析并总结	0.3	0.3	0.4	

项目2　温度传感器的应用与调试

续表

评价要素	权重	评价内容	评价主体			评分
			自评	互评	教师评	
电路整理	0.05	按 6S 管理规定整理实验现场	0.3	0.3	0.4	
	0.05	成员责任心强、安全意识高、热爱劳动、注重细节	0.3	0.3	0.4	
总结汇报	0.05	逻辑清晰、表达精准、总结到位	0.3	0.3	0.4	
	0.05	成员之间相互合作、配合默契	0.3	0.3	0.4	

拓展驿站：铜热电阻测温系统的调试

将铂热电阻测温系统调试中的 Pt100 换成 Cu50，仍然采用图 2-22 所示电路，按照前面的调试步骤完成相应的铜热电阻测温系统的调试，并将最终的调试结果填入表 2-8 中。根据记录的调试数据，绘制 U_{o1}-t 曲线，分析 Cu50 传感器的温度特性曲线，并计算其线性度。

特别提醒

（1）这里将 Cu50 传感器的三根引线（同颜色的两根引线短接并接 a，第三根引线接 b）插入温度传感器模块中的 R_t 两端。

（2）需将图 2-22 中的 R_7 和一个 100 Ω 的电阻 R_7' 并联，即将 b 和 b′短接在一起。

思考一刻：若将上述测试电路中的热电阻换成热敏电阻，应该如何完成线路的搭接与调试？

创新篇

2.1.6　热电阻测温电路的设计与调试

扫一扫看微课视频：热敏电阻测温电路的调试

扫一扫看微课视频：热电阻测温电路的设计与调试

1. 目的与要求

利用热电阻设计一种测温电路，并对该电路进行分析、调试。通过该任务，使学生加深对热电阻的结构、工作特性及典型应用的理解，能够对集成电路、电子元器件、热电阻进行正确识别和质量检测，掌握热电阻典型应用电路设计与调试的方法。

2. 系统的构成与原理

这里所要用到的器材设备主要有热电阻应用模块、数字显示仪表、Pt100 热电阻、玻璃杯、数字万用表、螺丝刀、电烙铁及若干导线。

热电阻测温电路图如图 2-23 所示，该电路主要由 Pt100 热电阻、恒流源驱动电路、仪表放大器、电压跟随器、零点调节电路和显示电路等组成。Pt100 热电阻采用恒流源驱动，当 Pt100 热电阻的表面温度发生改变时，其阻值将会发生相应的变化，导致电路中 TP_1 处电压值也发生改变，传感器输出的电信号分别通过仪表放大器 AD8237 和电压跟随器 AD8615 进行信号调理和转换，最终在数字显示仪表中显示被测目标的温度。

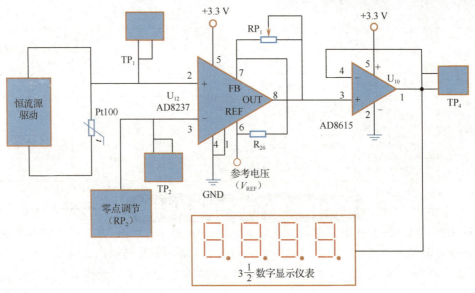

图 2-23　热电阻测温电路图

3. 电路搭接与调试

1）热电阻的质量检测

将万用表调至欧姆挡，测量温度为 0 ℃时 Pt100 热电阻的阻值，对该阻值与 Pt100 热电阻分度表对应的阻值 100 Ω 进行比对，若一致，则说明热电阻质量合格。

2）线路连接

将 Pt100 热电阻按照对应的颜色要求接入应用模块中，然后通过导线将应用模块与数字显示仪表连接，在检查各部分线路连接无误后，依次接通平台电源、热电阻应用模块电源。

3）温度零点调节

将 Pt100 热电阻放入 0 ℃的冰水混合物中，观察数字显示仪表的示值，若示值不为 0，为了使得测量数据更加精确，需要对系统进行零点调节，使用螺丝刀调节零点调节电位器 RP_2，直到数字显示仪表的示值为 0，则说明温度零点调节完成。

> **特别提醒**
>
> 热电阻的响应时间大概为 10 s，因此在每次调节时，需要等待一定时间，等待传感器稳定后再进行测量。

4）温度满度调节

将 Pt100 热电阻放入 100 ℃的热源中，观察数字显示仪表的示值，若示值不为 100，需要对系统进行满度调节，使用螺丝刀调节满度调节电位器 RP_1，直到数字显示仪表的示值为 100，则说明温度满度调节完成。

5）温度测量

将万用表调至电压挡，并将万用表接至输出电压端口 TP_4。使用温控源或电烙铁逐渐加热 Pt100 热电阻，同时观察数字显示仪表及万用表示值的变化，并对观察的数据进行记录。

4. 数据分析

根据以上测量数据，绘制 Pt100 热电阻的输出电压与被测目标的温度之间关系的曲线图，并计算其线性度。

5. 拆线整理

断开电源，拆除导线，整理工作现场。

6. 考核评价

扫一扫进行本环节的考核评价

小常识：对 AD8237 的简要介绍

AD8237 是一款微功耗、零点漂移、轨到轨输入和输出的仪表放大器。与传统仪表放大器不同，它可以在共模电压等于或略微高于其电源电压的情况下完全放大信号，这使得高共模电压的应用可以采用更小的电源，从而节约电能。AD8237 非常适合用于便携系统，最小电源电压为 1.8 V，电源电流为 115 μA（典型值），并且具有宽输入范围。它可通过两个相对匹配的电阻设置 1～1 000 范围内的任何增益，在任何增益下均可用比率匹配的两个电阻保持出色的增益精度。

AD8237 传递函数为

$$V_{OUT} = G(V_{+IN} - V_{-IN}) + V_{REF} \quad (2-7)$$

式中，$G = 1 + R_2/R_1$，R_1 为图 2-24 中 6、7 引脚之间的电阻，R_2 为图 2-24 中 7、8 引脚之间的电阻；V_{REF} 为基准输入电压。

AD8237 的引脚配置和引脚说明分别如图 2-24 和表 2-10 所示。

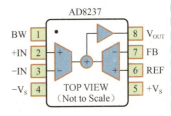

图 2-24 AD8237 的引脚配置

扫一扫看知识拓展：对 AD8237 的介绍

表 2-10 AD8237 的引脚说明

引脚编号	引脚名称	描述
1	BW	在高带宽模式中，将该引脚连接至 +V_S 端；或在低带宽模式中，将该引脚连接至 -V_S 端。不要将该引脚浮空
2	+IN	正输入
3	-IN	负输入
4	-V_S	负电源
5	+V_S	正电源
6	REF	基准输入
7	FB	反馈输入
8	V_{OUT}	输出

测评总结

1. 任务测评

按照表 2-11 完成对该任务的考核评价。

表 2-11 任务考核评价表

评价环节	权重	评价内容与要求	评分
明确任务	0.1	明确任务的目标及具体要求 成员主动学习意识强，善于发现、分析问题	
探究新知	0.2	主动学习研究、解决问题 小试牛刀环节的测试成绩	
研析应用	0.2	熟悉系统要用到的元器件，并能分析电路的工作原理 小试牛刀环节的测试成绩	
设计调试	0.5	熟练完成电路分析、搭接、调试、整理，以及任务的总结汇报 该环节考核评价成绩	
任务总分			

2. 总结拓展

该任务以直升机测温系统为载体，引入电阻式温度传感器的应用与调试，明确了任务目标。任务 2.1 的总结图如图 2-25 所示，在探究新知环节中，主要介绍了热电阻的结构、工作原理、种类、特性、测量电路和热电阻分度表的查询等内容；在拓展篇中，阐述了红外温度传感器的测温原理和特点。在研析应用环节中，重点分析了电阻式温度传感器在工业流量计、冰箱温度控制系统及飞机机舱恒温控制系统中的应用。在设计调试环节中，实践了提升篇和创新篇的多个典型测温系统的调试任务。

通过对任务的分析、计划、实施及考核评价等，了解温度传感器的分类，掌握热电阻的结构、工作原理、种类、特性、测量电路和热电阻分度表的查询，能够正确识别、选择常用的电阻式温度传感器并对其进行质量检测，以及能够进行电阻式温度传感器典型应用的分析及电阻式温度传感器应用系统的调试。

图 2-25 任务 2.1 的总结图

成功的秘诀

成功根本没有什么秘诀可言，如果有的话，就只有两个：第一个就是坚持到底，永不放弃；第二个就是当你想放弃的时候，请回过头来看看第一个秘诀——坚持到底，永不放弃。

项目 2　温度传感器的应用与调试

学习随笔

任务 2.2　热电偶的应用与调试

明确任务

1. 任务引入

随着对飞机性能可靠性的要求越来越高,更多的传感器和配套的监控被安装在新型飞机上,比如大飞机 C919 等。飞机刹车温度监控系统是一个用于实时监控刹车温度,以便能监控到潜在的刹车毂卡阻或刹车刹死情况的传感系统。该温度监控系统主要涉及四个刹车温度传感器,每个刹车上有一个用于温度探测的铬镍-镍铝热电偶。系统中的热电偶温度传感器可用于实时监控刹车温度,以第一时间监控到潜在的刹车毂卡阻或刹车刹死情况。

那么热电偶温度传感器是如何实现测温的?应该如何对测温系统进行调试呢?

2. 任务目标

扫一扫看技能拓展:热电偶在飞机刹车温度监控系统中的应用

◆ 知识目标

(1) 掌握热电偶的结构、工作原理、基本定律和热电偶分度表的查询方法。

(2) 掌握热电偶冷端温度补偿的方法。

◆ 能力目标

(1) 能够正确识别、选择常用的热电偶并对其进行质量检测。

(2) 能够进行热电偶典型应用的分析及热电偶应用系统的调试。

◆ 素质目标

(1) 通过小组协作完成工作任务,培养学生的职业素养及创新意识。

(2) 培养学生坚持不懈、久久为功的精神。

探究新知

扫一扫看知识拓展:热电偶发展简史

基础篇

扫一扫看知识拓展:热电偶的安装要求

2.2.1　认识热电偶

热电偶是测温仪表中常用的测温元件,它直接测量温度,将温度信号转换成热电动势信号,并通过电气仪表(二次仪表)将热电动势信号转换成被测介质的温度。热电偶的应用极为广泛,它具有结构简单、制造方便、测量范围广、精度高、惯性小和输出信号便于远传等许多优点。另外,由于热电偶是一种无源传感器,测量时不需外加电源,使用起来十分方便,所以它常被用作测量炉子、管道内的气体或液体的温度及固体的表面温度。

1. 热电偶的结构与分类

热电偶常用的结构形式有普通型热电偶、铠装热电偶、薄膜型热电偶和隔爆型热电偶。各种热电偶因不同需要,外形也各不相同,但是它们的基本结构却大致相同,一般由热电极、绝缘管和接线盒等部分组成。热电偶通常和显示仪表、记录仪表及电子调节器配套使用。

扫一扫看教学课件:热电偶的工作原理及结构

扫一扫看微课视频:热电偶的工作原理及结构

1)普通型热电偶

普通型热电偶在工业上使用得最多,其结构图如图 2-26 所示,它一般由热电极、绝缘套管、保护管和接线盒等组成。普通型热电偶的连接形式有图 2-27 所示的四种,它们分别为固定螺纹连接、固定法兰连接、活动法兰连接、无固定装置。

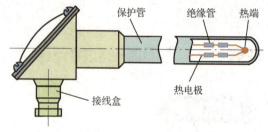

图 2-26 普通型热电偶的结构图

(a) 固定螺纹连接

(b) 固定法兰连接

(c) 活动法兰连接

(d) 无固定装置

图 2-27 普通型热电偶的连接形式

2)铠装热电偶

铠装热电偶又称套管热电偶,其结构图如图 2-28 所示,它是由接线盒、金属套管、固定装置、绝缘材料、热电极等部分构成的。它可以做得很细很长,使用中可以随需要任意弯曲。它的主要优点是动态响应快、机械强度高、挠性好和可安装在结构复杂的装置上,因此被用在许多工业部门中。

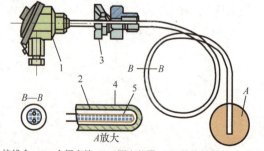

1—接线盒;2—金属套管;3—固定装置;4—绝缘材料;5—热电极

图 2-28 铠装热电偶的结构图

项目 2　温度传感器的应用与调试

思考一刻：薄膜型热电偶和隔爆型热电偶的结构特点分别有哪些？

扫一扫看思维拓展：薄膜型热电偶和隔爆型热电偶的结构特点

热电偶按工业标准化情况可分为标准热电偶和非标准热电偶，其中，经国际电工委员会（IEC）认证的热电偶为标准热电偶，未经 IEC 认证的热电偶为非标准热电偶。

目前，IEC 推荐了 8 种热电偶，即 T 型、E 型、J 型、K 型、N 型、B 型、R 型和 S 型，这 8 种热电偶的材质和特点如表 2-12 所示。

表 2-12　8 种热电偶的材质和特点

分度号	材质	特点
K	镍铬-镍硅	抗氧化性能强，宜在氧化性、惰性气体中连续使用，使用范围最广泛，测温范围为 0～1 200 ℃
E	镍铬-铜镍	在常用热电偶中，其热电动势最大，即灵敏度最高，测温范围为 0～800 ℃
J	铁-铜镍	既可用于氧化性气体，也可用于还原性气体，多用于炼油及化工，测温范围为 -200～750 ℃
T	纯铜-铜镍	在所有廉价金属热电偶中，其精度等级最高，通常用来测 300 ℃ 以下的温度
B	铂铑 30-铂铑 6	可在氧化性或中性气体中使用，也可在真空条件下短期使用，测温范围为 0～1 700 ℃
R	铂铑 13-纯铂	R 型热电偶的热电动势比 S 型热电偶大 15% 左右，它的其他性能几乎与 S 型热电偶完全相同，测温范围为 0～1 300 ℃
S	铂铑 10-纯铂	抗氧化性能强，可在氧化性、惰性气体中连续使用，精度等级最高，可用作标准热电偶，测温范围为 0～1 600 ℃
N	镍铬硅-镍硅	在高温环境中的抗氧化能力强，热电动势的长期稳定性及短期热循环的复现性好，耐核辐射及耐低温性能也好，测温范围为 0～1 200 ℃

思考一刻：热电偶在使用过程中应如何选择？

扫一扫看技能拓展：热电偶的选择方法

2. 热电偶的工作原理

热电偶是基于热电效应（也叫塞贝克效应）进行温度测量的。热电效应图如图 2-29 所示。热电效应是指针对由两种不同材料的导体（或半导体）A 和 B 组成的闭合回路，如果两个接点的温度 t 和 t_0 也不同，在该回路中就会产生电动势和回路电流的一种现象。由两种不同材料的导体组成的回路被称为热电偶，组成热电偶的导体被称为热电极，热电效应引起的电动势和电流被称为热电动势和热电流，热电偶就是基于热电效应的测温装置。

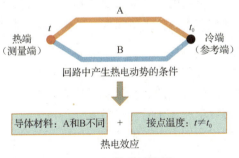

图 2-29　热电效应图

扫一扫看教学动画：热电效应

小结论：回路中要产生热电动势必须同时满足两个条件：其一是两种不同材料的导体；其二是两个接点的温度也不同，即 $t \neq t_0$。

热电偶回路中的总电动势是由接触电动势和温差电动势构成的。

1）接触电动势

接触电动势是指由于两种不同材料导体的自由电子的密度不同，而在接触面形成的电动

扫一扫看教学动画：热电偶的测温原理

势。当两种不同材料的导体相接触时，由于自由电子的密度不同，将会产生自由电子的扩散现象。自由电子密度大的材料由于失去的电子多于获得的电子，而在接触面附近积累正电荷；自由电子密度小的材料由于获得的电子多于失去的电子，而在接触面附近积累负电荷。这样，在接触面上就形成了静电性稳定的电位差，即图 2-30 中的接触电动势 $E_{AB}(t)$。

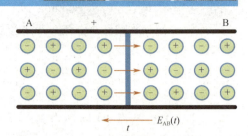

图 2-30 接触电动势形成的过程

扫一扫看教学动画：接触电动势

> **特别提醒**
>
> 接触电动势的大小与两种导体的材料特性和接点的温度有关，与导体的直径、长度、几何形状等无关。

两个接点（端点）的接触电动势即热端接触电动势 $E_{AB}(t)$ 和冷端接触电动势 $E_{AB}(t_0)$ 二者可分别表示为

$$E_{AB}(t) = \frac{kt}{q} \ln \frac{N_{At}}{N_{Bt}} \quad (2-8)$$

$$E_{AB}(t_0) = \frac{kt_0}{q} \ln \frac{N_{At_0}}{N_{Bt_0}} \quad (2-9)$$

式中，$E_{AB}(t)$、$E_{AB}(t_0)$ 分别为导体 A 和 B 在两个接点的温度为 t、t_0 时形成的接触电动势；q 为单位电荷，$q=1.602\times10^{-19}$ C；k 为玻尔兹曼常数，$k=1.38\times10^{-23}$ J/K；t、t_0 分别为热端温度、冷端温度；N_{At}、N_{At_0}、N_{Bt}、N_{Bt_0} 为导体 A、B 在温度为 t、t_0 时的自由电子密度。

小结论：接触电动的势大小与温度的高低及自由电子密度有关。温度越高，两种导体的自由电子密度比值越大，接触电动势就越大。

2) 温差电动势

温差电动势则是指单一导体的两端因其温度不同而产生的一种电动势。温差电动势形成的过程如图 2-31 所示，假设单一导体的两端温度分别为 t 和 t_0，热端的电子能量要比冷端的电子能量大，从热端运动到冷端的电子数要比从冷端运动到热端的多，热端因失去电子而带正电，冷端因获得多余的电子而带负电。这样，在导体两端便形成一个由热端指向冷端的静电场（电动势），这个电动势被称为单一导体的温差电动势。

两个导体的温差电动势 $E_A(t,t_0)$ 和 $E_B(t,t_0)$ 的计算公式分别为

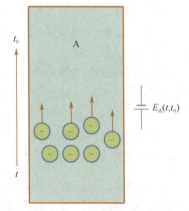

图 2-31 温差电动势形成的过程

$$E_A(t,t_0) = \int_{t_0}^{t} \sigma_A dt \quad (2-10)$$

$$E_B(t,t_0) = \int_{t_0}^{t} \sigma_B dt \quad (2-11)$$

扫一扫看教学动画：温差电动势

式中，$E_A(t,t_0)$、$E_B(t,t_0)$ 分别为导体 A、B 两端温度为 t、t_0 时形成的温差电动势；σ_A、σ_B

项目 2 温度传感器的应用与调试

分别为导体 A、B 的汤姆孙系数,即导体 A、B 两端的温差为 1 ℃时所产生的温差电动势,其大小与材料性质和导体两端的平均温度有关;t、t_0 分别为热端、冷端的绝对温度。

3)回路总电动势

回路总电动势等于温差电动势与接触电动势的代数和,由图 2-32 可知,回路总电动势的计算公式为

$$E_{AB}(t,t_0) = E_{AB}(t) + E_B(t,t_0) - E_{AB}(t_0) - E_A(t,t_0) \quad (2\text{-}12)$$

式中,$E_{AB}(t,t_0)$ 为回路总电动势;$E_A(t,t_0)$、$E_B(t,t_0)$ 分别为导体 A、B 两端温度为 t、t_0 时形成的温差电动势;$E_{AB}(t)$、$E_{AB}(t_0)$ 分别为导体 A 和 B 在两个接点的温度为 t、t_0 时形成的接触电动势。

由于接触电动势远大于温差电动势,温差电动势可忽略不计,所以热电动势可简化表示为

$$E_{AB}(t,t_0) = E_{AB}(t) - E_{AB}(t_0) \quad (2\text{-}13)$$

显然,当热电偶导体 A 和 B 的材料一定时,回路总电动势就变成了热端温度和冷端温度的函数。在实际测量中,总是把冷端温度 t_0 定为某恒定温度,那么此时冷端接触电动势为一常量,即 $E_{AB}(t_0)=C$,这样热电偶的热电动势可表示为

$$E_{AB}(t,t_0) = E_{AB}(t) - C = f(t) \quad (2\text{-}14)$$

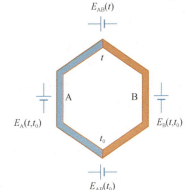

图 2-32 回路总电动势的构成图

小结论:回路总电动势只与热端接触电动势有关,也可以说,只与热端温度有关。回路总电动势 $E_{AB}(t,t_0)$ 和温度 t 两者之间是单值的函数关系,据此就可以用热电偶测量现场温度的大小。

制作简易热电偶

(1)准备铜镍合金、铜等金属丝,剪刀,打火机,万用表,以及温度传感加热装置等设备和器材。

(2)制作热电偶的新工艺方法主要包括剥线、拧制、裁剪和焊接四个步骤,如图 2-33 所示。首先用热脱器除去铜和铜镍合金热电偶线端部的绝缘层,剥线的长度约为 12 mm,然后将裸露金属丝部分穿过缝衣针的针孔,均匀拧制出 2~3 个"麻花"。拧制完成后,将端部裁剪整齐,进行最后的焊接工作。焊接时,拧制处将被烧熔,形成热电偶偶头。在整个工艺流程中,最关键的环节就是热电偶的焊接,焊接效果的好坏直接影响到热电偶的质量和可靠性。

(3)测量不同温度下热电偶的温差电动势:依次将热电偶接至温度传感加热装置和万用表,记录温度为 30~70 ℃,每隔 5 ℃测量记录相应的温差电动势数值。

(4)处理数据,对所制得的热电偶的性质进行评价。

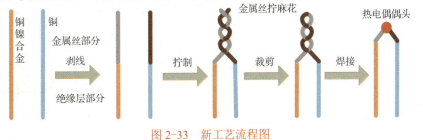

图 2-33 新工艺流程图

3. 热电偶的基本定律

1）均质导体定律

由一种均质导体组成的闭合回路，不论其导体是否存在温度梯度，回路中都没有电流（不产生电动势）；反之，如果回路中有电流流动，则此材料一定是非均质的，即热电偶必须采用两种材料作为电极。

大作用：在实际生产热电偶材料的过程中，常使热电极处于不均匀的温度场中。若有电动势产生，则说明热电极的材料是不均匀的。产生的电动势越大，材料的不均匀性就越严重；产生的电动势越小，材料的均匀性就越好。因此，均质导体定律为检查热电极的不均匀性提供了理论根据。

2）中间导体定律

在热电偶回路中接入中间导体（第三种导体 C），如图 2-34 所示，只要中间导体两端的温度相同（均为 t_1），中间导体的引入就不会对热电偶回路总电动势有影响。中间导体定律可用式（2-15）表示：

$$E_{AB}(t,t_0) = E_{ABC}(t,t_0) \qquad (2-15)$$

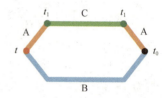

图 2-34 中间导体定律示意图

> **特别提醒**
>
> （1）式（2-15）成立的前提条件是第三种导体 C 两端的温度相同。
>
> （2）在热电偶回路中插入多种导体（D、E、F……），只要保证插入的每种导体的两端温度相同，就不会对热电偶的热电动势有影响。
>
> （3）当利用热电偶实际测温时，可将连接导线、显示仪表和接插件等都看成中间导体，只要保证这些中间导体两端的温度各自相同，就不会对热电偶的热电动势有影响。

大作用：应用中间导体定律可以在回路中接入电气测量仪表，可采用多种方法焊接热电偶，也可以将热电偶的两端不焊接而直接插入液态金属中或直接焊接在金属表面而进行温度测量，如图 2-35 所示。

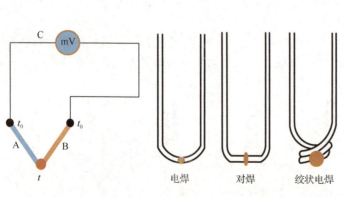
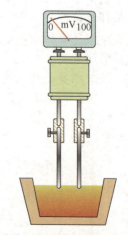

(a) 在回路中接入电气测量仪表　　(b) 采用三种方法焊接热电偶　　(c) 将热电偶的两端直接插入液态金属中

图 2-35 中间导体定律的应用

3）参考电极定律

如果由两种导体分别与第三种导体组成的热电偶产生的热电动势已知，由这两种导体组成的热电偶所产生的热电动势也就已知。

参考电极定律示意图如图2-36所示，若由导体A、B与标准电极C组成的热电偶产生的热电动势已知，分别为$E_{AC}(t,t_0)$、$E_{BC}(t,t_0)$，则由A与B组成的热电偶的热电动势为

$$E_{AB}(t,t_0) = E_{AC}(t,t_0) - E_{BC}(t,t_0) \quad (2-16)$$

大作用：通常选用高纯铂作为标准电极，若由各种金属与纯铂组成的热电偶的热电动势已知，则由各种金属组合而成的热电偶的热电动势便可计算出来。

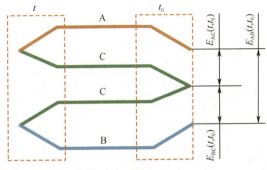

图2-36 参考电极定律示意图

案例分析2：已知铂铑30-铂的$E(1\,084.5\,℃,0\,℃)$=13.937 mV，铂铑6-铂的$E(1\,084.5\,℃,0\,℃)$=8.354 mV，求铂铑30-铂铑6在同样温度条件下的热电动势。

解：设A为铂铑30电极，B为铂铑6电极，C为铂电极，t=1 084.5 ℃，t_0=0 ℃。

由参考电极定律可得

$E_{AB}(1\,084.5\,℃,0\,℃)=E_{AC}(1\,084.5\,℃,0\,℃)-E_{BC}(1\,084.5\,℃,0\,℃)$=13.937-8.354=5.583 mV

4）中间温度定律

中间温度定律示意图如图2-37所示。热电偶在两个接点的温度为t、t_0时的热电动势等于该热电偶在接点温度为t、t_n和t_n、t_0时的相应热电动势的代数和，即

$$E_{AB}(t,t_0) = E_{AB}(t,t_n) + E_{AB}(t_n,t_0) \quad (2-17)$$

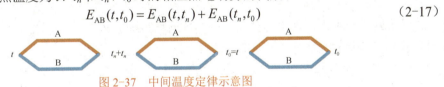

图2-37 中间温度定律示意图

大作用：中间温度定律为补偿导线的使用和分度表的制定提供了理论基础。当冷端温度t_0不为0 ℃时，可通过式（2-18）及热电偶分度表的查询得到工作温度t。

$$E_{AB}(t,0\,℃) = E_{AB}(t,t_n) + E_{AB}(t_n,0\,℃) \quad (2-18)$$

4. 热电偶分度表的查询

在实际应用中，热电偶的热电动势与温度之间的关系是通过热电偶的分度表来确定的。热电偶的分度表是在参考端温度为0 ℃时，通过实验建立起来的热电动势与工作端温度之间的数值对应关系。利用热电偶的分度表可以查出$E(t,0\,℃)$，即冷端温度为0 ℃时、热端温度为t时回路的热电动势，表2-13所示为K型热电偶的分度表。

表2-13 K型热电偶的分度表

电压单位：mV　　参考点温度：0℃（冰点）

温度/℃	0	−10	−20	−30	−40	−50	−60	−70	−80	−90	−95	−100
−200	−5.891 4	−6.034 6	−6.158 4	−6.261 8	−6.343 8	−6.403 6	−6.441 1	−6.457 7				
−100	−3.553 6	−3.852 3	−4.138 2	−4.410 6	−4.669 0	−4.912 7	−5.141 2	−5.354 0	−5.550 3	−5.729 7	−5.812 8	−5.891 4
0	0	−0.391 9	−0.777 5	−1.156 1	−1.526 9	−1.889 4	−2.242 8	−2.586 6	−2.920 1	−3.242 7	−3.399 6	−3.553 6

续表

温度/°C	0	10	20	30	40	50	60	70	80	90	95	100
0	0	0.396 9	0.798 1	1.203 3	1.611 8	2.023 1	2.436 5	2.851 2	3.266 6	3.681 9	3.889 2	4.096 2
100	4.096 2	4.509 1	4.919 9	5.328 5	5.734 5	6.138 3	6.540 2	6.940 6	7.340 0	7.739 1	7.938 7	8.138 5
200	8.138 5	8.538 6	8.939 9	9.342 7	9.747 2	10.153 4	10.561 3	10.970 9	11.382 1	11.794 7	12.001 5	12.208 6
300	12.208 6	12.623 6	13.039 6	13.456 6	13.874 5	14.293 1	14.712 6	15.132 7	15.553 6	15.975 0	16.186 0	16.397 1
400	16.397 1	16.819 8	17.243 1	17.666 9	18.091 1	18.515 8	18.940 9	19.366 3	19.792 1	20.218 1	20.431 2	20.644 3
500	20.644 3	21.070 6	21.497 1	21.923 6	22.350 0	22.776 3	23.202 5	23.628 8	24.054 7	24.480 2	24.692 9	24.905 5
600	24.905 5	25.330 0	25.754 7	26.178 6	26.602 0	27.024 9	27.447 1	27.868 6	28.289 5	28.709 6	28.919 4	29.129 0
700	29.129 0	29.547 5	29.965 5	30.382 5	30.798 3	31.213 5	31.627 7	32.041 0	32.453 4	32.864 9	33.070 3	33.275 4
800	33.275 4	33.684 5	34.093 4	34.501 0	34.907 5	35.313 1	35.717 7	36.121 2	36.523 8	36.925 4	37.125 8	37.325 9
900	37.325 9	37.725 5	38.124 0	38.521 5	38.918 0	39.313 5	39.708 0	40.101 5	40.493 9	40.885 3	41.080 6	41.275 6
1 000	41.275 6	41.664 9	42.053 1	42.440 3	42.826 3	43.211 2	43.595 1	43.977 7	44.359 3	44.739 6	44.929 3	45.118 7
1 100	45.118 7	45.496 5	45.873 5	46.248 7	46.622 8	46.995 5	47.366 8	47.736 6	48.105 4	48.472 6	48.655 6	48.838 2
1 200	48.838 2	49.202 4	49.565 1	49.926 3	50.285 8	50.643 9	51.000 3	51.355 2	51.708 5	52.060 2	52.235 4	52.410 2
1 300	52.410 3	52.758 8	53.105 9	53.451 2	53.795 2	54.137 7	54.478 8	54.818 6				

小贴士：查询热电偶分度表的注意事项

（1）分度表中第一列和第一行为温度数据，中间的数据为温度对应的电动势。

（2）从分度表中找到需要的电动势，该电动势对应的行温度和列温度相加即为被测目标的温度。

（3）若电动势正好位于分度表中两个已知电动势之间，则认为这两点之间的温度和电动势为线性关系，对应图2-38中的(t_1,E_1)、(t_2,E_2)两点，按式（2-19）进行线性计算，即可得到被测目标的温度t_x。

$$\frac{E_2-E_1}{t_2-t_1}=\frac{E_x-E_1}{t_x-t_1}=\frac{E_2-E_x}{t_2-t_x} \quad (2-19)$$

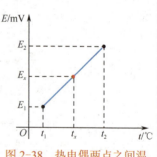

图2-38 热电偶两点之间温度-电动势的线性关系图

思考一刻： 当冷端温度恒定且不为0 °C时，应该如何求解被测目标的温度？

案例分析3： 在用镍铬-镍硅（K型）热电偶测炉温时，冷端温度$t_0=30$ °C，用测温毫伏表测得的热电动势$E_{AB}(t,30\ °C)=38.505$ mV，试求炉温t。

解：由K型热电偶的分度表可得

$$E_{AB}(30\ °C,0\ °C)=1.203\ mV$$

进而得到

$$E_{AB}(t,0\ °C)=E_{AB}(t,30\ °C)+E_{AB}(30\ °C,0\ °C)=38.505+1.203=39.708\ mV$$

再查K型热电偶的分度表，得到$t=960$ °C。

5. 热电偶的冷端温度补偿

热电偶热电动势的大小是热端电动势和

扫一扫看教学课件：热电偶的冷端温度补偿

扫一扫看微课视频：热电偶的冷端温度补偿

项目 2　温度传感器的应用与调试

冷端电动势的函数差,为保证输出热电动势是被测目标的温度的单值函数,必须使冷端温度保持恒定。加之,热电偶的分度表给出的热电动势应以冷端温度 0 ℃为依据,否则会产生误差。但在实际的温度测量中,冷端温度常随环境温度的变化而变化,这样冷端温度不但不是 0 ℃,而且不恒定,导致误差产生。因此,在实际测量时,必须对热电偶的冷端进行温度补偿,常用的冷端温度补偿方法有补偿导线法、冷端恒温法、计算修正法、冷端温度补偿电桥法。

1）补偿导线法

在实际的温度测量中,热电偶置于被测目标的温度场中,指示仪表往往距离被测目标的温度场很远,若采用贵金属的热电偶材料作为连接线,则成本会大幅提高。故采用价格低廉的补偿导线完成远距离的连接,此连接线被称为参考端补偿导线或延长线。

补偿导线法的原理图如图 2-39 所示,在补偿导线 A′、B′ 连接好后,测温回路的总热电动势仅取决于 A、B、t 及 t_a(t_a 为新的冷端温度,它是稳定的),而与 A、A′ 及 B、B′ 连接处的温度 t_n(t_n 为中间温度,它是不稳定的)无关,在 t_a 处测得的总热电动势与直接将热电偶延伸到 t_a 无异。补偿导线法不仅实现了冷端迁移,而且降低了电路成本。

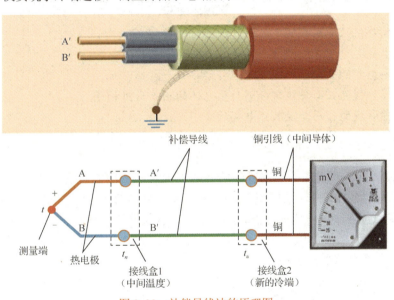

图 2-39　补偿导线法的原理图

> **小常识:补偿导线的选用**
>
> 在一定温度范围(0～150 ℃)内,补偿导线的热性能与对应热电偶的热性能相同,使用补偿导线仅能延长热电偶的自由端,对温度补偿不起任何作用。不同型号的热电偶可按照表 2-14 进行补偿导线的选用。
>
> 表 2-14　补偿导线选用表
>
> | 型号 | 分度号 | 配用热电偶 | 补偿导线合金丝 | | 绝缘层着色 | |
> |---|---|---|---|---|---|---|
> | | | | 正极 | 负极 | 正极 | 负极 |
> | BC | B | 铂铑 30-铂铑 6 | 铜 | 铜 | 红 | 黄 |
> | SC | S | 铂铑 10-铂 | SPC(铜) | SNC(铜镍 0.6) | 红 | 绿 |
> | RC | R | 铂铑 13-铂 | RPC(铜) | RNC(铜镍 0.6) | 红 | 绿 |

续表

型号	分度号	配用热电偶	补偿导线合金丝		绝缘层着色	
			正极	负极	正极	负极
KCA	K	镍铬-镍硅	KPCA（铁）	KNCA（铜镍22）	红	蓝
KCB			KPCB（铜）	KNCB（铜镍40）	红	蓝
KX			KPX（镍铬10）	KNX（镍硅3）	红	黑
NC	N	镍铬硅-镍硅	NPC（铁）	NNC（铜镍18）	红	灰
NX			NPX（镍铬14硅）	NNX（镍硅4）	红	灰
EX	E	镍铬-镍硅	EPX（镍铬10）	ENX（铜镍45）	红	紫
JX	J	铁-铜镍	JPX（铁）	JNX（铜镍45）	红	紫
TX	T	铜-铜镍	TPX（铜）	TNX（铜镍45）	红	白
WC3/25	WRe3-WRe25	钨铼3-钨铼25	WPC3/25	WNC3/25	红	黄

> **特别提醒**
>
> （1）补偿导线只能用在规定的温度范围（0～150 ℃）内。
> （2）热电偶和补偿导线的两个接点处要保持温度相同。
> （3）不同型号的热电偶配有不同的补偿导线。
> （4）补偿导线的正、负极需分别与热电偶的正、负极相连。
> （5）补偿导线的作用是延长热电偶的冷端。

2）冷端恒温法（冰浴法）

冷端恒温法是将热电偶的冷端置于装有冰水混合物的恒温容器中，使冷端的温度保持 0 ℃不变。冷端恒温法的原理图如图2-40所示，将热电偶的冷端延长到装有冰水混合物的容器中，基准接点与连接热电偶的补偿导线和连接计量仪器的导线接在一起。由于冰水保持热平衡，因此基准接点的温度保持在冰点（0 ℃），它消除了冷端温度不等于0 ℃而引入的误差。这种办法仅限于科学实验中使用。

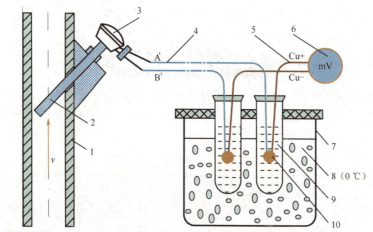

1—被测流体管道；2—热电偶（测温接点）；3—接线盒；4—补偿导线；5—铜导线；6—毫伏表；
7—冰瓶；8—冰水混合物；9—试管；10—新冷端（基准接点）

图2-40　冷端恒温法的原理图

项目2 温度传感器的应用与调试

> **特别提醒**
>
> 为了避免冰水导电引起两个接点短路,必须把接点分别置于两个玻璃试管里,浸入同一冰点槽,使它们相互绝缘。

3)计算修正法

在实际应用中,热电偶的参考端温度往往不是 0 ℃而是环境温度,这时测量出的回路热电动势变小,因此必须加上环境温度与冰点之间的温差所产生的热电动势,才能符合热电偶分度表的要求。

计算修正法的步骤如下:

第一步:用室温计测出环境温度 t_1,从热电偶的分度表中查出 $E(t_1,0\ ℃)$ 的值。

第二步:加上热电偶回路热电动势 $E(t,t_1)$,利用式(2-18)计算得到 $E(t,0\ ℃)$ 的值。

第三步:再查热电偶的分度表,即可得到准确的被测目标的温度 t。

案例分析4:用铜-铜镍合金热电偶测某一温度 t,参考端在室温为 t_H 的环境中,测得热电动势 $E_{AB}(t,t_H)=1.999$ mV,又用室温计测出 $t_H=21$ ℃,查此种热电偶的分度表可知 $E_{AB}(21\ ℃,0\ ℃)= 0.832$ mV,求被测目标的温度 t。

解:根据计算修正法公式——式(2-18),并结合已知的数据可得

$E_{AB}(t,0\ ℃)=E_{AB}(t,21\ ℃)+E_{AB}(21\ ℃,0\ ℃)=1.999+0.832=2.831$ mV

再查热电偶的分度表,与 2.831 mV 对应的热端温度 $t=68$ ℃。

> **特别提醒**
>
> 这里既不能只按 1.999 mV 查表,认为 $t=49$ ℃,也不能把 49 ℃加上 21 ℃,认为 $t=70$ ℃。

4)冷端温度补偿电桥法

冷端温度补偿电桥法是利用不平衡电桥产生热电动势来补偿热电偶因冷端温度变化引起热电动势变化的一种冷端温度补偿方法。冷端温度补偿电桥法的原理图如图2-41所示,不平衡电桥由 R_1、R_2、R_3(锰铜丝绕制)和 R_{Cu}(铜丝绕制)四个桥臂及桥路电源组成。设计时,在 20 ℃下,电桥平衡($R_1=R_2=R_3=R_{Cu}$)。此时,$U_{ab}=0$ mV,电桥对仪表读数无影响。当 t_0 升高时,$E_{AB}(t,t_0)$ 减小,同时 R_{Cu} 增大,进而导致 U_{ab} 增大,U_{ab} 的增大值恰好可以弥补 t_0 升高带来的 $E_{AB}(t,t_0)$ 的减小值,从而使得回路总电动势保持不变。

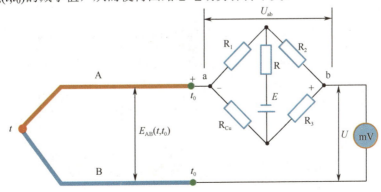

图2-41 冷端温度补偿电桥法的原理图

> **特别提醒**

（1）不同的热电偶所配冷端温度补偿器的限流电阻 R 不同，互换时必须重新调整。

（2）桥臂电阻 R_{Cu} 必须和热电偶的冷端靠近，即二者须处于同一温度下。

（3）但 U_{ab} 无法始终跟随 $E_{AB}(t,t_0)$ 而变化，所以冷端温度补偿电桥法只能在一定范围内起作用。

（4）用于电桥补偿的装置被称为冷端温度补偿器，冷端温度补偿器（一个不平衡电桥）实质上就是一个产生直流信号的毫伏发生器，将它串联在热电偶的测量线路中，就可以在测量时使读数得到自动补偿。

> **小常识：热电偶的测温电路**

1. 测量某点温度的基本电路

热电偶的基本测量电路如图 2-42 所示，该电路包括热电偶、补偿导线、冷端温度补偿器、连接用铜线、动圈式显示仪表。

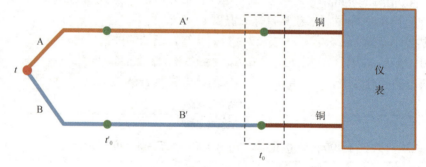

图 2-42　热电偶的基本测量电路

2. 测量温度之和的热电偶串联电路

测量温度之和的热电偶串联电路如图 2-43 所示，将 n 个相同型号的热电偶正负极依次相连接，若 n 个热电偶的热电动势分别为 E_1、E_2、E_3……E_n，则总电动势为 $E=E_1+E_2+E_3+\cdots+E_n$，所对应的温度可由 E-t 关系求得。热电偶串联电路的主要优点是热电动势大，精度比单个热电偶高；主要缺点是只要有一个热电偶断开，整个线路就不能工作，个别短路会导致示值明显偏低。

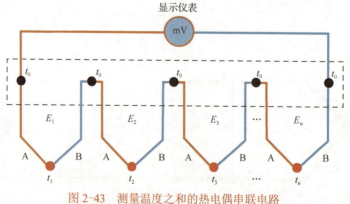

图 2-43　测量温度之和的热电偶串联电路

项目 2　温度传感器的应用与调试

3. 测量平均温度的热电偶并联电路

将 n 个相同型号的热电偶的正、负极分别连在一起，如图 2-44 所示。如果 n 个热电偶的阻值相等，则并联电路的总热电动势等于 n 个热电偶的热电动势加和的平均值，即 $E=(E_1+E_2+E_3+\cdots+E_n)/n$。

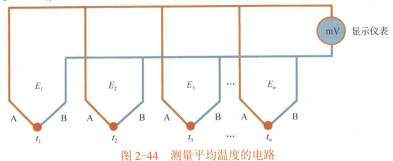

图 2-44　测量平均温度的电路

4. 测量两点之间温差的电路

在实际工作中，常需要测量两处的温差，可选用两种方法来测量：一种是对两个热电偶分别测量两处的温度，然后求温差；另一种是将两个同型号的热电偶反串联，如图 2-45 所示，直接测量温差电动势，然后求算温差。前一种测量方法较后一种测量方法精度差，对于要求精确的小温差测量，应采用后一种测量方法。

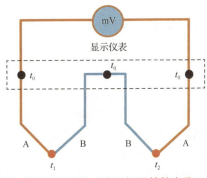

图 2-45　测量两点之间温差的电路

快速检测

热电偶的质量检查和特性检测

1. **热电偶的质量检查**

先用肉眼观察保护管有没有发生锈蚀穿孔、外壳泄漏等情况，由于孔洞往往比较小，所以需要仔细观察。

在确认没有发生锈蚀、外壳泄漏等的情况下，接上万用表的通断挡来测量通断。一般热电偶的阻值超不过 2 Ω，即使是网线电阻，阻值也在 50 Ω 以内，通常测量值大于 1 kΩ 就可以确定热电偶出现了问题。

用万用表的毫伏挡测量热电偶两端的电压，没有电压就证明热电偶质量不合格。再用打火机稍微烫下热电偶，如果万用表的指针有明显偏转，就可以证明该热电偶是正常的。

2. **热电偶的特性检测**

在确保热电偶质量合格的情况下，依次检测热电偶在不同温度下对应的电压值，记录数据并分析温度和电压之间的对应关系。

拓展篇

2.2.2　认识集成温度传感器

1. 集成温度传感器的结构与分类

集成温度传感器的外形图如图 2-46 所示，它在一块极小的半导体芯片上集成了包括热

71

敏元件、信号放大电路、温度补偿电路、基准电源电路等在内的各个单元，使传感器和集成电路有机结合。

集成温度传感器按输出信号的不同可分为模拟式集成温度传感器、数字式集成温度传感器。其中，模拟式集成温度传感器分为电流型和电压型两类；数字式集成温度传感器分为开关输出型、并行输出型、串行输出型等类型。

图 2-46 集成温度传感器的外形图

典型的电流型集成温度传感器有 AD590、LM134 等，典型的电压型集成温度传感器有 LM35、AN6701S 等，典型的数字式集成温度传感器有 DS18B20、ETC-800 等。

集成温度传感器与传统的热电阻温度传感器和热电偶温度传感器相比，优点有线性度小、灵敏度高、输出信号大、更规范化等。

2. 集成温度传感器的工作原理

1）AD590 电流型集成温度传感器的工作原理

图 2-47 所示的 AD590 电流型集成温度传感器有多种型号，通常以后缀 I、J、K、L、M 等来区别，其中 AD590L 型和 AD590M 型一般用于精密测温电路。AD590 电流型集成温度传感器的输出电流与环境绝对温度是成正比的，它以绝对温度(-273 ℃)为基准，每增加 1 ℃，它的输出电流会增加 1 μA，故它的灵敏度为 1 μA/K。利用这种良好的线性关系，可以将它直接制成绝对温度仪。

AD590 电流型集成温度传感器采用金属管壳 3 脚封装形式，如图 2-48 所示。其中，1 号引脚为电源正端 V+；2 号引脚为电流输出端 V-；3 号引脚为管壳，一般不用。

AD590 电流型集成温度传感器的电路符号和典型应用电路如图 2-49 所示，温度变化导致传感器的输出电流 I_o 发生变化，最终使得电路的输出电压 U_o 发生了相应的变化。

图 2-47 AD590 电流型集成温度传感器

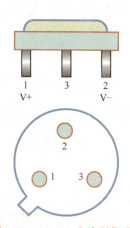

图 2-48 AD590 电流型集成温度传感器的引脚排列图

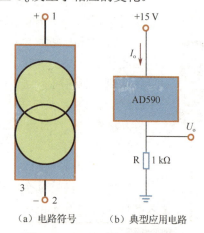

（a）电路符号　　（b）典型应用电路

图 2-49 AD590 电流型集成温度传感器的电路符号和典型应用电路

2）AN6701S 电压型集成温度传感器的工作原理

AN6701S 电压型集成温度传感器的输出电压和温度信号成正比。它一般采用塑料封装形式，共有 4 个引脚，如图 2-50 所示。AN6701S 电压型集成温度传感器的常用连接方式图如

图 2-51 所示,其中,1 号引脚为电源正端;2 号引脚为输出电压端;3 号引脚为接地端;4 号引脚外接 R_c,用来调整 25 ℃时的输出电压,使其等于 5 V,R_c 的阻值一般为 3 kΩ～30 kΩ,此时的灵敏度可达 109～110 mV/℃。

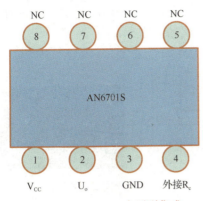

图 2-50 AN6701S 电压型集成温度传感器的引脚排列图

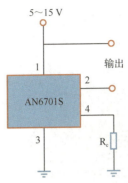

图 2-51 AN6701S 电压型集成温度传感器的常用连接方式图

> **小贴士：AN6701S 电压型集成温度传感器的连接方式**
>
> AN6701S 电压型集成温度传感器共有三种连接方式,如图 2-52 所示,其中图 2-52(a)所示为正电源供电,图 2-52(b)所示为负电源供电,图 2-52(c)所示为输出极性颠倒。
>
>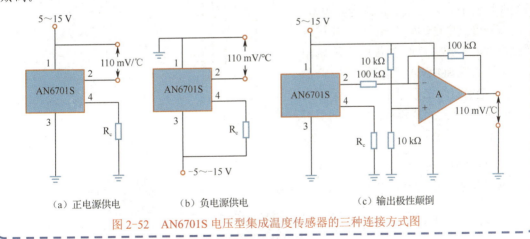
>
> 图 2-52 AN6701S 电压型集成温度传感器的三种连接方式图

3) LM35 电压型集成温度传感器的工作原理

LM35 电压型集成温度传感器是电压输出型精密温度传感器,它可以直接用来制成摄氏温标测量仪,它的灵敏度为 10 mV/℃,测温范围为 0～100 ℃,输出电压与摄氏温标呈正比线性关系,具体输出转换公式为

$$V_{OUT} = 10t \tag{2-20}$$

式中,V_{OUT} 代表输出电压;t 代表被测目标的摄氏温标。

可以看出,在 0 ℃时,LM35 电压型集成温度传感器的输出电压为 0 mV,温度每升高 1 ℃,输出电压会相应增加 10 mV。

LM35 电压型集成温度传感器有多种封装形式，其中，TO-92 封装图如图 2-53 所示，有电源端 V_{CC}、输出电压端 V_{OUT}、接地端 GND 三个端口，常温下不需要额外的校准处理即可达到±0.25 ℃的准确率。

由于 LM35 电压型集成温度传感器的输出电压在 0～1 000 mV 内变化，所以它的输出电压端可以直接插入数字显示仪表，具体连接方式如图 2-54 所示。

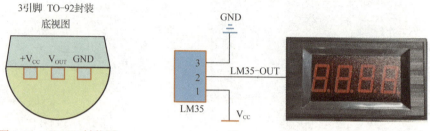

图 2-53　TO-92 封装图　　　　图 2-54　输出端连接方式图

4）DS18B20 数字式集成温度传感器的工作原理

DS18B20 数字式集成温度传感器支持"一线总线"接口，工作温度范围为 -55～+125 ℃，在-10～+85 ℃范围内，精度为±0.5 ℃。

DS18B20 数字式集成温度传感器一般是 3 脚的 TO-92 封装，GND 为电源地，V_{DD} 为外接供电电源输入端（在寄生电源接线方式时接地），DQ 为数据输入/输出端。当然也有 SO 形式封装的产品（产品型号为 DS18B20Z），图 2-55 所示为 DS18B20 数字式集成温度传感器的引脚图和封装图。

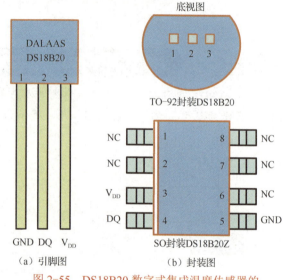

（a）引脚图　　（b）封装图

图 2-55　DS18B20 数字式集成温度传感器的引脚图和封装图

思考一刻：DS18B20 数字式集成温度传感器在不同应用方式下有几种测温电路图？

 扫一扫看技能拓展：DS18B20 数字式集成温度传感器的测温电路

小拓展：PN 结温度传感器

PN 结温度传感器是利用半导体硅材料的 PN 结的正向导通电压与温度变化呈线性关系的原理，将"感受"到的温度信号转换成电压而输出的感温元件。PN 结温度传感器是一种负温度系数传感器，即随着温度的升高，PN 结上的输出电压相应下降。PN 结温度传感器的测温范围一般为-50～150 ℃。

PN 结温度传感器具有体积小、线性度小、灵敏度高、反应速度快、无须冷端温度补偿等优点。它兼具热电偶、铂热电阻及热敏电阻的主要优点，又在一定程度上克服了它们各自固有的缺点，赢得了"科学的眼睛""理想的感温元件"的美誉。

PN 结温度传感器的使用注意事项如下：

项目2 温度传感器的应用与调试

（1）PN结温度传感器是有极性的，有正负之分。

（2）为避免二极管本身的温升影响测量精度，要求通过二极管的工作电流不能过大，一般为100～300 mA。

（3）PN结温度传感器在0 ℃时的输出电压不是0 mV，而是700 mV左右，因此在电路设计中有时需要零点迁移。

由二极管1N4148和调零电位器及两个固定阻值的电阻可以组成惠斯通电桥，如图2-56所示。当二极管1N4148周围的温度发生变化时，TP_1处的电压也会发生变化，通过运算放大器将电压差动放大之后，TP_5处的电压可反映出二极管1N4148的温度变化，将TP_5处的电压送入数字显示仪表中进行温度显示，通过电路零点调节和满度调节，即可做成一款二极管温度仪表。

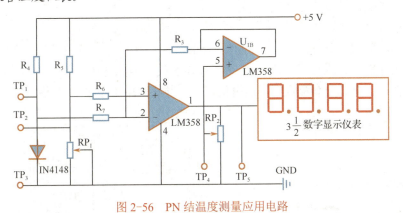

图2-56 PN结温度测量应用电路

思考一刻：在温度测量与控制系统中，热电偶、铂热电阻、热敏电阻用得较多，PN结温度传感器是新型温度传感器，它们的特性有何区别和联系？

扫一扫看思维拓展：几种温度传感器的比较

最好的我们

不是所有的坚持都有结果，但总有一些坚持，能从一寸冰封的土地里，培育出十万朵怒放的蔷薇。

扫一扫进入心灵驿站：最好的我们

典型案例13 热电偶与测量仪表配套使用

热电偶通常和显示仪表、记录仪表、电子计算机等配套使用，进行高温或低温的测量。由于我国生产的热电偶均符合ITS-90国际温标所规定的标准，其一致性非常好，所以国家又规定了与每种标准热电偶配套的仪表，它们的示值为温度，而且均已线性化。

1. 伺服式温度表

采用平衡式电位差计的原理测量的温度表被称为伺服式温度表，其测量原理图如图2-57所示。当开关合向C时，形成测量回路，利用基尔霍夫电压定律可得

$$E_x - IR_{ab} = i\sum R \qquad (2\text{-}21)$$

在可调电阻 RP_2 滑动触点 b 的位置上标明了被测电动势的数值，移动触点 b，使检流计的示值为 0，系统达到平衡。在使用伺服式温度表时，采用一套小功率伺服系统，当被测电动势发生变化时，不平衡电压引起伺服系统工作，达到新的平衡。

2. XCZ 系列指针型显示仪表

符合国家标准的动圈式显示仪表为 XC 系列，分为指示型（XCZ）和指示调节型（XCT）等品种。与 K 型热电偶配套的动圈式显示仪表的型号有 XCZ-101、XCT-101 等。

XC 系列动圈式显示仪表测量机构的核心部件

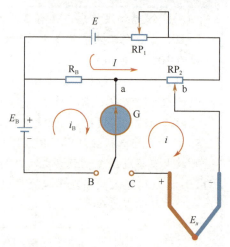

图 2-57　伺服式温度表的测量原理图

是一个磁电式毫伏计。XCZ 系列指针型动圈式显示仪表的原理图如图 2-58 所示，在采用动圈式显示仪表与热电偶配套测温时，热电偶、连接导线（补偿导线）、调整电阻和显示仪表组成了一个闭合回路。

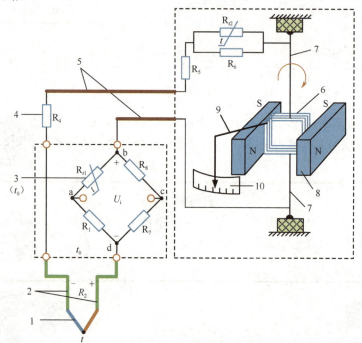

1—热电偶；2—补偿导线；3—冷端温度补偿器；4—外接调整电阻；5—铜导线；6—动圈；
7—张丝；8—磁钢（极靴）；9—指针；10—刻度面板

图 2-58　XCZ 系列指针型动圈式显示仪表的原理图

设表内电阻为 R_{IS}，表外电阻为 R_{OS}，可得回路中的电流 I 为

$$I = \frac{E(t, t_0)}{R_{IS} + R_{OS}} \qquad (2\text{-}22)$$

式中，表外电阻 R_{OS} 包括热电偶的内阻 r、补偿导线的电阻 R_2、冷端温度补偿器的等效电阻 R_3、连接铜导线的电阻 R_{Cu} 和调整电阻 R_4。

项目 2　温度传感器的应用与调试

思考一刻：数字式温度显示仪表的种类和特点分别有哪些？

扫一扫看应用拓展：数字式温度显示仪表

典型案例 14　热电偶在工业生产中的应用

热电偶在石油、化工、钢铁、造纸、热电、核电等生产行业作为高温测量的仪器，将热信号转化为热电动势信号，便于生产控制温度和测量温度，为生产的精度提供了保障。

炉温测量系统结构图如图 2-59 所示。由毫伏定值器给出设定温度的相应毫伏值，若热电偶的热电动势与定值器的输出值有偏差，则说明炉温偏离给定值，偏差经放大器送入调节器，再经过晶闸管触发器去推动晶闸管执行器，从而调整炉丝的加热功率，消除偏差，达到控温的目的。

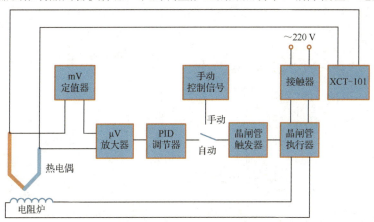

图 2-59　炉温测量系统结构图

典型案例 15　热电偶在金属表面温度测量中的应用

热电偶用于金属表面温度测量的方法一般为直接接触测量。当被测金属表面温度较低时，采用黏结剂将热电偶的接点黏附于金属表面，工艺比较简单；当被测金属表面温度较高时，采用焊接的方法，将热电偶的头部焊于金属表面。

> **特别提醒**
>
> 热电偶的安装位置应尽量保持垂直状态（见图 2-60），防止保护管在高温下产生变形。当被测介质处于流动状态时，热电偶应倾斜安装（见图 2-61），最好安装在管道弯曲处（见图 2-62），并且其感温元件应与被测介质形成逆流。在不能达到上述要求而必须水平安装时，应用耐火黏土或耐热金属制成的支架加以支撑。
>
>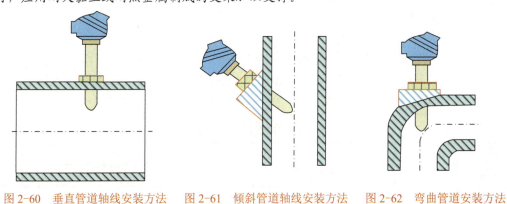
>
> 图 2-60　垂直管道轴线安装方法　　图 2-61　倾斜管道轴线安装方法　　图 2-62　弯曲管道安装方法

扫一扫进行热电偶研析应用测试

扫一扫看虚拟仿真视频：K型热电偶测温系统的调试

扫一扫看微课视频：K型热电偶测温系统的调试

设计调试

提升篇

2.2.3 K型热电偶测温系统的调试

1. 系统的构成与原理

热电偶测温系统的调试需要用到智能调节仪、铂电阻温度传感器 Pt100、K 型热电偶、温度源、温度传感器模块等，其中，温度传感器模块的电路图如图 2-63 所示。

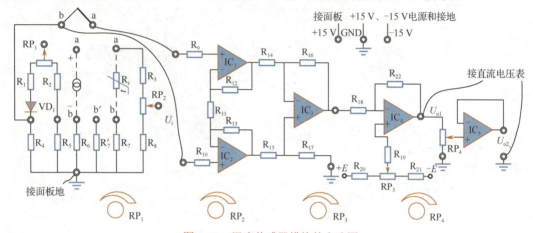

图 2-63 温度传感器模块的电路图

当温度变化时，热电偶的输出电压随之发生变化，再通过由 IC_1、IC_2 和 IC_3 构成的差动集成运算放大器及集成运算放大器 IC_4 对变化的电压值进行处理并显示，即可得到被测目标的温度。

2. 电路搭接与调试

（1）进行温度控制与调试，将温度控制在 50 ℃，在另一个温度传感器插孔中插入 K 型热电偶温度传感器。

（2）将±15 V 直流稳压电源接至温度传感器模块，温度传感器模块的输出电压 U_{o1} 接直流电压表。

（3）将温度传感器模块上差动放大器的 U_i 端短接，调节电位器 RP_3 使直流电压表显示 0。

（4）拿掉短路线，按图 2-63 接线，对于 K 型热电偶的两根引线，热端（红色）接 a，冷端（绿色）接 b。

（5）首先将智能控温仪的控制温度设置为 130 ℃，待温度稳定后，再将控制温度设置为 50 ℃，此时热源开始降温，然后从 120 ℃开始，每隔 5 ℃记录一次 U_{o1} 的值（选择 200 mV 挡），最后将调试结果填入表 2-15 中。

表 2-15 系统调试数据记录表

$t/℃$													
U_{o1}/V													

项目 2 温度传感器的应用与调试

3. 数据分析

（1）根据表 2-15 中的数据，作出 U_{o1}-t 曲线，分析 K 型热电偶的温度特性曲线，并计算其线性度。

（2）根据中间温度定律和 K 型热电偶的分度表，利用平均值得出差动放大器的放大倍数 A。

4. 拆线整理

断开电源，拆除导线，整理工作现场。

扫一扫进行本环节的考核评价

5. 考核评价

拓展驿站：E 型热电偶测温系统的调试

E 型热电偶的工作原理与 K 型热电偶类似，将 K 型热电偶测温系统调试中的 K 型热电偶换成 E 型热电偶，仍然采用图 2-63 所示电路，按照前面的调试步骤完成相应的 E 型热电偶测温系统的调试，并将最终的调试结果填入表 2-15 中。根据记录的调试数据，绘制 U_{o1}-t 曲线，分析 E 型热电偶的温度特性曲线，并计算其线性度。根据中间温度定律和 E 型热电偶的分度表，利用平均值得出差动放大器的放大倍数 A。

拓展驿站：集成温度传感器测温系统的调试

将 K 型热电偶测温系统调试中的 K 型热电偶换成 AD590 电流型集成温度传感器，利用图 2-64 所示电路，按照前面的调试步骤完成相应的集成温度传感器测温系统的调试，并将最终的调试结果填入表 2-15 中。根据记录的调试数据，绘制 U_{o1}-t 曲线，分析 AD590 电流型集成温度传感器的温度特性曲线，并计算其线性度。

扫一扫看虚拟仿真视频：集成温度传感器测温系统的调试

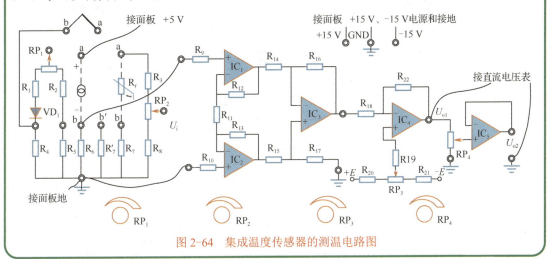

图 2-64 集成温度传感器的测温电路图

特别提醒

在完成电路调零后，将 AD590 电流型集成温度传感器两端引线按插头颜色（一端红色，一端绿色）插入温度传感器模块中（红色对应 a、绿色对应 b）。

创新篇

2.2.4 热电偶测温电路的设计与调试

1. 目的与要求

利用热电偶设计一种测温电路,并对该电路进行分析、调试。通过该任务,使学生加深对热电偶的结构、工作特性及典型应用的理解;掌握热电偶典型应用电路设计与调试的方法;能够对集成电路、电子元器件、热电偶进行正确识别和质量检测;通过电路的输出电压,对照热电偶的分度表,能够计算被测目标的温度。

2. 系统的构成与原理

这里要用到的器材设备主要有热电偶应用模块(由仪表放大器 AD8237、运算放大器 OP2177 及外围电路等构成)、数字显示仪表、K 型热电偶、恒温电烙铁、数字万用表及若干导线。

热电偶测温电路图如图 2-65 所示,K 型热电偶两端输出变化极小的毫伏级电动势,将设定的偏置电压信号送入高精密仪表放大器 AD8237 电路进行放大,将放大后的信号送入由运算放大器 OP2177 构成的放大电路进行信号的放大与调整(其中包括调节零点、调节满度),最终在数字显示仪表上显示被测目标的温度。

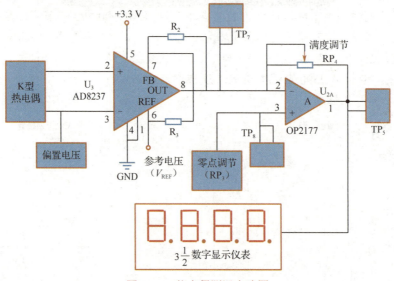

图 2-65 热电偶测温电路图

3. 电路搭接与调试

1)**热电偶的质量检测**

将万用表调至毫伏挡,热电偶的输出端与万用表表笔接通,如果无电压则说明热电偶已坏。使用加热装置对热电偶的测量端进行加热,如果万用表的指针明显往数值变大的方向偏转,则说明热电偶质量合格;如果万用表的指针不动,则说明热电偶质量不合格。

2)**线路连接**

将 K 型热电偶按要求接入应用模块中,然后通过导线将应用模块与数字显示仪表连接,

项目 2　温度传感器的应用与调试

在检查各部分线路连接无误后,依次接通平台电源、热电偶应用模块电源。

3）温度零点调节

将热电偶放入 0 ℃的冰水混合物中,使用螺丝刀调节零点调节电位器 RP_3,直到数字显示仪表的示值为 0,则说明温度零点调节完成。

> **特别提醒**
>
> 热电偶的响应时间大概为 20 s,因此在每次调节时,需要等待一定时间,等待传感器稳定后再进行测量。

4）温度满度调节

将热电偶放入 100 ℃的热源中,使用螺丝刀调节满度调节电位器 RP_4,直到数字显示仪表的示值为 100,则说明温度满度调节完成。

5）温度测量

将万用表调至电压挡,并将万用表接至输出电压端口 TP_5。使用温控源或电烙铁逐渐加热 K 型热电偶,同时观察数字显示仪表及万用表示值的变化,并对观察的数据进行记录。

4. 数据分析

根据以上测量数据,绘制 K 型热电偶的输出电压与被测目标的温度之间关系的曲线图,并计算其线性度。

5. 拆线整理

断开电源,拆除导线,整理工作现场。

6. 考核评价

思考一刻：

（1）如果电路接通后,测量电路的零点与满度均不能调整到位,可能是什么原因？

（2）本任务中测量电路得到的温度误差的来源主要有哪些？

测评总结

1. 任务测评

2. 总结拓展

该任务以大飞机 C919 的起落架刹车系统为载体,引入热电偶的应用与调试,明确了任务目标。任务 2.2 的总结图如图 2-66 所示。在探究新知环节中,主要介绍了热电偶的结构、工作原理、基本定律、热电偶分度表的查询,以及热电偶的冷端温度补偿等内容；在拓展篇中,介绍了集成温度传感器和 PN 结温度传感器。在研析应用环节中,重点分析了热电偶与测量仪表配套使用、热电偶在工业生产中的应用及热电偶在金属表面温度测量中的应用。在设计调试环节中,实践了提升篇和创新篇的多个典型测温系统的调试任务。

通过对任务的分析、计划、实施及考核评价等,掌握热电偶的结构、工作原理、基本定律、热电偶分度表的查询方法,以及热电偶冷端温度补偿的方法,能够正确识别、选择常用的

传感器的应用与调试（立体资源全彩图文版）

热电偶并对其进行质量检测，以及能够进行热电偶典型应用的分析及热电偶应用系统的调试。

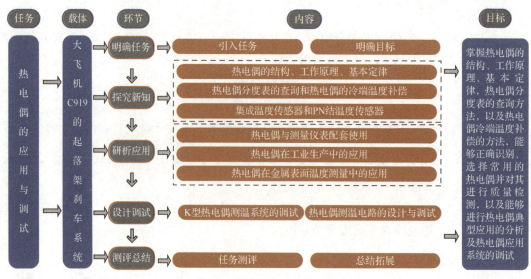

图 2-66　任务 2.2 的总结图

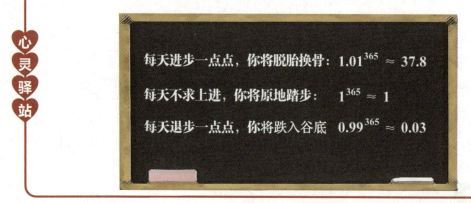

做时间的朋友

我们要做时间的朋友，感受坚持的力量，时间自然会告诉我们答案。

每天进步一点点，你将脱胎换骨：$1.01^{365} \approx 37.8$

每天不求上进，你将原地踏步：$1^{365} \approx 1$

每天退步一点点，你将跌入谷底：$0.99^{365} \approx 0.03$

心灵驿站

📖 学习随笔

项目 2　温度传感器的应用与调试

赛证链接

温度传感器是"中级电工""中级物联网安装调试员"等职业资格鉴定考试的必考内容。同时，温度传感器是全国人工智能应用技术技能大赛智能传感器技术应用赛项的重点考核内容。赛证链接环节对接职业资格鉴定考试和技能大赛的考核要求，提供了相关试题。

一、填空题

1. 热电偶是将温度变化转换为_____的测温元件，热电阻和热敏电阻是将温度转换为_____变化的测温元件。

2. 根据热敏电阻的三种类型，正温度系数剧变型和临界温度型热敏电阻属于_____型，适用于温度检测和温度控制，其中_____最适合开关型温度传感器。

3. 已知某铜热电阻在 0 ℃时的阻值为 50 Ω，则其分度号是_____。

4. 当使用万用表电阻挡对某热敏电阻的阻值进行测量时，发现该热敏电阻的阻值在随着温度的升高而减小，则所测热敏电阻为_____型热敏电阻。

5. 在图 2-67 所示的热电偶测温回路中，热电偶的分度号为 K，毫伏表示值为_____℃。

6. 用镍铬-镍硅 K 型热电偶测量某炉温的电路图如图 2-68 所示，已知：冷端温度固定为 0 ℃，t_0=30 ℃，仪表指示温度为 210 ℃，后来发现由于工作上的疏忽，把补偿导线 A′和 B′相互接错了，问：炉温的实际温度 t 为_____。

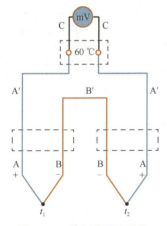
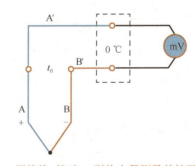

图 2-67　热电偶测温回路　　图 2-68　用镍铬-镍硅 K 型热电偶测量某炉温的电路图

7. 观察图 2-69，试说明从左至右三张图中被测目标的温度分别是_____、_____、_____。

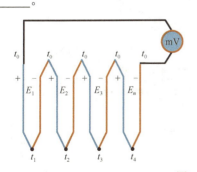

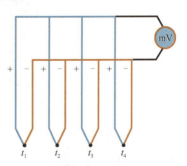

图 2-69　热电偶测温电路图

8. 有一个热敏电阻的阻值在 $t_1 \sim t_4$ 的温度变化范围内，其 R-t 曲线图如图 2-70 所示。现将该热敏电阻接在欧姆表的两表笔上，做成一个电阻温度计。为了便于读数，再把欧姆表上的阻值转换成温度值。现在要使该温度计对温度的变化反应较为灵敏，那么该温度计测量哪段范围内的温度较为适宜（设在 $t_1 \sim t_4$ 温度范围内，欧姆表的倍率不变）_____。

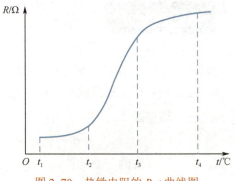

图 2-70　热敏电阻的 R-t 曲线图

9. 某种热敏电阻和金属热电阻的 R-t 曲线图如图 2-71 所示，这种热敏电阻在温度上升时，导电能力_____。金属热电阻常被用作温度检测器，这是利用该种电阻的阻值有_____的特性。

10. 图 2-72 所示为火警报警装置电路图，RT 为热敏电阻，若温度升高，则 RT 的阻值会急剧减小，从而引起电铃两端电压的增加，当电铃两端的电压达到一定值时，电铃会响，要使报警的临界温度升高，可以适当_____电源的电动势，也可以把 RP 的滑片 P 适当向_____移。

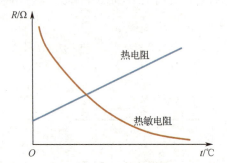

图 2-71　某种热敏电阻和金属热电阻的 R-t 曲线图

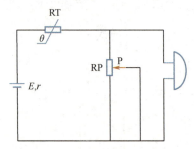

图 2-72　火警报警装置电路图

二、选择题

1. 图 2-73 所示为电饭锅结构图，下列关于电饭锅的说法中正确的是（　　）。

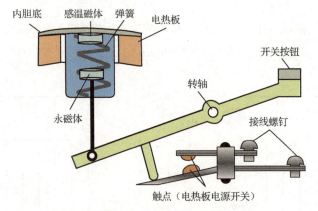

图 2-73　电饭锅结构图

A．电饭锅中的感温磁体是永磁体

B. 开始煮饭时，按下开关按钮的原因是克服弹簧的弹力使永磁体一端上升，上下触点接触接通电路

C. 用电饭锅煮米饭，饭熟后，水分被大米吸收，锅底的温度会升高，当升高到"居里温度"时，电饭锅不会自动断电

D. 用电饭锅烧水，水沸腾后，电饭锅可以自动断电

2. 正常人的体温为 37 ℃左右，37 ℃对应的华氏温度约为（　　），热力学温度约为（　　）。

  A. 32 ℉，100 K B. 99 ℉，236 K C. 99 ℉，310 K D. 37 ℉，310 K

3. 测量钢水的温度，最好选择（　　）型热电偶；测量钢退火炉的温度，最好选择（　　）型热电偶；测量汽轮机高压蒸汽的温度（200 ℃左右），且希望灵敏度高一些，最好选择（　　）型热电偶。

  A. R B. B C. S D. K E. E

4. 测量 CPU 散热片的温度应选用（　　）型热电偶，测量锅炉烟道中的烟气温度应选用（　　）型热电偶，测量 100 m 深的岩石钻孔中的温度应选用（　　）热电偶。

  A. 普通型 B. 铠装 C. 薄膜型 D. 热电堆型

5. 在测量 1 000 ℃附近的温度时，下列测温精度最高、最常用的温度计是（　　）。

  A. 铂热电阻   B. 铂铑 10-铂热电偶

  C. 镍铬-镍硅热电偶   D. 光学高温计

6. 铂铑 10-铂热电偶不适合在（　　）环境下工作。

  A. 真空   B. 中性介质

  C. 还原性气体及侵蚀性物质 D. 氧化性气体

7. 在用热电阻测温时，热电阻在电桥中采用三线制接线方式的目的是（　　）。

  A. 接线方便

  B. 减小引线电阻变化产生的测量误差

  C. 减小桥路中其他电阻对热电阻的影响

  D. 减小桥路中电源对热电阻的影响

8. 用热敏电阻 RT 和继电器 K 等可以组成一个简单的恒温控制电路，如图 2-74 所示，其中热敏电阻的阻值会随着温度的升高而减小。电源甲与热敏电阻、继电器等组成了控制电路，电源乙与恒温箱加热器（图中未画出）连接，则（　　）。

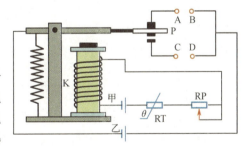

图 2-74　一个简单的恒温控制电路

  A. 当温度升高到某一数值时，衔铁 P 将会被吸合下

  B. 当温度降低到某一数值时，衔铁 P 将会被吸合下

  C. 工作时，应该把恒温箱里的加热器接在 A、B 端

  D. 工作时，应该把恒温箱里的加热器接在 C、D 端

9. 将一个灵敏度为 0.08 mV/℃的热电偶与电压表相连，电压表接线端处的温度为 50 ℃。电压表的示值为 60 mV，则热电偶的热端温度为（　　）。

  A. 600 B. 750 C. 850 D. 800

10. 图 2-75 所示曲线表示某半导体热敏电阻的阻值 R 随温度 t 的变化情况。把该半导体热敏电阻与电池、电流表串联起来，如图 2-76 所示，用该半导体热敏电阻做测温探头，把电

流表的电流刻度改为相应的温度刻度,于是得到一个最简单的热敏电阻温度计。下列说法中正确的是（　　）。

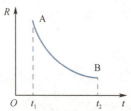

图 2-75　某半导体热敏电阻的 R-t 曲线图

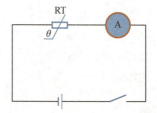

图 2-76　热敏电阻串联电路图

A．电流表示值大说明温度较高
B．电流表示值小说明温度较高
C．电流表示值与温度呈正比线性关系
D．所改装的温度表的刻度是均匀的

11．在电喷汽车的进气管道中,常采用一种叫作"电热丝式空气流量传感器"的部件,其核心部分是一种用特殊的合金材料制作的电热丝。电热丝式空气流量传感器的结构图如图 2-77 所示,进气管道中的冷空气流速越大,电阻 R 两端的电压 U 就越高;反之,电压 U 就越低。这样管道内空气的流量就转变成了可以测量的电压信号,便于汽车内的计算机系统实现自动控制。如果将上述电热丝从汽车的进气管道中取出,在实验室中测量它的伏安特性曲线,得到的结果正确的是（　　）。

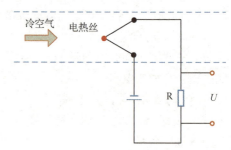

图 2-77　电热丝式空气流量传感器的结构图

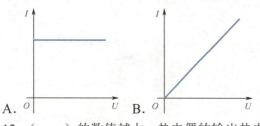

12．（　　）的数值越大,热电偶的输出热电动势就越大。

A．热端直径　　　　　　　　B．热端温度和冷端温度
C．热端和冷端的温差　　　　D．热电极的电导率

13．小强在用恒温箱进行实验时,发现恒温箱的温度持续升高,无法自动控制。经检查,恒温箱的控制器没有故障。恒温箱控制结构图如图 2-78 所示,下列选项中对故障判断正确的是（　　）。

A．只可能是热敏电阻出现故障
B．只可能是温度设定装置出现故障
C．热敏电阻和温度设定装置都可能出现故障
D．可能是加热器出现故障

14．在家用电热灭蚊器中,电热部分的主要元件是 PTC,PTC 元件是由钛酸钡等半导体材料制成的电阻,其电阻率 ρ 随温度 t 变化的曲线图如图 2-79 所示。PTC 元件正是由于具有

项目2 温度传感器的应用与调试

这种曲线特性,才具有发热、保温双重功能。对此,以下判断正确的是( )。

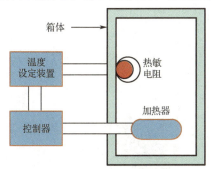

图 2-78 恒温箱控制结构图

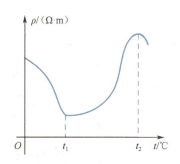

图 2-79 PTC 元件的电阻率 ρ 随温度 t 变化的曲线图

① 通电后,其电功率先增大,后减小。
② 通电后,其电功率先减小,后增大。
③ 当其产生的热量与散发的热量相等时,温度保持为 t_1 不变。
④ 当其产生的热量与散发的热量相等时,温度保持为 t_1 和 t_2 之间的某一值不变。

A. ①③ B. ②③
C. ②④ D. ①④

三、综合分析题

1. 用 K 型热电偶测钢水温度的结构图如图 2-80 所示。已知 A、B 分别用镍铬、镍硅材料制成,A′、B′为延长导线。问:

(1) 需要满足哪些条件,此热电偶才能正常工作?
(2) A、B 开路是否影响装置正常工作?原因是什么?
(3) 采用 A′、B′的好处有哪些?
(4) 若已知 $t_{01}=t_{02}=40$ ℃,电压表的示值为 37.702 mV,则钢水温度为多少?
(5) 此种测温方法的理论依据是什么?

2. 图 2-81 所示为热电阻测温电路图,已知 R_t 是 Pt100 热电阻,$R_1=10$ kΩ,$R_2=5$ kΩ,$R_3=10$ kΩ,$E=5$ V。

(1) 若要求温度为 0 ℃时电桥的输出电压为 0 V,则 R_a 的阻值应为多大?
(2) 若被测目标的温度为 300 ℃,则电桥的输出电压为多少?

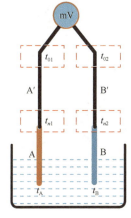

图 2-80 用 K 型热电偶测钢水温度的结构图

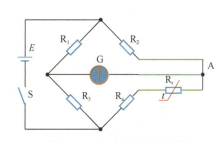

图 2-81 热电阻测温电路图

3. 由 K 型热电偶、显示仪表和相应的补偿导线组成的加热炉温度测量系统，其连接图如图 2-82 所示。热电偶与补偿导线的接点温度为 t'=20 ℃，补偿导线与显示仪表的接点温度为 t_0=10 ℃，显示仪表的机械零点调整在 0 ℃的位置，显示仪表的示值为 900 ℃。后来发现因为操作失误而把补偿导线接反了，所以显示仪表的示值不是实际的炉温，请结合表 2-16 来计算实际的炉温 t。

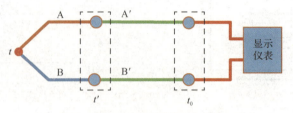

图 2-82　加热炉温度测量系统的连接图

表 2-16　K 型热电偶的部分分度表（冷端温度为 0 ℃）

热电动势/mV

热端温度/℃	0	10	20	30	40
0	0.000	0.397	0.798	1.203	1.611
800	33.277	33.686	34.095	34.502	34.909
900	37.325	37.724	38.122	38.519	38.915
1 000	41.269	41.657	42.045	42.432	42.817

项目 3

力传感器的应用与调试

每课一语

扫一扫收听音频：勤奋努力，孜孜不倦

勤奋努力 孜孜不倦

现实就像一个泥潭，有人选择沉沦苟且，也有人跨过泥潭面向远方。如果想要逃离泥潭，就必须努力变得优秀。生活会辜负努力的人，但不会一直辜负努力的人。有时候觉得努力没有用，是如果把人生放在更长的角度去看，会有用的。你得有耐心，黎明前，天是最黑的，只要再熬一点点时间，天就亮了。

岁月如梭，每一次生命的回忆，唯有『努力』的茂蓬，才能书写硬核的人生，把人生实苦酿成奋斗的甘甜。岁月静好，每一次自我的超越，唯有『努力』的峥嵘，方能不负春光、不负韶华、不负生命！

项目概述

扫一扫看微课视频：初识力传感器

扫一扫看教学课件：初识力传感器

　　力传感器如今使用得越来越广泛，它是生产过程中自动化检测的重要部件，是用来检测气体、固体、液体等物质间相互作用力的一类器件或装置。力传感器主要应用于工业自动化系统、机电一体化、科学测试仪器等装备制造业，主要涉及过程控制中压力、流量这两大参数的检测、控制和执行。随着计算机控制、通信、网络等技术的发展，信息交换沟通的领域正在迅速覆盖从工厂的现场设备层到控制、管理各层次,加之集控数据处理平台也已成熟,在传统力传感器的基础上进行技术拓展,可以提升其信息化水平,形成具有数字化、无线化、智能化、微型化功能的新型智能化网络力传感器。

本项目以飞机载荷测量系统和飞机燃油油量测控系统为载体,通过对电阻应变式传感器的应用与调试和电容式传感器的应用与调试的讲解,分析、梳理了常用力传感器的原理、特性、典型应用及其对应系统的调试,以期学生能够正确识别、选择电阻应变式传感器并对其进行质量检测,能够进行电阻应变式传感器典型应用分析及传感器应用系统的调试,能够正确识别、选择电容式传感器并对其进行质量检测,以及能够进行电容式传感器典型应用分析及传感器应用系统的调试。

项目导航

项目构成	力传感器的应用与调试（8课时） ├── 电阻应变式传感器的应用与调试（4课时） └── 电容式传感器的应用与调试（4课时） 明确任务 / 探究新知 / 研析应用 / 设计调试 / 测评总结
学习内容	任务3.1 以飞机载荷测量系统为载体,引入电阻应变式传感器的应用与调试。学生主要从中学习应变片的结构、分类、工作原理,电阻应变式传感器的测量电路,应变式传感器和压电式传感器典型应用分析,以及电阻应变式传感器应用系统的调试等内容。 任务3.2 以飞机燃油油量测控系统为载体,引入电容式传感器的应用与调试。学生主要从中学习电容式传感器的结构、分类、工作原理、测量电路,电容式传感器典型应用分析,以及电容式传感器应用系统的调试等内容
学习重点	（1）力传感器的分类与原理。 （2）应变片的结构、分类、工作原理和电阻应变式传感器的测量电路。 （3）电容式传感器的结构、分类、工作原理、测量电路
学习难点	（1）电阻应变式传感器的识别、选择与检测。 （2）电阻应变式传感器典型应用的分析及电阻应变式传感器应用系统的调试。 （3）电容式传感器的识别、选择与检测。 （4）电容式传感器典型应用的分析及电容式传感器应用系统的调试
学习目标	**知识目标** （1）了解力传感器的分类与原理。 （2）掌握应变片的结构、分类、工作原理和电阻应变式传感器的测量电路。 （3）掌握电容式传感器的结构、分类、工作原理、测量电路 **能力目标** （1）能够正确识别、选择电阻应变式传感器并对其进行质量检测。 （2）能够进行电阻应变式传感器典型应用的分析及电阻应变式传感器应用系统的调试。 （3）能够正确识别、选择电容式传感器并对其进行质量检测。 （4）能够进行电容式传感器典型应用的分析及电容式传感器应用系统的调试 **素质目标** （1）通过小组协作完成工作任务,培养学生的职业素养及创新意识。 （2）培养学生勤奋努力、孜孜不倦的精神

项目 3　力传感器的应用与调试

任务 3.1　电阻应变式传感器的应用与调试

明确任务

1. 任务引入

扫一扫看技能拓展：飞机飞行载荷的测量

飞行载荷实测是在飞机整个飞行包线范围内对飞机的各种受载情况进行研究的技术，包括应变法与压力法两种测量技术。应变法早在 20 世纪四五十年代就在飞机飞行载荷实测中使用，并沿用至今。应变法是指利用地面加载的方法校准机翼、尾翼、机身、起落架等主要结构部件上改装的应变计电桥，得到所测量部件的载荷与应变计电桥响应的关系方程。通过在飞行中实测的应变计电桥响应及有关飞行参数等来获取机翼的弯矩、剪力和扭矩，机身的弯矩和扭矩，水平尾翼及垂直尾翼的弯矩、剪力和扭矩，活动面的铰链力矩，以及飞机起落架的 3 个方向的载荷等。

从实施情况判断，应变法的实施较为容易，且具有较高的测量精度；而压力法由于测压改装施工情况较为复杂，具有大量的数据，处理难度较大，经济性较为有限。因此，在飞机各部件载荷的测量过程中，更多地运用应变法。基于应变法测量飞行载荷时通常使用在主要结构部位布置全桥的方法，以获得高灵敏度的数据和消除温度效应的影响。那么应变片是如何实现测量的呢？全桥电路是如何工作的？如何对测量系统进行调试呢？

2. 任务目标

◆ 知识目标

（1）了解力传感器的分类与原理。

（2）掌握应变片的结构、分类、工作原理和电阻应变式传感器的测量电路。

◆ 能力目标

（1）能够正确识别、选择电阻应变式传感器并对其进行质量检测。

（2）能够进行电阻应变式传感器典型应用的分析及电阻应变式传感器应用系统的调试。

◆ 素质目标

（1）通过小组协作完成工作任务，培养学生的职业素养及创新意识。

（2）培养学生勤奋努力、孜孜不倦的精神。

探究新知

扫一扫看知识拓展：力传感器发展简史

扫一扫看微课视频：力传感器的基础知识

基础篇

3.1.1　认识力传感器

扫一扫看教学课件：力传感器的基础知识

1. 力传感器的组成与特性

力传感器是对力学量敏感的一类器件或装置，它可用于测量位移、加速度、力、力矩、压力等各种参数。力传感器的结构图如图 3-1 所示，在力传感器工作时，首先利用力敏元件把被测量转换成应变或位移，再通过转换测量电路把应变或位移转换成相应的电量，从而实现对非电量的测量。所以，力传感器一般包括力敏元件和转换测量电路两部分。

图 3-1 力传感器的结构图

力传感器的外形图如图 3-2 所示,它具有结构简单、响应速度快、精度高、分辨率高、可靠性高、可实现非接触测量等一系列优点。它可以用于直接对力、质量等参数进行测量或用于间接对液位、振动、流量、速度等参数进行测量的系统中。

图 3-2 力传感器的外形图

2. 力传感器的分类与原理

力传感器根据工作原理可以分为应变式传感器、压阻式传感器、电感式传感器、电容式传感器、压电式传感器、谐振式传感器等。

1)应变式传感器

应变式传感器是基于测量物体受力变形所产生的应变的一种传感器,其外形图如图 3-3 所示。它一般由弹性元件、电阻应变片、补偿电阻和外壳组成,可根据具体测量要求设计成多种结构形式。弹性元件受到所测量的力的作用而产生变形,并使附着其上的电阻应变片一起变形。电阻应变片再将变形转换为阻值的变化,从而可以测量力、扭矩、位移、加速度等物理量。

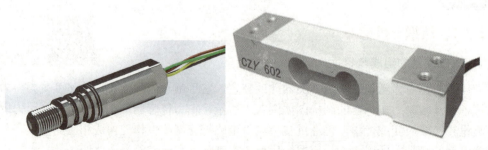

图 3-3 应变式传感器的外形图

2）压阻式传感器

压阻式传感器是指利用单晶硅材料的压阻效应和集成电路技术制成的传感器，其外形图如图 3-4 所示。单晶硅材料在受到力的作用后，电阻率发生变化，通过测量电路就可得到正比于力的变化的电信号。压阻式传感器用于压力、拉力、压力差和可以转变为力的变化的其他物理量（如液位、加速度、质量、应变、流量、真空度）的测量和控制。

图 3-4　压阻式传感器的外形图

3）电感式传感器

电感式传感器的外形图如图 3-5 所示，它利用电磁感应原理将被测非电量（如位移、压力等）转换成线圈自感量 L 或互感量 M 的变化，再由测量电路将 L 和 M 的变化转换为电压或电流的变化并输出。其特点是利用电感的物理特性，不直接接触被测目标，便可测量位移、振动、压力、应变、流量等信号。

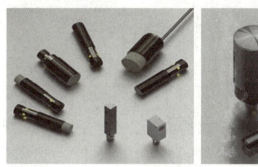

图 3-5　电感式传感器的外形图

4）电容式传感器

电容式传感器是指将被测量（如尺寸、压力等）的变化转换成电容量的变化的一种传感器，其外形图如图 3-6 所示。实际上，它本身（或和被测目标）是一个可变电容器。电容式传感器被广泛用于位移、角度、振动、速度、压力、成分分析、介质特性等方面的测量。

图 3-6　电容式传感器的外形图

5) 压电式传感器

压电式传感器的工作原理是基于某些介质材料的压电效应，其外形图如图3-7所示。当材料受到力的作用而变形时，其表面会有电荷产生，从而实现非电量的测量。压电式传感器可以对各种动态力、机械冲击和振动进行测量，在声学、医学、力学、导航方面都得到广泛应用。

图3-7 压电式传感器的外形图

6) 谐振式传感器

谐振式传感器是利用振动元件把被测信号转换为频率信号的传感器，又称频率式传感器，其外形图如图3-8所示。当被测参量发生变化时，振动元件的固有振动频率随之改变，通过相应的测量电路就可得到与被测参量有一定关系的电信号。谐振式传感器适用于多种参数（如力、转角、流量、温度、湿度、液位、黏度、密度和气体成分等）的测量。

图3-8 谐振式传感器的外形图

3.1.2 认识电阻应变式传感器

1. 应变片的分类与结构

1) 应变片的分类

电阻应变式传感器是先将弹性元件被测量的变化转化成应变，再利用应变片将应变转化成电阻的变化，最后经过测量电路将电阻的变化转化成电信号的变化的器件或装置。应变式传感器常被用于自动测力或称重系统中，它还可用来测量加速度、振幅等其他物理量。

电阻应变式传感器的核心元件是应变片，它可将试件上的应变转换成电阻的变化。应变片按材料可分为金属应变片和半导体应变片两种。其中，金属应变片是基于金属材料的应变效应工作的，它又可以分为丝式、箔式和薄膜式，分别如图3-9、图3-10和图3-11所示；半导体应变片则是利用半导体材料的压阻效应制作而成的一种电阻性元件，主要分为薄膜型、扩散型、外延型、PN结型。

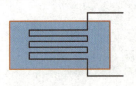 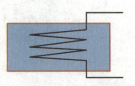 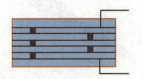

图3-9 丝式金属应变片

项目3 力传感器的应用与调试

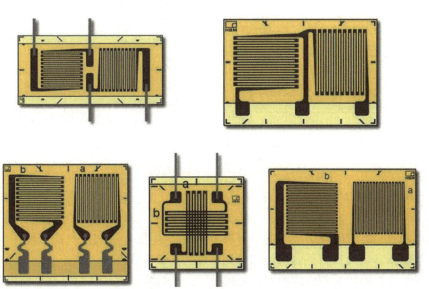

图 3-10 箔式金属应变片

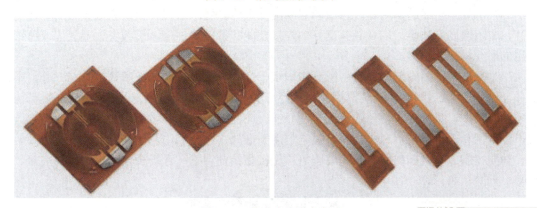

图 3-11 薄膜式金属应变片

思考一刻：丝式、箔式和薄膜式金属应变片各自的特点有哪些？

扫一扫看思维拓展：三种金属应变片的特点

> **小贴士：金属应变片与半导体应变片的区别**
>
> （1）原理不同：金属应变片的工作原理是利用导体形变引起电阻的变化（金属应变效应），半导体应变片的工作原理是利用半导体电阻率的变化引起电阻的变化（压阻效应）。
> （2）金属应变片的优点有制作方便、温度稳定性好和可重复性好等，缺点有灵敏度低、横向效应等；
> （3）半导体应变片的优点有灵敏度高、机械滞后小、横向效应小和体积小等，缺点有温度稳定性差、灵敏系数非线性明显等。

2）应变片的结构

下面以常用的金属丝电阻应变片为例来介绍应变片的结构，如图 3-12 所示。金属丝电阻应变片是由敏感栅、基底、覆盖层、引线和黏结剂等组成的。它的几何尺寸常用栅长（对应图 3-12 中的 l）、栅宽（对应图 3-12 中的 b）来表示。

传感器的应用与调试（立体资源全彩图文版）

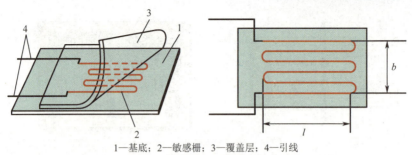

1—基底；2—敏感栅；3—覆盖层；4—引线

图 3-12　金属丝电阻应变片的结构图

（1）敏感栅：敏感栅的作用是将应变量转换成电阻量，要求敏感栅的灵敏系数大且稳定，电阻率高，电阻温度系数小，易加工成细丝和箔材，并且具有良好的焊接性能和抗氧化性能。敏感栅常用的材料有铜镍合金、镍铬合金等。

（2）基底：基底的作用是保持敏感栅、引线的几何形状及二者的相对位置，并使被测构件上的应变不失真地传递到敏感栅上。要求敏感栅与弹性体之间具有足够好的电绝缘性能。常用基底材料是纸或有机高分子材料，比如环氧树脂、酚醛树脂等。

（3）引线：引线的作用是连接敏感栅和测量电路。要求引线的灵敏系数大且稳定，电阻率高，电阻温度系数小，以及具有良好的焊接性能和抗氧化性能。引线表面要镀锡或镀银，常用的引线材料有紫铜。

（4）黏结剂：黏结剂的作用将敏感栅固定于基底上，并将盖片与基底粘贴在一起。不仅如此，当使用金属应变片时，也需用黏结剂将应变片基底粘贴在构件表面某个方向或位置上。要求黏结剂能够将构件受力后的表面应变传递给应变片的基底和敏感栅。常用的黏结剂分为有机黏结剂和无机黏结剂两类，有机黏结剂用于低温、常温和中温场合，常用的有聚丙烯酸酯、酚醛树脂、有机硅树脂、聚酰亚胺等；无机黏结剂用于高温场合，常用的有磷酸盐、硅酸盐、硼酸盐等。

小贴士：应变片的阻值

应变片的阻值是指在没有安装也不受外力的情况下，在室温环境中测定的阻值。阻值大说明应变片可承受的电压值大，但增大阻值会使敏感栅的尺寸变大。常见应变片的阻值有 60 Ω、120 Ω、200 Ω、350 Ω、500 Ω、1 000 Ω，其中，以 120 Ω 和 350 Ω 最为常见。

应变片的粘贴

1. 准备工作

贴片前，请先准备好操作所需的工具：应变片、粘贴专用胶（如 CN 黏合胶等）、接线端子、试件、溶剂、清洁用纱布、电烙铁、焊锡、砂纸、记号笔、圆规、镊子、延长导线、万用表。

2. 粗略定位

大致确定应变片在试件上的粘贴位置。

3. 表面处理

去除试件表面的油脂、灰尘、油漆等，并用砂纸进行打磨，打磨区域要略大于粘贴面积。

砂纸推荐：不锈钢用 120~180 目；铝用 240~320 目。

在贴片位置用细砂纸打磨成与受力方向成 45°角的交叉纹，用于增加材料和应变片之间的摩擦，避免粘贴应变片时出现打滑的现象，并可在粘贴位置用记号笔做标记，如图 3-13 所示。

4. 精细清洁

用工业纱布或脱脂棉蘸取少量溶剂（如丙酮）沿一方向擦拭粘贴位置，直至新纱布擦拭后无污染为止，如图 3-14 所示。清洁完成后，一定要在试件表面再度氧化或污染前完成贴片工作。

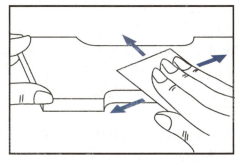
图 3-13　45°角的交叉纹打磨

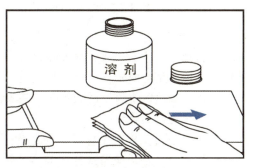
图 3-14　45°角精细清洁

5. 涂黏合胶

从包装中取出应变片（塑料膜片不要丢掉），在应变片背面滴适量胶水，一般一滴即可。注意不要用手直接接触应变片和胶水，如图 3-15 所示。

黏合胶类固化迅速，应避免皮肤、衣物被粘到，慎防溅入眼内，使用时注意通风。

6. 按压固化

一手拿应变片对准画线位置，另一手拿塑料膜片快速固定应变片并用拇指用力按压应用片，因胶水会很快固化，该过程要快速进行，如图 3-16 所示。

固化时间取决于应变片、试件材料、环境温湿度和按压力度，一般需 20~60 s。

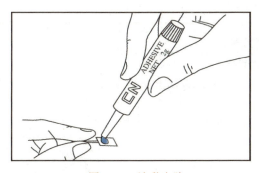
图 3-15　涂黏合胶

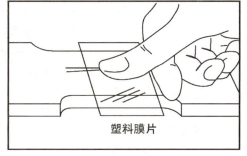
图 3-16　按压固化

7. 拉高引线末端

固化完成后，取下塑料膜片，小心去除应变片周围多余的胶水。将应变片引线末端拉高，注意不要将引线拉断，可用镊子固定住接近焊点处的引线，如图 3-17 所示。

8. 粘贴接线端子

在距离应变片 3~5 mm 处粘贴接线端子，如图 3-18 所示。

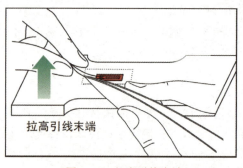

图 3-17　拉高引线末端

图 3-18　粘贴接线端子

9. 焊接引线

将引线置于端子上方，使用电烙铁加焊锡将端子与引线牢固地焊接在一起，注意使引线保持一定的松弛度，多余导线用镊子夹断，如图 3-19 所示。

焊接完成后，使用万用表检查，将表笔两头分别放置在端子两极，观察示值。

10. 焊接延长导线

导线一般由多根铜线构成，容易散开。散开的铜线极易同时碰触到两根应变片引线及试件表面，造成短路或电阻异常，因此需要为导线上锡，使之拧成一股，方便焊接，如图 3-20 所示。请不要过度加热端子，否则会使金属箔剥离。

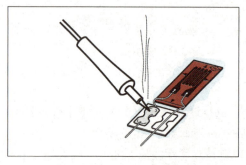

图 3-19　焊接引线

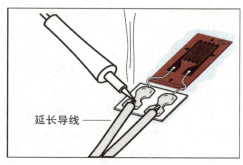

图 3-20　焊接延长导线

特别提醒

如果在特殊环境（如潮湿、腐蚀等）下测量，还需要使用防护涂料或者胶带对应变片做进一步的防护处理。

2. 应变片的工作原理

应变片的工作原理就是应变效应，而应变效应是指当应变片在外力作用下发生机械变形时，其阻值也会发生相应的变化。

扫一扫看微课
视频：电阻应变效应

为了说明该工作原理，如图 3-21 所示，取一根长度为 L、截面积为 S、电阻率为 ρ 的金属丝，它未受力时的阻值为

$$R = \frac{\rho L}{S} \tag{3-1}$$

当电阻丝受到拉力 F 的作用时，轴向产生的应变 ε 为

项目3 力传感器的应用与调试

$$\varepsilon = \frac{dL}{L} \quad (3\text{-}2)$$

由材料力学的知识可知，径向应变 ε_r 为

$$\varepsilon_r = -\mu\varepsilon \quad (3\text{-}3)$$

此时，对应的阻值相对变化量为

$$\frac{dR}{R} = \frac{d\rho}{\rho} + \frac{dL}{L} - \frac{dS}{S} = \frac{d\rho}{\rho} + \frac{dL}{L}(1+2\mu) = \frac{d\rho}{\rho} + \varepsilon(1+2\mu) \quad (3\text{-}4)$$

将微分 dR、$d\rho$、dL 改写成增量 ΔR、$\Delta\rho$、ΔL，则

$$\frac{\Delta R}{R} = \left(1+2\mu+\frac{\frac{\Delta\rho}{\rho}}{\frac{\Delta L}{L}}\right)\frac{\Delta L}{L} = K_S\varepsilon \quad (3\text{-}5)$$

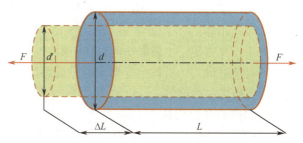

图 3-21 金属丝受力后的参数变化图

式中，μ 为电阻丝材料的泊松系数；ε 为电阻丝的轴向应变；K_S 为电阻丝的灵敏系数。

实验表明：在金属丝拉伸比例极限内，阻值相对变化量与轴向应变成正比，通常 K_S 的取值范围是 1.8～3.6。

> **特别提醒**
>
> 当金属丝被做成敏感栅之后，其电阻应变特性与直线时不同，这主要是由于受到横向效应的影响，但在很大范围内，$\Delta R/R$ 与 ε 仍有较好的线性关系，即 $\Delta R/R=K\varepsilon$。其中，K 为电阻应变片的灵敏系数。

由于横向效应的影响，应变片的灵敏系数 K 恒小于同一材料金属丝的灵敏系数 K_S。

> **小贴士：金属材料和半导体材料的灵敏系数的比较**
>
> K_S 由两部分组成，前一部分是 $1+2\mu$，它由材料的几何尺寸变化引起，一般金属材料的泊松系数 $\mu\approx0.3$，因此 $1+2\mu\approx1.6$；后一部分是 $(\Delta\rho/\rho)/(\Delta L/L)$，它是由单位应变引起的电阻率变化。
>
> 对于金属材料，以前者为主，则 $K_S\approx1+2\mu$，而对于不同的金属材料，K_S 略微不同，一般为 2 左右；对于半导体材料，K_S 主要由电阻率相对变化量决定。半导体材料的灵敏度比金属材料大几十倍。

案例分析1： 某传感器弹性元件在额定载荷下产生应变 ε 为 1000×10^{-6}，应变片的阻值为 120 Ω，灵敏系数 $K=2$，计算阻值相对变化量。

解：阻值相对变化量为

$$\Delta R/R = K\varepsilon = 2\times1000\times10^{-6} = 2\times10^{-3} = 0.2\%$$

阻值相对变化量只有 0.2%。这样小的电阻变化，用一般测量电阻的仪表很难直接测出来，必须采用专门的测量电路，最常用的电路为电桥电路。

3. 电阻应变式传感器的测量电路

电阻应变式传感器要得到输出的具体电

扫一扫看微课视频：电阻应变片的测量电路

扫一扫看教学课件：电阻应变片的测量电路

信号，必须要经过测量转换电路，常用的测量转换电路有单臂电桥电路、差动双臂电桥电路及差动全桥电路三种。

1）单臂电桥电路

在图 3-22 所示的直流电桥电路中，当 RL→∞ 时，输出电压 U_o 应为

$$U_o = \frac{R_1 R_4 - R_2 R_3}{(R_1 + R_2)(R_3 + R_4)} U \tag{3-6}$$

由此可知，当电桥平衡，也就是输出电压 $U_o=0$ 时，应该满足 $R_2 R_3 = R_1 R_4$，即对应桥臂阻值的乘积相等。

为了计算方便，一般取 $R_1=R_2=R_3=R_4=R$，此时称该电桥为全等臂电桥。在这种情况下，电桥的灵敏度最大，所以全等臂电桥是传感器的常用形式，后面学习的三种电桥电路均是以全等臂电桥电路为例的。

单臂电桥是指电桥中只有一个臂接入应变片，其他三个桥臂上均为固定电阻。单臂电桥电路如图 3-23 所示，在没有受到外力作用时，$R_1=R_2=R_3=R_4=R$，假设 R_1 为接入应变片的电阻，工作时 R_1 增大了 ΔR_1，并且 $\Delta R_1 = \Delta R$，由此可得输出电压 U_o 为

$$U_o = \frac{R \cdot \Delta R}{2R(2R + \Delta R)} U = \frac{U}{2} \cdot \frac{\frac{\Delta R}{R}}{2 + \frac{\Delta R}{R}} \tag{3-7}$$

通常阻值变化量很小，即 $\Delta R/R \ll 1$，此时对应的输出电压的计算公式可简化为

$$U_o \approx \frac{1}{4} \cdot \frac{\Delta R}{R} \cdot U \tag{3-8}$$

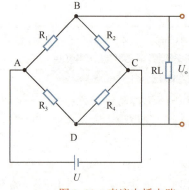
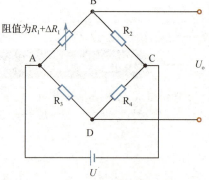

图 3-22　直流电桥电路　　　　图 3-23　单臂电桥电路

2）差动双臂电桥电路

差动双臂电桥是指在电桥的相邻两个臂中接入工作应变片，且对于同一被测量，相邻的两个桥臂表现出大小相等、极性相反的响应。差动双臂电桥电路如图3-24所示，R_1增大了 ΔR_1，而 R_2 减小了 ΔR_2，且 $\Delta R_1 = \Delta R_2 = \Delta R$。由此可得差动双臂电桥电路的输出电压 U_o 为

$$U_o = \frac{1}{2} \cdot \frac{\Delta R}{R} \cdot U \tag{3-9}$$

3）差动全桥电路

差动全桥是指电桥的四个桥臂均接入应变片，且对于同一被测量，相邻的两个桥臂表现出大小相等、极性相反的响应，而相对的两个桥臂表现出大小相等、极性相同的响应。差动

全桥电路如图 3-25 所示,即 R_1 和 R_4 分别增大了 ΔR_1 和 ΔR_4,而 R_2 和 R_3 分别减小了 ΔR_2 和 ΔR_3,且 $\Delta R_1=\Delta R_2=\Delta R_3=\Delta R_4=\Delta R$。由此可得差动全桥电路的输出电压 U_o 为

$$U_o = \frac{\Delta R}{R}U \tag{3-10}$$

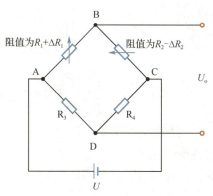
图 3-24 差动双臂电桥电路

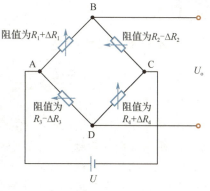
图 3-25 差动全桥电路

特别提醒

差动全桥电路中受同方向应变的应变片必须接在电桥的相对桥臂上,受反方向应变的应变片必须接在电桥的相邻桥臂上。

小结论:差动全桥电路的输出电压特性也是呈线性关系,且灵敏度是单臂电桥电路的 4 倍,是差动双臂电桥电路的 2 倍。

案例分析 2:接入的一个电阻应变片 $R=120\ \Omega$,灵敏系数 $K=2.05$,用作应变 ε 为 800×10^{-6} 的传感元件。

(1) 求 ΔR 与 $\Delta R/R$。
(2) 若电源电压 $U=3$ V,求其单臂电桥电路(见图 3-23)的非平衡输出电压 U_o。
解:(1) $\Delta R/R = K\varepsilon = 2.05\times800\times10^{-6} = 1.64\times10^{-3}$,则 $\Delta R = 1.64\times10^{-3}\times120 \approx 0.197\ \Omega$。

(2) $U_o \approx \frac{1}{4}\cdot\frac{\Delta R}{R}\cdot U = \frac{1}{4}\times1.64\times10^{-3}\times3 = 1.23$ mV。

电阻应变式传感器的质量检测

通常电阻应变式称重传感器有四根导线(两根电源线和两根信号线),信号输出与负载质量呈线性关系。

1. 测量电阻

首先,不要给传感器供电,用万用表测量电阻,测量传感器两根电源线之间的电阻,为几百欧姆。然后,测量两根信号线之间的电阻,与电源线之间的电阻相似,也是几百欧姆。

2. 测量输出电压

首先,给传感器加上额定电源,用万用表测量信号线的输出电压 U_0。然后,向传

感器添加一个固定质量的物体，以测量输出电压 U_1。接着，将另一个同样质量的物体添加到传感器中，测量输出电压 U_2。最后，分析 U_0、U_1 和 U_2 之间的关系，如果 U_1-U_0 和 U_2-U_1 的值接近，那么传感器质量基本合格；如果差异明显，那么传感器有问题。

拓展篇

3.1.3 认识压电式传感器

1. 压电式传感器的工作原理

1）压电效应

压电式传感器是以电介质的压电效应为基础的，当有外力作用时，在电介质表面会产生电荷，从而实现对非电量的测量，该传感器是一种典型的发电型（也称有源型）传感器。

正压电效应是指在给某些电介质晶体沿着一定方向施加力时，晶体在产生形变时，内部会产生极化现象，同时在它表面会产生符号相反的等量异性电荷；在去掉外力后，晶体又重新恢复不带电状态；在作用力的方向改变时，电荷的极性也随之改变，具体如图 3-26 所示。

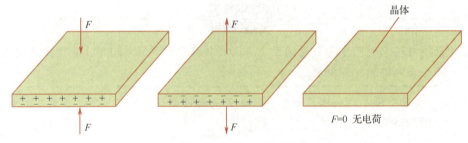

图 3-26 正压电效应示意图

逆压电效应（也称电致伸缩效应）是指在介质极化的方向上施加电场时，电介质会产生变形，将电能转化成机械能，在外加电场撤去时，变形或应力也随之消失。

换句话说，压电元件可以将机械能转化为电能，也可以将电能转化为机械能，如图 3-27 所示。将机械能转化为电能被称为正压电效应，而将电能转化为机械能被称为逆压电效应。

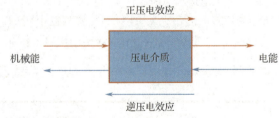

图 3-27 压电效应的可逆性

2）压电材料

压电材料主要有三类，如表 3-1 所示。第一类是无机压电材料，它分为压电晶体和压电陶瓷，分别如图 3-28（a）和图 3-28（b）所示。压电晶体一般是指压电单晶体，压电陶瓷则泛指压电多晶体。第二类是有机高分子压电材料，又称压电聚合物，如聚偏氟乙烯（PVDF）压电薄膜及以它为代表的其他有机压电薄膜材料，如图 3-28（c）所示。第三类是复合压电材料，它是由两相或多相材料复合而成的，通常为由压电陶瓷和聚合物（PVDF 或环氧树脂）组成的复合材料，如图 3-28（d）所示。这类材料是在有机聚合物基底材料中嵌入片状、棒状、杆状或粉末状压电材料而形成的。

项目3 力传感器的应用与调试

表 3-1 三类压电材料的比较

压电材料产品			
压电材料分类		主要材料	性能介绍
无机压电材料	压电晶体（单晶）	主要有石英晶体（SiO_2）、水溶性压电晶体（酒石酸钾钠）及铌酸锂晶体	压电晶体的性能稳定，造价高昂，一般用于制造标准仪器或精度要求较高的传感器
	压电陶瓷（多晶）	按组成它的基本元素的多少分为二元系压电陶瓷、三元系压电陶瓷、四元系压电陶瓷等	压电陶瓷由于制作工艺简单、耐潮湿、耐高温，压电常数为石英晶体的几倍，灵敏度较高，在检测技术、电子技术和超声领域中应用普遍
有机高分子压电材料		大致分为两类：一类是某些合成高分子聚合物，另一类是高分子化合物中掺杂压电陶瓷或钛酸钡（$BaTiO_3$）粉末制成的高分子压电薄膜	有机高分子压电材料的独特优点是质轻柔软、抗拉强度高、蠕变小、耐冲击（击穿强度为 150～200 kV/mm），以及可以大量生产和较大面积地制作，在水声超声测量、压力传感、引燃引爆等方面有所应用
复合压电材料		通常为由压电陶瓷和聚合物（PVDF 或环氧树脂）组成的复合材料	复合压电材料兼有压电陶瓷和聚合物材料的优点，与传统的压电陶瓷或压电晶体相比，它具有更好的柔顺性和机械加工性能，易于加工成型，且密度小、声速低；与聚合物材料相比，其压电常数和机电耦合系数较高，因此灵敏度较高。复合压电材料已在水声、电声、超声、医学等领域得到广泛应用

(a) 压电晶体

(b) 压电陶瓷

(c) PVDF 压电薄膜

(d) 复合压电材料

图 3-28 压电材料

扫一扫看教学动画：纵向压电效应

扫一扫看教学动画：横向压电效应

3）石英晶体的压电效应

天然的、人工的石英晶体都属于单晶体，化学式为 SiO_2，外形无论再小都呈六面体，如图 3-29 所示。从晶体上沿 y 轴方向（见图 3-30）

切下一块图 3-31 所示的晶片,当沿 x 轴(也称电轴)方向施加作用力时,在与 x 轴垂直的平面上将产生电荷 Q_x,这种现象被称为纵向压电效应,如图 3-32(a)、(b)所示。电荷大小为

$$Q_x = d_{11}F_x \tag{3-11}$$

式中,d_{11} 为 x 轴方向受力的压电系数;F_x 为沿 x 轴方向的作用力。

若在同一切片上沿 y 轴(机械轴)方向施加作用力,则仍在与 x 轴垂直的平面上产生电荷 Q_y,这种现象被称为横向压电效应,如图 3-32(c)、(d)所示。电荷大小为

$$Q_y = \frac{a}{b}d_{12}F_y = -\frac{a}{b}d_{11}F_y \tag{3-12}$$

式中,d_{12} 为 y 轴方向受力的压电系数,$d_{12}=-d_{11}$;a、b 分别为晶体切片的长度、厚度;F_y 为沿 y 轴方向的作用力。

沿 z 轴(光轴)方向施加作用力,无电荷产生,不产生压电效应。

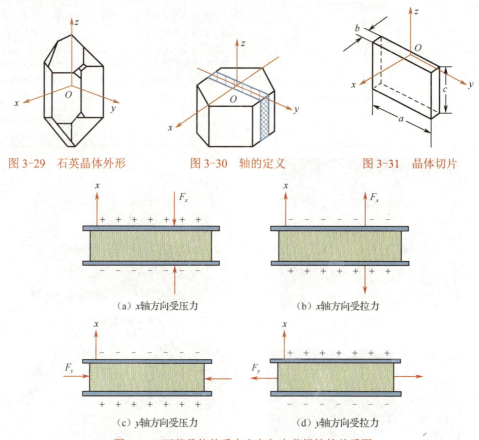

图 3-29　石英晶体外形　　图 3-30　轴的定义　　图 3-31　晶体切片

(a) x 轴方向受压力　　(b) x 轴方向受拉力

(c) y 轴方向受压力　　(d) y 轴方向受拉力

图 3-32　石英晶体的受力方向与电荷极性的关系图

小结论:

(1)晶体在某个方向上有正压电效应,则在此方向上一定存在逆压电效应。

(2)当沿 x 轴方向施加力时,产生的电荷只与作用力成正比,而与晶片的几何尺寸无关。

(3)当沿 y 轴方向施加力时,产生的电荷与几何尺寸有关。

(4)不论是沿 x 轴方向还是沿 y 轴方向的压电效应,产生的电荷全部在垂直于 x 轴的平面上。

(5)电荷 Q_x 和 Q_y 的符号由作用力的性质决定,大小与作用力的大小成正比。

4）压电陶瓷的压电效应

压电陶瓷属于铁电体一类的物质，是人工制造的多晶压电材料，它具有类似铁磁材料磁畴结构的电畴结构。它的压电灵敏度比石英晶体要高得多，而制造成本较低，因此目前国内外生产的压电元件绝大多数都采用压电陶瓷。

压电陶瓷的压电机理与压电晶体不同，材料的内部晶粒有许多自发极化的电畴，这些电畴有一定的极化方向。压电陶瓷的极化如图3-33所示，当无电场作用时，电畴在晶体中杂乱分布，极化相互抵消，呈中性；当施加外电场时，电畴的极化方向发生转动，趋向外电场作用方向排列；当外电场强度达到饱和程度时，所有电畴的极化方向与外电场方向一致；若去掉外电场，电畴的极化方向基本不变，剩余极化强度很大。所以，压电陶瓷只有在极化后才具有压电特性，在未极化时是非压电体。压电陶瓷经强电场极化处理后，它的压电效应非常明显，具有很高的压电系数，为石英晶体的几百倍。

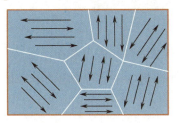
（a）未极化的压电陶瓷

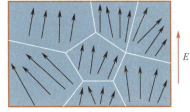
（b）正在极化的压电陶瓷

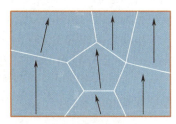
（c）极化后的压电陶瓷

图3-33 压电陶瓷的极化

> ### 小科普：压电陶瓷的极化
>
> 人工极化处理的作用就是在压电陶瓷上加一个足够高的直流电场，并保持一定的温度和时间，迫使其自发极化为定向排列。极化过程要合理选择极化条件，极化条件即极化电场、极化温度和极化时间，简称极化三要素。
>
> 1. 极化电场
>
> 只有在极化电场作用下，电畴才能沿电场方向取向排列，所以极化电场是极化条件中的主要素。极化电场强度越高，促使电畴排列的作用就越大，极化也就越充分。但配方不同（主要指极化温度和极化时间的不同），极化电场强度的高低应该不同。
>
> 2. 极化温度
>
> 在实际选择极化温度时，都以温度高些为好，这是因为提高极化温度可以缩短极化时间，从而提高极化效率。但配方不同（主要指极化电场和极化时间的不同），极化温度的高低应该不同。
>
> 3. 极化时间
>
> 不同材料的极化时间是不同的，对于同一种材料，极化时间与极化电场、极化温度有关。电场强、温度高，所需极化时间就短；反之，所需极化时间就长。
>
> 综合考虑，确定极化条件应该以兼顾充分发挥压电性能，提高成品率和节省时间为原则。在压电陶瓷的研发与生产中，极化条件一般选为：极化电场强度1.5～5 kV/mm，极化温度100～180 ℃，极化时间10～60 min。

2. 压电式传感器的电路

1）压电元件的连接方式

在实际应用中，为了提高灵敏度，常常把两片、四片压电元件组合在一起使用。由于压电材料有极性，因此在连接时可以采用并联连接和串联连接两种方式。

并联连接如图3-34（a）所示，按"+--+"方式连接，此时，电压不变，电荷会增加一倍，电容也会增加一倍，故这种传感器适用于测量缓变信号及以电荷为输出的信号。

串联连接如图3-34（b）所示，按"+-+-"方式连接，此时，电压增加

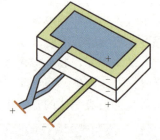
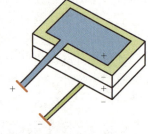

(a) 并联连接　　　　　　　　(b) 串联连接

图3-34　压电元件的连接方式

一倍，电荷不变，电容会变为原来的一半，故这种传感器适用于测量以电压为输出的信号和频率较高的信号。

2）压电式传感器的等效电路

由于压电晶体承受被测机械力的作用时，在它的两个极板上出现极性相反但电量相等的电荷。所以，如图3-35所示，可以把压电式传感器看作一个电容为C_a的电容器。两个极板间的电压U为

$$U = \frac{Q}{C_a} \quad (3\text{-}13)$$

式中，Q为电荷。

等效电容C_a为

$$C_a = \frac{\varepsilon S}{\delta} \quad (3\text{-}14)$$

式中，ε为两极板间介质的介电常数；S为两个极板的有效面积；δ为极距。

据此，压电式传感器可等效为两种情况，如图3-36所示，一种是电荷源Q和电容C_a并联，另一种是电压源U与电容C_a串联。

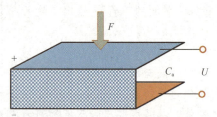
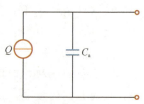

图3-35　压电式传感器等效电容　　　(a) 电压源与电容串联　　(b) 电荷源与电容并联

图3-36　压电式传感器等效电路

3）压电式传感器的测量电路

由于压电式传感器的输出电信号很微弱，因此通常先把传感器信号输入高输入阻抗的前

置放大器中，经阻抗交换后，方可用一般的放大检波电路将信号输入指示仪表或记录器中。前置电路有两个作用：一是放大微弱的信号；二是阻抗变换，把传感器的高阻抗输出变换为低阻抗输出。

前置放大器电路有两种形式：一种是用电阻反馈的电压放大器，其输出电压与输入电压（传感器的输出）成正比；另一种是用带电容板反馈的电荷放大器，其输出电压与输入电荷成正比。

电压放大电路及其等效电路如图 3-37 所示，C_a 为传感器的等效电容，R_a 为传感器的漏电阻，C_c 为连接电缆的等效电容，R_i 为放大器的输入电阻，C_i 为放大器的输入电容。等效电阻 R 为 R_i 和 R_a 的并联电阻，且 $R = R_a R_i / (R_a + R_i)$。等效电容 C 为 C_c 和 C_i 的并联电容，且 $C = C_c + C_i$。

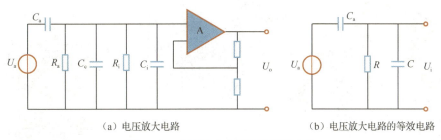

（a）电压放大电路　　　　　　（b）电压放大电路的等效电路

图 3-37　电压放大电路及其等效电路

用电阻反馈的电压放大器，其输出电压与输入电压（传感器的输出）成正比，电路简单，元件少，价格低廉，工作可靠，但是电缆长度对传感器测量精度的影响较大，在一定程度上限制了压电式传感器在某些场合的应用。

电荷放大电路如图 3-38 所示，它的输出电压 U_o 为

$$U_o = \frac{AQ}{C + (1+A)C_f} \approx -\frac{Q}{C_f} \quad (3\text{-}15)$$

式中，A 为放大器的放大倍数。

可以看出，输出电压只取决于输入电荷 Q 和反馈电容 C_f，输出电压与输入电荷 Q 成正比，与反馈电容 C_f 成反比，而与连接电缆的等效电容 C_c 无关。因此，对电荷

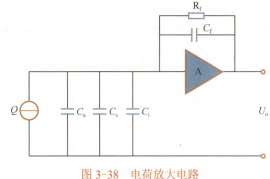

图 3-38　电荷放大电路

放大器而言，电缆长度变化的影响可以忽略，并且允许使用长电缆工作，这是电荷放大器的突出优点。它的缺点是电路复杂、价格高昂。

真的努力

真的努力，就是"努力就好"，努力本身就是努力的追求，努力本身就是努力的结果，暂时的停滞，漫长的等待，他人的不解，庸人的反对，恶意的嘲笑，都无法让我停止努力，做一天和尚，我必敲一天钟。

扫一扫进入心灵驿站：真的努力

传感器的应用与调试（立体资源全彩图文版）

研析应用

典型案例16　圆柱式力传感器的应用

圆柱式力传感器常被用在图3-39所示的电子吊车秤等称重测力系统中。在传感器的轴向布置一个或几个应变片，在圆周方向布置同样数目的应变片，后者取符号相反的横向应变，从而构成差动对，如图3-40所示。在外力作用下，弹性元件产生微小的机械变形，贴在弹性元件上的应变片发生相同的变化，同时应变片的阻值发生相应变化。测得应变片的阻值变化量 ΔR，便可得到被测对象的应变值，进而得到产生该应变的外力 F。

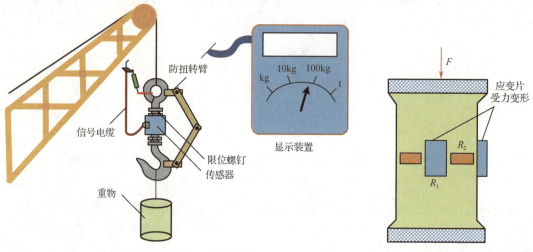

图3-39　电子吊车秤的结构图　　　　图3-40　圆柱式力传感器的结构图

典型案例17　悬臂梁式测力传感器的应用

悬臂梁是一端固定、一端自由的弹性元件，它的特点是灵敏度比较高，所以多用于较小力的测量。图3-41所示的电子秤中就多采用悬臂梁，当力以垂直方向作用于电子秤中的铝质悬臂梁的末端时，梁的上表面产生拉应变，下表面产生压应变，上下表面的应变大小相等、符号相反。粘贴在上下表面的应变片也随之拉伸和缩短，得到正负相间的阻值的变化，将应变片输出的电阻接入电桥电路后，就能产生输出电压。

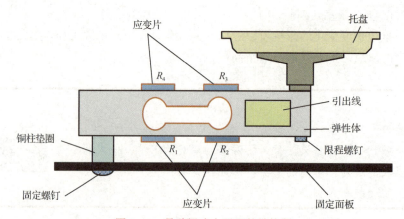

图3-41　悬臂梁式电子秤的结构图

项目 3　力传感器的应用与调试

典型案例 18　称重传感器的应用

电子汽车衡主要由承载器、称重传感器、称重显示仪表、连接件、限位装置及接线盒等零部件组成，还可以选配打印机、大屏幕显示器、计算机和稳压电源等外部设备。承重和传力部分将物体的质量信号传递给称重传感器的全部装置，包括称重台面、吊挂连接单元、安全限位装置、地面固定件和基础设施等。称重传感器在称重平台和基础之间，它将称量的物体的质量转换为相应的电信号，并通过信号电缆将该信号输出到称重显示仪表以进行称重测试。称重显示仪表用来测量称重传感器输出的信号，对信号进行处理后，以数字形式输出数据。数据采集器用于对传感器的质量信号进行处理，还可用于系统的标定及数据的传输（传输给 GPS 及称重显示仪表）。

电子汽车衡的构成图如图 3-42 所示，称重货车停在称重平台上，在重力作用下，称重平台将重力传递给传感器，传感器上附着的弹性体变形，弹性体应变梁和桥梁路面上的应变电阻失去平衡，输出与质量成比例的电信号，该信号通过线性放大器放大，然后通过 A/D 转换成为数字信号。系统经过微处理，直接显示质量，在配置好打印机后，即可打印称重数据。

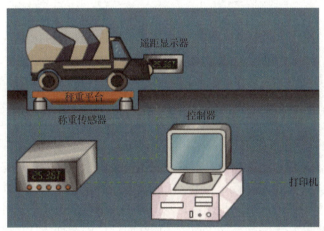

图 3-42　电子汽车衡的构成图

典型案例 19　应变式加速度传感器的应用

应变式加速度传感器由端部固定并带有惯性质量块 m 的悬臂梁、贴在梁根部的应变片、基座及外壳等组成。当被测点的加速度的方向为图 3-43 中箭头所示的方向时，假定该方向为正方向，悬臂梁自由端受惯性力 $F=-ma$ 的作用，质量块沿与 a 相反的方向相对于基座运动，使梁发生弯曲变形，应变片电阻也发生变化，产生输出信号，输出信号的大小与加速度成正比。

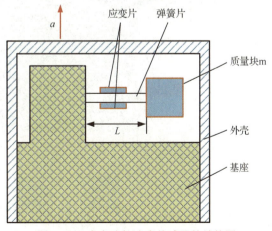

图 3-43　应变式加速度传感器的结构图

典型案例20　高分子压电电缆的应用

将高分子压电电缆埋在公路上,可以用于获取车型分类信息(包括轴数、轴距、轮距、单/双轮胎)、车速监测、交通数据信息采集(道路监控)等。压电电缆测速的原理图如图3-44所示,将两根高分子压电电缆相距若干米(这里假定2 m),平行埋设于柏油公路的路面下约5 cm处,可以用来测量车速及汽车的载重量,还可以结合存储在计算机内部的档案数据来判定汽车的车型。

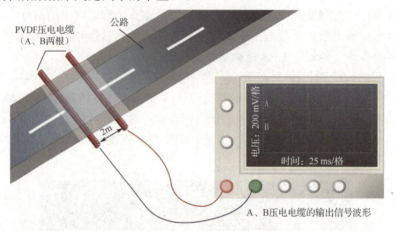

图3-44　压电电缆测速的原理图

思考一刻：根据图3-44所示的输出信号波形,如何计算汽车的车速及前后轮胎的间距?

典型案例21　玻璃破碎报警器的应用

玻璃破碎报警器可用于文物保管、贵重商品保管及其他商品的柜台保管等场合。玻璃破碎报警器的电路框图如图3-45所示,使用时,将传感器用胶粘贴在玻璃上,然后通过电缆和报警电路相连。这里用到的压电式传感器是专门用于检测玻璃破碎的一种传感器,它利用压电元件对振动敏感的特性来感知玻璃受撞击和破碎时产生的振动波。传感器把振动波转换成电压再输出,输出电压经放大、滤波、比较等处理后被提供给报警系统。

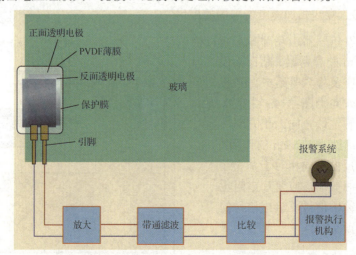

图3-45　玻璃破碎报警器的电路框图

项目 3　力传感器的应用与调试

> **特别提醒**
>
> 由于玻璃振动的波长在音频和超声波的范围内，这就使带通滤波器成为电路中的关键，要求它对选定的频谱通带的衰减要小，而频带外衰减要尽量大。只有当传感器的输出信号高于设定的阈值时，才会输出报警信号，进而驱动报警执行机构工作。

典型案例 22　汽车安全气囊系统的应用

常用的汽车安全气囊系统由碰撞加速度传感器、电子控制单元（ECU）、气体发生器及气囊等构成，如图 3-46 所示。碰撞传感器这里采用压电式加速度传感器，它对汽车的正向减速度进行连续测量，并将测量结果输送给 ECU。ECU 内部有一套复杂的碰撞信号处理程序，能够确定汽车安全气囊是否需要膨开。若需要汽车安全气囊膨开，则 ECU 会接通点火电路，安全传感器同时闭合，引发器接通，最后气囊膨开。

当汽车在行驶过程中发生碰撞事故时，首先由碰撞传感器接收撞击信号，只要达到规定的强度，传感器即产生动作并向 ECU 发出信号。ECU 接收到信号后，比较该信号与 ECU 的原存储信号，假如达到气囊展开的条件，则由驱动电路向气囊组件中的气体发生器送出启动信号。气体发生器接到信号后引燃气体发生剂，产生大量气体，这些气体经过滤并冷却后进入气囊，使气囊在极短的时间内突破衬垫迅速展开。在驾驶员或乘员的前部形成弹性气垫，并及时泄漏、收缩，吸收冲击能量，从而有效地保护人体头部和胸部，使人体免于伤害或减轻伤害程度。

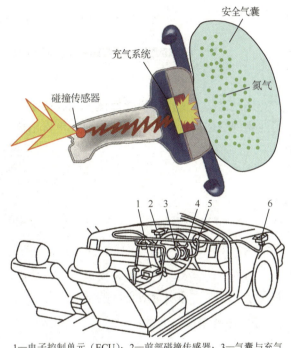

1—电子控制单元（ECU）；2—前部碰撞传感器；3—气囊与充气装置；4—螺旋电缆；5—气囊报警灯；6—前部碰撞传感器

图 3-46　汽车安全气囊系统构成图

设计调试

提升篇

 　扫一扫进行电阻应变式传感器研析应用测试

　扫一扫看虚拟仿真视频：应变传感器测量系统的调试

　扫一扫看微课视频：应变传感器测量系统的调试

3.1.4　悬臂梁式称重传感器系统的调试

1. 系统的构成与原理

悬臂梁式称重传感器系统的调试需要用到应变传感器模块、托盘、砝码、数字显示电压表、±15 V 电源、±4 V 电源、万用表等仪器。

悬臂梁式称重传感器的结构图如图 3-47 所示，将四个金属铂应变片分别贴在悬臂梁式

111

弹性体的上下两侧，弹性体受到压力的作用发生形变，应变片随弹性体形变被拉伸或被压缩。

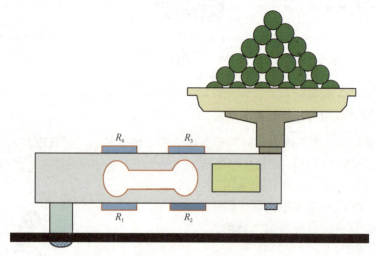

图 3-47　悬臂梁式称重传感器的结构图

通过这些应变片转换弹性体被测部位受力状态的变化，再利用电桥的作用完成电阻到电压的比例变化，若由应变片构成一个单臂电桥，$\Delta R \ll R$，输出电压为

$$U_o = \frac{E}{4} \cdot \frac{\frac{\Delta R}{R}}{1+\frac{1}{2}\cdot\frac{\Delta R}{R}} \approx \frac{E}{4} \cdot \frac{\Delta R}{R} \quad (3\text{-}16)$$

式中，E 为电源电压。式（3-16）表明：单臂电桥的输出特性曲线呈非线性，线性度为 $\delta = -\frac{1}{2}\cdot\frac{\Delta R}{R}\cdot 100\%$。

通过差动放大器对桥式转换电路输出的电压信号进行放大处理后，再利用显示仪表输出并显示与所加物体质量成正比的电压信号。

2. 电路搭接与调试

（1）应变传感器上的各应变片已分别接到应变传感器模块左上方的 R_1、R_2、R_3、R_4 上，可用万用表测量并判别，$R_1=R_2=R_3=R_4=350\ \Omega$。

（2）差动放大器调零。从主控台接入±15 V 电源，检查无误后，合上主控台电源开关，将差动放大器的 U_i 端短接并与地短接，输出电压 U_{o2} 接数字电压表（选择 200 mV 挡）。将电位器 RP_4 调到增益最大的位置（顺时针转到底），调节电位器 RP_3 使电压表显示 0，关闭主控台电源。

> **特别提醒**
>
> RP_3、RP_4 的位置一旦确定不能改动。

（3）按图 3-48 连线，将应变式传感器的其中一个应变电阻（如 R_1）接入电桥，使其与 R_5、R_6、R_7 构成一个单臂直流电桥。

（4）加上托盘后，电桥调零。电桥输出接到差动放大器的 U_i 端，检查接线无误后，合上主控台电源开关,预热 5 min,调节 RP₁ 使电压表显示 0。

(5)在应变传感器的托盘上放置一只砝码,读取数字电压表的数值,依次增加砝码和读取相应的数字电压表数值,直到 200 g 砝码加完,并将调试结果填入表 3-2 中。

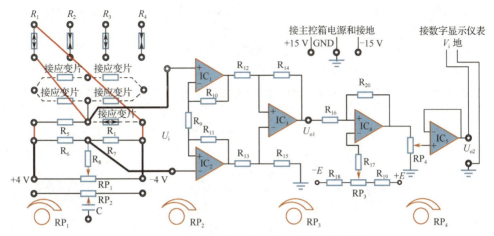

图 3-48 悬臂梁式称重传感器系统的接线图

表 3-2 系统调试数据记录表

质量/g	0	20	40	60	80	100	120	140	160	180	200
U_{o2}/mV（正,从小到大）											
U_{o2}/mV（反,从大到小）											
平均值/mV											

3. 数据分析

(1)根据表 3-2 中的数据计算系统灵敏度 $K=\Delta U/\Delta m$（ΔU 为输出电压变化量,Δm 为质量变化量）。

(2)计算单臂电桥输出特性曲线的线性度:

$$\delta = \frac{\Delta_{max}}{y_{FS}} \times 100\%$$

式中,Δ_{max} 为输出值(多次测量时为平均值)与拟合直线的最大偏差;y_{FS} 为满量程(200 g)输出平均值。

4. 拆线整理

断开电源,拆除导线,整理工作现场。

5. 考核评价

思考一刻:若将前面的调试电路换成差动双臂电桥调试电路和差动全桥调试电路,电路应该如何搭接?它们对应的输出电压和前面的输出电压之间有何关系?

拓展驿站：压电式传感器振动测试系统的调试

为了掌握压电式传感器测量振动的原理和方法，需要利用振动源、信号源、直流稳压电源、压电式传感器模块、移相检波低通模块等设备完成压电式传感器振动测试系统的调试。具体调试过程如下：

（1）将压电式传感器安装在振动梁的圆盘上。

（2）将振荡器的"低频输出"接到三源板的"低频输入"处，并按图3-49接线，合上主控台电源开关，调节低频调幅到最大、低频调频到适当位置，使振动梁的振幅逐渐增大。

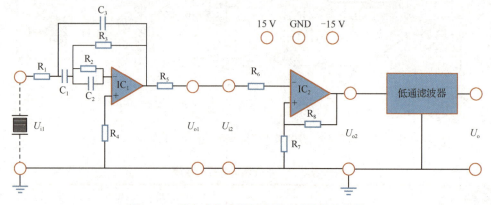

图 3-49　压电式传感器振动测试系统的接线图

（3）将压电式传感器的输出端接压电式传感器模块的 U_{i1} 端，U_{o1} 接 U_{i2}，U_{o2} 接移相检波低通模块低通滤波器的输入端，输出电压 U_o 接示波器，观察压电式传感器的输出电压 U_o 的波形。

（4）按表3-3改变低频输出信号的频率，记录在振动源不同振动幅度下压电式传感器输出信号波形的频率和幅值，并由此得出振动系统的共振频率。

表 3-3　系统调试数据记录表

振动频率/Hz	6	7	8	9	10	11	12	13	14	15	16
U_{p-p}/V											

特别提醒

振动梁的谐振频率取决于振动梁自重及所有外力，因此谐振频率未必是一个整数点，有可能出现非整数点的谐振频率，共振频率以实际测量为准。

创新篇

3.1.5　电阻应变式传感器称重电路的设计与调试

扫一扫看微课视频：
电阻应变式传感器称重系统的设计与调试

1. 目的与要求

利用电阻应变式传感器设计一种称重电路，并对该电路进行分析、调试。通过该任务，

项目 3 力传感器的应用与调试

使学生加深对电阻应变片的结构、工作原理及典型应用的理解,能够对集成电路、电子元器件、电阻应变式传感器进行正确识别和质量检测,掌握电阻应变式传感器典型应用电路设计与调试的方法。

称重系统的测量范围为 0~100 g,测量精度为±1 g。

2. 系统的构成与原理

这里要用到的器材设备主要有电阻应变式传感器应用模块、仪表放大器 AD8237、运算放大器 AD8629、电压跟随器 AD8615、数字显示仪表、数字万用表、标准砝码及若干导线。

电阻应变式传感器称重系统的电路图如图 3-50 所示,该电路主要由电阻应变式传感器、信号调理电路、数字显示模块等组成。利用应变片将弹性元件的形变转换为阻值变化,再通过桥式转换电路将阻值变化转变成电压而输出。输出的电压信号经仪表放大器 AD8237 后,加入末级运算放大器进行零点调节(用 RP_2)、满度调节(用 RP_1),输出信号经过由 U_7 构成的二阶有源滤波器,最终在数字显示仪表中显示被测质量。

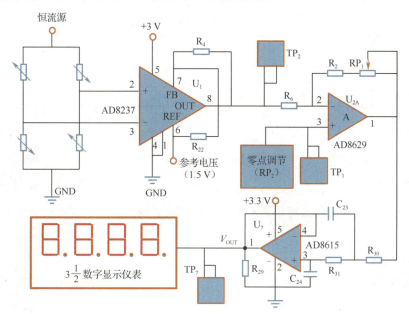

图 3-50 电阻应变式传感器称重系统的电路图

3. 电路搭接与调试

1)传感器的质量检测

在不供电的情况下,用万用表电阻挡测量传感器两条电源线之间电阻的阻值,为几百欧姆。然后测量两条信号线之间电阻的阻值,与电源线之间电阻的阻值类似,也是几百欧姆。

2)线路连接

将传感器按照要求接入应用模块中,然后通过导线将应用模块与数字显示仪表连接,在检查各部分线路连接无误后,依次接通平台电源、电阻应变式传感器应用模块电源。

3)质量零点调节

在托盘中未加重物的情况下,观察数字显示仪表的示值,若示值不为 0,为了使得测量数据更加精确,需要对系统进行零点调节,使用螺丝刀调节零点调节电位器 RP_2,直到数字显示仪表的示值为 0，则说明质量零点调节完成。

4）质量满度调节

在托盘中加载 100 g 砝码，观察数字显示仪表的示值，若示值不为 100，需要对系统进行满度调节，使用螺丝刀调节满度调节电位器 RP_1，使得数字显示仪表的示值为 100，则说明质量满度调节完成。

5）质量测量

将万用表调至电压挡，并将万用表接至输出电压端口 TP_7。逐渐在托盘中加载砝码，同时观察数字显示仪表及万用表示值的变化，并将调试结果填入表 3-4 中。

4. 数据分析

根据表 3-4 中的数据，绘制系统的输出电压与被测目标的质量之间关系的曲线图，并计算其线性度，同时计算系统的测量误差。

表 3-4　系统调试数据记录表

砝码质量/g	0	5	10	20	50	75	100
万用表示值							
数字显示仪表示值							

5. 拆线整理

断开电源，拆除导线，整理工作现场。

6. 考核评价

思考一刻：如果将传感器的绿线和白线（信号线）调换位置，万用表和数字显示仪表的测量结果会有什么变化？

测评总结

1. 任务测评

2. 总结拓展

该任务以飞机载荷测量系统为载体，引入电阻应变式传感器的应用与调试。任务 3.1 的总结图如图 3-51 所示，在探究新知环节中，主要介绍了力传感器的分类与原理，应变片的分类与结构、工作原理，以及电阻应变式传感器的测量电路；在拓展篇中，阐述了压电式传感器的工作原理及测量电路。在研析应用环节中，重点分析了电阻应变式传感器的四种典型应用及压电式传感器的三种典型应用。在设计调试环节中，实践了提升篇和创新篇的多个典型称重系统的调试任务。

通过对任务的分析、计划、实施及考核评价等，了解力传感器的分类与原理，掌握应变片的结构、分类、工作原理和电阻应变式传感器的测量电路，能够正确识别、选择电阻应变式传感器并对其进行质量检测，以及能够进行电阻应变式传感器典型应用的分析及电阻应变式传感器应用系统的调试。

项目 3　力传感器的应用与调试

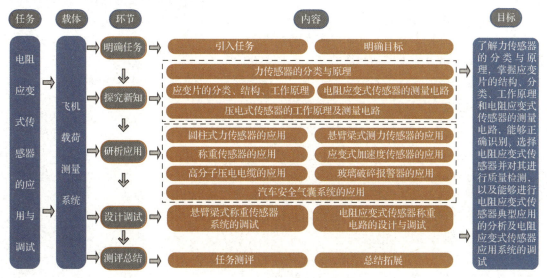

图 3-51　任务 3.1 的总结图

努力的意义

世界上什么都不公平，唯独时间最公平，如果整天不努力，不读书不运动，不节制消费，不自律，无兴趣无爱好，无目标无期望，生活是不会变好的，努力不是为了得到更多，而是为了人生有更多的选择。

努力的意义：大概就是当好运来临的时候，你觉得你值得。所以，从现在开始努力，一切都还来得及，别在最好的年纪，辜负了最好的自己。

学习随笔

任务 3.2　电容式传感器的应用与调试

明确任务

1. 任务引入

扫一扫看技能拓展：飞机燃油油量测控系统的发展

飞机燃油油量测控系统是飞机燃油保障系统的一个重要部分，它的测量结果是飞行员决定飞机飞行航程的依据之一。燃油油量测量系统传感器的功能是使飞行员在飞机水平飞行时，能够准确地测量每组油箱的剩余油量，以维持对飞机发动机的自动供油，从而使飞机能够正常飞行。电容式油量传感器是由一组同轴安装在一起的铝合金管组成的,它们相对于飞机的水平飞行状态,垂直于燃油油面而安装在油箱内,两个内外管相当于电容器的极板,需要保持一定的间隙,可以通过燃油油面的变化测量剩余油量。

那么什么是电容式传感器?它们是如何实现测量的?它们还有哪些应用呢?

2. 任务目标

◆ **知识目标**

掌握电容式传感器的结构、分类、工作原理、测量电路。

◆ **能力目标**

(1) 能够正确识别、选择电容式传感器并对其进行质量检测。
(2) 能够进行电容式传感器典型应用的分析及电容式传感器应用系统的调试。

◆ **素质目标**

(1) 通过小组协作完成工作任务,培养学生的职业素养及创新意识。
(2) 培养学生勤奋努力、孜孜不倦的精神。

探究新知

扫一扫看知识拓展:电容式传感器发展简史

基础篇

扫一扫看教学课件:认识电容式压力传感器

3.2.1 认识电容式传感器

1. 电容式传感器的结构与分类

电容式传感器是以各种类型的电容作为传感元件,将被测量的变化转换为电容量的变化,然后再通过一定的测量转换电路将此电容量的变化转换为电压、电流等电信号的输出,从而实现对被测量的测量,其结构图如图 3-52 所示。由此可见,电容式传感器的敏感部分就是具有可变参数的电容器。

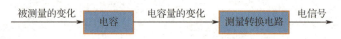

图 3-52 电容式传感器的结构图

电容器是由绝缘介质分开的两个平行金属板组成的,其结构图如图 3-53 所示,如果不考虑边缘效应,它的电容量应为

$$C = \frac{\varepsilon S}{\delta} = \frac{\varepsilon_0 \varepsilon_r S}{\delta} \quad (3-17)$$

式中,S 为两个极板的有效面积;δ 为极距;ε 为两个极板间介质的介电常数;ε_0 为真空介电常数,$\varepsilon_0 \approx 8.854 \times 10^{-12}$ F/m;ε_r 为介质相对介电常数。

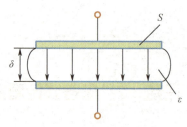

图 3-53 电容器的结构图

> **小常识:对介电常数的介绍**
>
> 介电常数是描述将某种材料放入电容器中增加电容器存储电荷能力的物理量,是相对介电常数与真空中绝对介电常数的乘积。如果将高介电常数的材料放在电场中,电场的强

度会在电介质内有可观的下降,理想导体的相对介电常数为无穷大。

根据物质的介电常数可以判别高分子材料的极性大小。典型介质的相对介电常数如表 3-5 所示,相对介电常数大于 3.6 的物质为极性物质,相对介电常数在 2.8~3.6 范围内的物质为弱极性物质,相对介电常数小于 2.8 的物质为非极性物质。

表 3-5 典型介质的相对介电常数

材料	相对介电常数	材料	相对介电常数	材料	相对介电常数
真空	1.0	甲醇	37	陶瓷	5.5~7.0
其他气体	1.0~1.2	乙醇(酒精)	20~25	云母	6.0~8.5
水	80	乙二醇	35~40	钛酸钡	1 000~10 000
普通纸	2.3	环氧树脂	3.3	木材	2.0~7.0
硬纸	4.5	聚氯乙烯	4.0	电木	3.6
油纸	4.0	硬橡胶	4.3	纤维素	3.9
石蜡	2.2	软橡胶	2.5	米	3.0~5.0
盐	6.0	石英	4.5	硅油	2.7
聚乙烯	2.3	玻璃	5.3~7.5	松节油	2.2
聚丙烯	2.3	大理石	8.0	变压器油	2.2

由影响电容器电容量的因素可以看出,δ、S、ε 三个参数中任意一个的变化都将引起电容量的变化,并且这三个参数都可用于测量。因此,电容式传感器可分为变极距(变间隙)型、变面积型、变介电常数型三类。

电容式传感器具有以下优点:

(1) 温度稳定性好。电容式传感器的电容值一般与电极材料无关,这有利于选择温度系数低的材料,又因电极材料本身发热极少,所以它对温度稳定性的影响甚微。

(2) 结构简单,适应性强,易于制造。电容式传感器可以做得非常小巧,以实现某些特殊的测量;能工作在高温、强辐射及强磁场等恶劣的环境中;可以承受高压力、高冲击、过载等。

(3) 动态响应好、响应时间短,固有频率很高,能在几兆赫兹的频率下工作。

(4) 可以实现非接触测量、具有平均效应。

除了以上优点,电容式传感器还存在一定的缺点:

(1) 输出阻抗高,带负载能力差。电容式传感器的输出阻抗可达 10^6~10^8 Ω,由于输出阻抗很高,因而输出功率小,带负载能力差,易受外界干扰而产生不稳定现象,严重时甚至无法工作。

(2) 寄生电容影响大。寄生电容的存在不但降低测量灵敏度,而且引起非线性输出。

2. 电容式传感器的工作原理

1) 变极距型电容式传感器

变极距型电容式传感器的结构如图 3-54 所示,假设两个极板的有效面积为 S,初始距离为 δ,则初始电容量 C_0 为

$$C_0 = \frac{\varepsilon_r \varepsilon_0 S}{\delta} \tag{3-18}$$

式中，ε_r 为介质相对介电常数；ε_0 为真空介电常数。

当极距减小 $\Delta\delta$ 时，电容变化量为

$$\Delta C = \frac{\varepsilon_r \varepsilon_0 S}{\delta - \Delta\delta} - C_0 = \frac{\varepsilon_r \varepsilon_0 S}{\delta} \times \frac{\delta}{\delta - \Delta\delta} - C_0 = C_0 \times \frac{\Delta\delta}{\delta - \Delta\delta} \quad (3-19)$$

进而可得电容相对变化量为

$$\frac{\Delta C}{C_0} = \frac{\Delta\delta}{\delta - \Delta\delta} \quad (3-20)$$

由此可见，电容相对变化量与极距变化量不是线性关系。

由于极距变化量 $\Delta\delta$ 很小，这里使 $\Delta\delta/\delta \ll 1$，将式（3-20）化简可得

$$\frac{\Delta C}{C_0} = \frac{\dfrac{\Delta\delta}{\delta}}{1 - \dfrac{\Delta\delta}{\delta}} \approx \frac{\Delta\delta}{\delta} \quad (3-21)$$

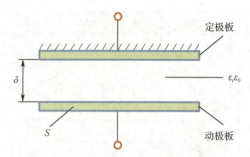

图 3-54 变极距型电容式传感器的结构图

小结论：变极距型电容式传感器只有在 $\Delta\delta/\delta \ll 1$ 时，电容变化量与极距变化量才呈线性关系。一般变极距型电容式传感器的起始电容在 20～30 pF 范围内，极距在 25～200 μm 范围内，$\Delta\delta/\delta = 0.02 \sim 0.10$，因此这种电容式传感器主要用于微小位移的测量，但分辨率极高，可测 0.01 μm 的线位移。

小贴士：云母片的作用

当极距 δ 变小时，可使传感器的电容量增大，灵敏度增加，但 δ 过小容易引起电容器击穿，改善耐压性能的办法是在极板间放置高介电常数的材料（云母片、塑料膜等）。此时，电容 C 为两电容串联之后的等效电容，如图 3-55 所示，电容 C 变为

$$C = \frac{\varepsilon_0 S}{\dfrac{\delta_2}{\varepsilon_2} + \dfrac{\delta_1}{\varepsilon_1}} \quad (3-22)$$

式中，ε_2 为云母的相对介电常数；ε_0 为真空介电常数；ε_1 为空气的相对介电常数，$\varepsilon_1 \approx 1$；δ_2 为云母片厚度；δ_1 为气隙厚度。

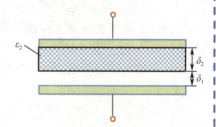

图 3-55 放置云母片后传感器的结构图

云母的介电常数为空气的 7 倍左右，云母的击穿电压不小于 10^3 kV/mm，而空气的击穿电压仅为 3 kV/mm。因此，有了云母片，极距可大大减小，还能使电容式传感器输出特性曲线的线性度得到改善，只要云母片厚度选取得当，就能获得较好的线性关系。

2）变面积型电容式传感器

变面积型电容式传感器的结构图如图 3-56 所示。变面积型电容式传感器通常分为角位移式、直线位移式、圆柱形位移式三种。

项目 3　力传感器的应用与调试

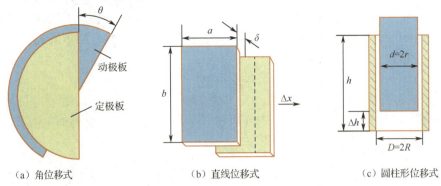

(a) 角位移式　　　　　　(b) 直线位移式　　　　　　(c) 圆柱形位移式

图 3-56　变面积型电容式传感器的结构图

角位移式变面积型电容式传感器的结构图如图 3-56（a）所示。当动极板有一个角位移 θ 变化时，其与定极板的有效覆盖面积就会发生变化，从而改变两个极板间的电容量。

当 $\theta=0$ 时，初始电容量为

$$C_0 = \frac{\varepsilon_0 \varepsilon_r S}{\delta} \tag{3-23}$$

当 $\theta \neq 0$ 时，电容量为

$$C = \frac{\varepsilon_0 \varepsilon_r \left(1 - \dfrac{\theta}{\pi}\right) S}{\delta} = C_0 - C_0 \frac{\theta}{\pi} \tag{3-24}$$

角位移式变面积型电容式传感器的灵敏度为

$$K = -\frac{\varepsilon_0 \varepsilon_r S}{\pi \delta} \tag{3-25}$$

小结论：（1）角位移式变面积型电容式传感器的灵敏度 K 为常数，输出特性曲线呈线性。

（2）实际使用时，可增加动极板和定极板的对数，使多片同轴动极板在等间隔排列的定极板间隙中转动，以提高灵敏度。

（3）实际使用时，一般动极板接地，必须做一个接地的金属屏蔽盒，将定极板屏蔽。

直线位移式变面积型电容式传感器的结构图如图 3-56（b）所示。当动极板相对于定极板沿着长度方向平移 Δx 时，其电容变化量化为

$$\Delta C = C_x - C_0 = \frac{\varepsilon_r \varepsilon_0 (a - \Delta x) b}{\delta} - \frac{\varepsilon_r \varepsilon_0 ab}{\delta} = -\frac{\varepsilon_r \varepsilon_0 b \Delta x}{\delta} \tag{3-26}$$

直线位移式变面积型电容式传感器的灵敏度为

$$K = \frac{\Delta C}{\Delta x} = -\frac{\varepsilon_r \varepsilon_0 b}{\delta} \tag{3-27}$$

式中，δ 为极距；ε_r 为介质相对介电常数；ε_0 为真空介电常数；b 为极板的宽度；a 为极板的初始长度；Δx 为极板沿长度方向移动的距离。

小结论：（1）直线位移式变面积型电容式传感器的灵敏度 K 为常数，输出特性曲线呈线性。

（2）增大极板的宽度、减小极距都可提高灵敏度。

（3）直线位移式变面积型电容式传感器适用于大位移测量。

圆柱形位移式变面积型电容式传感器的结构图如图 3-56（c）所示。圆柱形结构受极板径向变化的影响很小，因而成为实际中最常采用的结构。其中，线位移单组式的电容量 C 在忽略边缘效应时为

$$C = \frac{2\pi h \varepsilon}{\ln(R/r)} \quad (3-28)$$

式中，ε 为空气介电常数；R 和 r 分别为外筒和内筒的半径；h 为传感器的总高度。

当两圆筒相对移动 Δh 时，电容变化量 ΔC 为

$$\Delta C = \frac{2\pi\varepsilon(h-\Delta h)}{\ln(R/r)} - \frac{2\pi\varepsilon h}{\ln(R/r)} = -\frac{2\pi\varepsilon\Delta h}{\ln(R/r)} = -C_0 \frac{\Delta h}{h} \quad (3-29)$$

圆柱形位移式变面积型电容式传感器的灵敏度为

$$K = \frac{\Delta C}{\Delta h} = -\frac{2\pi\varepsilon}{\ln(R/r)} \quad (3-30)$$

小结论：（1）圆柱形位移式变面积型电容式传感器具有良好的线性，大多用来检测位移等参数。

（2）内外圆筒的半径差越小，灵敏度就越高。

（3）实际使用时，外圆筒必须接地，这样可以屏蔽外界干扰，并且能减小周围人体及金属体对内筒中分布电容的影响，从而减小误差。

扫一扫看教学动画：变介电常数型电容式传感器

3）变介电常数型电容式传感器

图 3-57 所示为变介电常数型电容式传感器的结构图，被测介质的介电常数为 ε_1，外筒半径和内筒半径分别为 R 和 r，极板总高度为 h，液体深度为 Δh，则总的电容量可视作两个电容式传感器并联的等效电容，具体计算公式为

$$C = \frac{2\pi\varepsilon(h-\Delta h)}{\ln(R/r)} + \frac{2\pi\varepsilon_1\Delta h}{\ln(R/r)} = C_0 + \frac{2\pi\Delta h(\varepsilon_1-\varepsilon)}{\ln(R/r)} \quad (3-31)$$

进而可得电容变化量为

$$\Delta C = \frac{2\pi\Delta h(\varepsilon_1-\varepsilon)}{\ln(R/r)} \quad (3-32)$$

变介电常数型电容式传感器的灵敏度为

$$K = \frac{\Delta C}{\Delta h} = \frac{2\pi(\varepsilon_1-\varepsilon)}{\ln(R/r)} \quad (3-33)$$

小结论：（1）电容变化量与电介质移动量呈正比线性关系。

（2）变介电常数型电容式传感器有较多的结构形式，可用来测量纸张、绝缘薄膜等的厚度，也可用来测量粮食、纺织品、木材或煤等非导电固体介质的湿度。

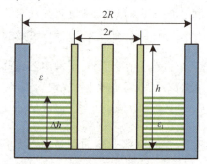

图 3-57 变介电常数型电容式传感器的结构图

思考一刻：为了提高灵敏度，减小线性度，可以对电容式传感器在结构上做出哪些调整？

扫一扫看思维拓展：其他结构形式的变介电常数型电容式传感器

小拓展：差动电容式传感器

在实际应用中，为了提高灵敏度，减小线性度，电容式传感器大都采用差动式结构，如图 3-58 所示。当动极板移动时，其中一个电容器的容量会变大，而另一个电容器的容量会相应地变小，其测量结果由差动式的电路输出。

差动电容式传感器不仅使灵敏度提高一倍，而且使线性度减小一个数量级。该传感器能够克服某些外界因素（如电源电压、环境温度等）对测量的影响。为提高初始电容、分辨率和灵敏度，有些电容式传感器可制成一极多板的形式。

扫一扫看思维拓展：一极多板电容式传感器

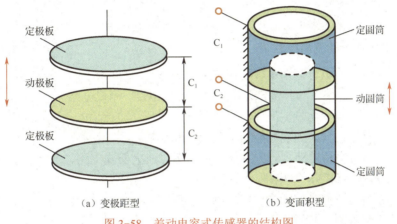

(a) 变极距型　　(b) 变面积型

图 3-58　差动电容式传感器的结构图

案例分析 3：试计算图 3-59 中各电容传感元件的总电容量。（两个极板的有效面积为 S）

解：图 3-59（a）等效为三个电容器串联，其中，$C_1 = \dfrac{\varepsilon_1 S}{d_1}$，$C_2 = \dfrac{\varepsilon_2 S}{d_2}$，$C_3 = \dfrac{\varepsilon_3 S}{d_3}$，那么

$$\frac{1}{C_\text{串}} = \frac{1}{C_1} + \frac{1}{C_2} + \frac{1}{C_3}$$
$$= \frac{d_1}{\varepsilon_1 S} + \frac{d_2}{\varepsilon_2 S} + \frac{d_3}{\varepsilon_3 S}$$
$$= \frac{d_1 \varepsilon_2 \varepsilon_3 + d_2 \varepsilon_1 \varepsilon_3 + d_3 \varepsilon_1 \varepsilon_2}{\varepsilon_1 \varepsilon_2 \varepsilon_3 S}$$

故

$$C_\text{串} = \frac{\varepsilon_1 \varepsilon_2 \varepsilon_3 S}{d_1 \varepsilon_2 \varepsilon_3 + d_2 \varepsilon_1 \varepsilon_3 + d_3 \varepsilon_1 \varepsilon_2} = \frac{S}{d_1/\varepsilon_1 + d_2/\varepsilon_2 + d_3/\varepsilon_3}$$

图 3-59（b）等效为两个电容器并联，其中，$C_1 = C_2 = C = \dfrac{\varepsilon S}{d}$，$C_\text{并} = C_1 + C_2 = 2C = \dfrac{2\varepsilon S}{d}$。

图 3-59（c）等效为两柱形电容器并联，总电容量为

$$C = \frac{2\pi\varepsilon(L-H)}{\ln(d_2/d_1)} + \frac{2\pi\varepsilon_1 H}{\ln(d_2/d_1)} = \frac{2\pi\varepsilon L}{\ln(d_2/d_1)} + \frac{2\pi H(\varepsilon_1 - \varepsilon)}{\ln(d_2/d_1)}$$

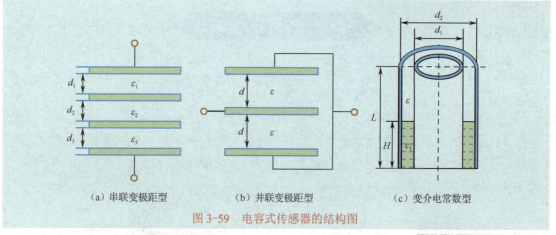

(a) 串联变极距型　　　　(b) 并联变极距型　　　　(c) 变介电常数型

图 3-59　电容式传感器的结构图

3. 电容式传感器的测量电路

电容式传感器中的电容值及电容变化值都十分微小，这样微小的电容量不能直接显示、记录和传输，必须要引入测量电路。测量电路的作用就是将微小电容变化量转换成与其成正比的电压、电流信号，电压、电流信号再经过放大处理才能显示、记录和传输。

扫一扫看微课视频：认识电容式压力传感器

扫一扫看思维拓展：其他几种形式的测量电路

常见测量电路有电桥电路、调频测量电路、运算放大器式电路、二极管双 T 型交流电桥电路、脉冲宽度调制（PWM）电路，这里主要介绍电桥电路。

电容式传感器电桥电路如图 3-60 所示，电容式传感器包括在电桥内，C_{x1} 与 C_{x2} 以差动形式接入相邻两个桥臂，另两个桥臂可以是电阻、电容或电感，也可以是变压器的两个二次线圈。另两个桥臂是紧耦合电感臂的电桥，具有较高的灵敏度和稳定性，且寄生电容的影响极小，大大简化了电桥的屏蔽和接地，适用于高频电源下工作。变压器电桥使用的元件最少，桥路内阻最小，因此目前采用较多。

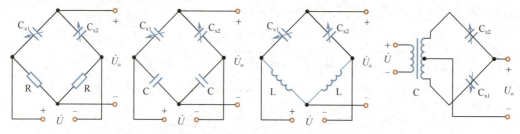

图 3-60　电容式传感器电桥电路

当差动电容的动极板移动距离 $\Delta\delta$ 时，电桥处于不平衡状态，输出电压为

$$\dot{U}_o = \frac{\dot{U}}{2} \cdot \frac{\Delta C}{C_0} = \frac{\dot{U}}{2} \cdot \frac{\Delta \delta}{\delta} \quad (3\text{-}34)$$

式中，$\dot{U}$ 为输入电压；ΔC 为电容变化量；C_0 为电容量的初始值；δ 为极板未移动时的初始距离。

上述电桥电路的输出为交流信号，不能判断输入传感器信号的极性，不能反映被测参数的变化方向，只能表达大小。必须经过图 3-61 所示的电容式传感器电桥测量电路，传感器的输出信号经运算放大器放大后，再经相敏检波电路和低通滤波器，方可得到反映输入信号大小和极性的输出信号。

项目3 力传感器的应用与调试

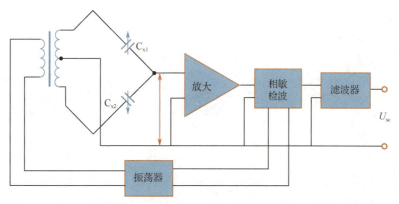

图 3-61 电容式传感器电桥测量电路

电容式传感器的质量检测

1. 用万用表电容挡测量

打开数字万用表,将万用表拨到电容挡,根据被测电容的容量,选择相应量程。数字万用表一般有 20 nF、200 nF、2 μF、20 μF、200 μF 五个挡位。选定量程后,将电容式传感器的两个引脚直接插入 C_x 插孔,开始测量。对于有极性的电容式传感器,必须注意区分正负极。然后,根据数字万用表显示的电容容量来判断传感器是否损坏,如果测量容量低于标称容量,那么说明电容器已经损坏。

2. 用万用表电阻挡测量

一般情况下,若万用表电阻挡的量程小于 10 kΩ,输出的电压为 1.5 V;若万用表电阻挡的量程大于 10 kΩ,输出的电压为 9 V。如果被测电容的容量较大,可以用电阻小量程测量;如果被测电容的容量较小,可以用电阻大量程测量。选好量程后,用万用表的红、黑表笔分别接触被测电容 C_x 的两极。如果电容有正负极,那么红表笔接正极,黑表笔接负极。测量结果存在 3 种可能:

(1)表盘上的数据从"000"开始一直变大,最后显示溢出符号"1",表示电容器质量合格。

(2)表盘数据始终为"000",则说明电容器内部短路。

(3)表盘始终显示溢出符号"1",则电容器可能内部开路,或者万用表电阻挡没有选对。

拓展篇

3.2.2 认识电感式传感器

扫一扫看知识拓展:电容式传感器发展简史

扫一扫看教学课件:认识电感式传感器

扫一扫看微课视频:认识电感式传感器

1. 电感式传感器的结构与分类

电感式传感器的外形图和组成框图如图 3-62 所示,它是利用电感线圈的电磁感应原理将被测非电量(如位移、压力、流量、振动等)转换成线圈自感量 L 或互感量 M 的变化,再由测量电路将电感变化量转换为电压变化量或电流变化量的装置。

传感器的应用与调试（立体资源全彩图文版）

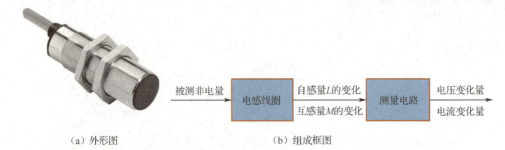

(a) 外形图　　　　　　　　　(b) 组成框图

图 3-62　电感式传感器的外形图和组成框图

利用电感式传感器能对位移、压力、振动、应变、流量等参数进行测量。它具有结构简单、灵敏度高、输出功率大、输出阻抗小、抗干扰能力强及测量精度高等一系列优点，因此在机电控制系统中得到广泛应用。它的主要缺点是响应速度较慢，不适用于快速动态测量；而且传感器的分辨率与测量范围有关，测量范围越大，分辨率就越低，反之则越高。

电感式传感器的种类很多，根据转换原理，可分为自感式电感传感器、互感式电感传感器和电涡流式电感传感器三类；根据结构形式，可分为气隙型电感式传感器、面积型电感式传感器和螺线管型电感式传感器三类。

2. 电感式传感器的工作原理

1）自感式电感传感器

自感式电感传感器是利用线圈自感量的变化来实现测量的，常见种类如图 3-63 所示（δ 为气隙厚度），分别为变气隙型自感式电感传感器、变截面型自感式电感传感器、螺线管型自感式电感传感器。下面以变气隙型自感式电感传感器为例介绍自感式电感传感器的工作原理。

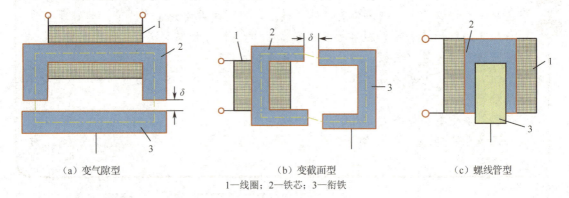

(a) 变气隙型　　　　　　(b) 变截面型　　　　　　(c) 螺线管型

1—线圈；2—铁芯；3—衔铁

图 3-63　自感式电感传感器的结构图

变气隙型自感式电感传感器的结构图如图 3-64 所示，当被测量发生变化时，衔铁发生位移，引起磁路中磁阻变化，从而导致电感线圈的电感量变化，据此就能确定衔铁位移的大小和方向，这种传感器又被称为变磁阻式传感器。

由变气隙型自感式电感传感器可以构成变气隙型电感式压力传感器，其结构图如图 3-65 所示，当压力 p 作用于膜盒时，膜盒的顶端在压力 p 的作用下将产生与压力 p 大小成正比的位移，于是衔铁发生移动，从而使气隙厚度 δ 发生变化，导致流过线圈的电流也发生相应的变化，最终电流表的示值会如实反映被测压力 p 的大小。

项目3　力传感器的应用与调试

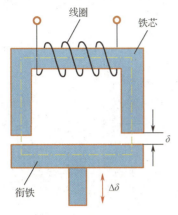

图 3-64　变气隙型自感式电感传感器的结构图

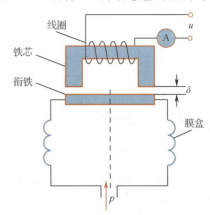

图 3-65　变气隙型电感式压力传感器的结构图

思考一刻：如何提高变气隙型电感式传感器的灵敏度，减小其测量误差？

小贴士：差动变气隙型电感式传感器

图 3-66 所示的差动变气隙型电感式传感器由两个相同的电感线圈和磁路组成，测量时，衔铁通过导杆与被测位移量相连，当被测物体上下移动时，导杆带动衔铁也以相同的位移上下移动，使两个磁回路中的磁阻发生大小相等、方向相反的变化，导致一个线圈的电感量增加，另一个线圈的电感量减小，形成差动形式。

差动自感式电感传感器的灵敏度比单线圈传感器高一倍，同时其线性度比单线圈传感器高一个数量级。

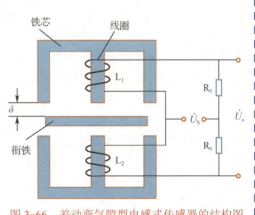

图 3-66　差动变气隙型电感式传感器的结构图

2）互感式电感传感器

扫一扫看教学动画：差动变压器的工作原理

扫一扫看教学动画：差动相敏检波电路的工作原理

互感式电感传感器是把被测物体的非电量变化转换为线圈互感量变化的传感器。它是根据变压器的基本原理制成的，并且二次绕组都用差动形式连接，故称差动变压器式电感传感器，简称差动变压器。差动变压器的结构图和等效电路图如图 3-67 所示。在这种传感器中，一般将被测量的变化转换为变压器互感量的变化，变压器一次线圈输入交流电压，二次线圈则互感应出电动势。差动变压器的结构形式较多，有变气隙型、变截面型和螺线管型等，但其工作原理基本一样。在非电量测量中，应用最多的是螺线管型差动变压器，它可以测量 1～100 mm 范围内的机械位移，并具有测量精度高、灵敏度高、结构简单、性能可靠等优点。

差动变压器输出的电压是交流量，若用交流电压表指示，则输出值只能反映衔铁位移的大小，而不能反映移动的极性。同时，交流电压的输出存在一定的零点残余电压，使衔铁位于中间位置时，输出也不为 0。因此，差动变压器的后接电路应采用既能反映衔铁位移极性，又能补偿零点残余电压的差动相敏检波电路。

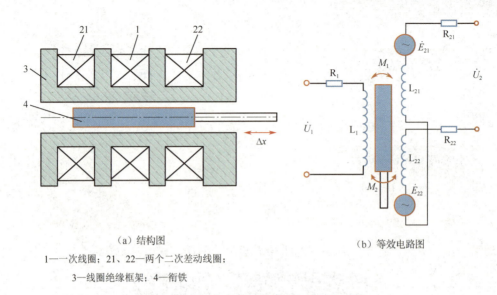

(a) 结构图 (b) 等效电路图

1——一次线圈；21、22——两个二次差动线圈；
3——线圈绝缘框架；4——衔铁

图 3-67 差动变压器的结构图和等效电路图

差动相敏检波电路的形式很多，过去通常采用由分立元件构成的电路，它可以利用半导体二极管或三极管来实现。随着电子技术的发展，各种性能的集成电路相继出现，单片集成电路 LZX1 就是一种集成化的全波相敏整流放大器，能完成把输入交流信号经全波整流后变为直流信号，鉴别输入信号的相位等功能。该器件具有质量轻、体积小、可靠性高、调整方便等优点。

差动变压器和 LZX1 的连接电路图如图 3-68 所示。u_2 为输入电压，u_r 为参考输入电压，RP 为零点调节电位器，C 为消振电容，若无 C，则会产生正反馈，发生振荡。移相器使参考电压和差动变压器二次侧的输出电压同频率，相位相同或相反。对于测量小位移的差动变压器，由于输出信号小，还需在差动变压器的输出端接入放大器，把放大的信号输入 LZX1 的信号输入端。一般经过相敏检波和差动整流输出的信号还需通过低通滤波器，把调制时引入的高频信号衰减掉，只让衔铁运动所产生的有用信号通过。

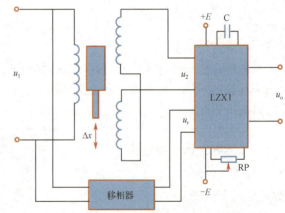

图 3-68 差动变压器和 LZX1 的连接电路图

小贴士：差动变压器式加速度传感器

差动变压器式加速度传感器的结构图和线路原理图如图 3-69 所示，它由悬臂梁和差动变压器构成，当用其测定振动物体的频率和振幅时，激磁频率必须是振动频率的 10 倍以上，才能得到精确的测量结果。可测量的振幅为 0.1~5 mm，振动频率为 0~150 Hz。

项目3 力传感器的应用与调试

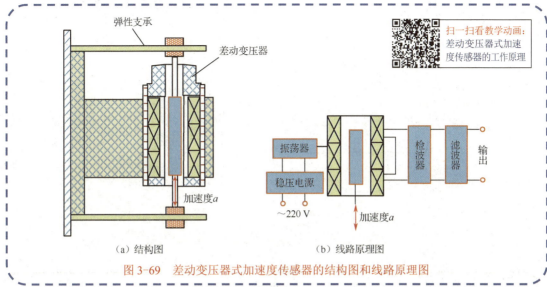

图 3-69 差动变压器式加速度传感器的结构图和线路原理图

3）电涡流式传感器

电涡流式传感器是一种建立在涡流效应原理上的传感器。它可以实现振动、位移、尺寸、转速、温度、硬度等参数的非接触测量，还可用于无损探伤。

将金属导体置于变化着的磁场中，导体内就会产生感应电流，感应电流像水中的旋涡一样在导体内转圈，这种现象被称为涡流效应。电涡流式传感器的原理图和等效电路图如图 3-70 所示，根据法拉第定律，当传感器线圈通以正弦交变电流 $\dot{I}_1$ 时，线圈周围空间必然产生正弦交变磁场 H_1，使置于此磁场中的金属导体产生感应电涡流 $\dot{I}_2$，$\dot{I}_2$ 又产生新的交变磁场 H_2。两磁场磁力线的方向相反，因而可以抵消部分原磁场，使通电线圈的有效阻抗发生变化。

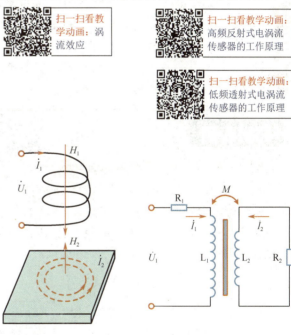

图 3-70 电涡流式传感器的原理图和等效电路图

一般来讲，线圈的阻抗变化与导体的电导率、磁导率、几何形状、线圈的几何参数、激励电流频率及线圈到被测导体的距离有关。如果控制上述参数中的一个参数改变，而其余参数恒定不变，则阻抗成为这个变化参数的单值函数。

在电感式位移检测中常采用涡流式电感位移检测器，其检测图和结构图如图 3-71 所示。电涡流式传感器检测探头端部装有高度密封的、发射高频信号的线圈。由于被测物体的端部（一般为转动机器的轴）距离线圈很近，仅有几毫米，线圈在通电后产生一个高频磁场，轴的表面在磁场的作用下产生电涡流。同样，电涡流也会产生磁场，其场强大小与距离有关，该场强抵消由线圈产生的高频磁场强度，影响检测线圈的等效阻抗，而等效阻抗与线圈电感量有关，由此可测得位移量。

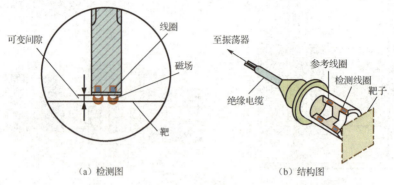

图 3-71 涡流式电感位移检测器的检测图和结构图

你的努力，永远都不会被辜负

努力过，奋斗过，拼搏过，痛哭过，快乐过，就会发现人生终究不会辜负你。那些洒下的汗水，转错的弯道，流下的泪水，会让你成为独一无二的你。梦里能够到达的地方，终有一天，脚步也会到达。

研析应用

典型案例 23　电容式油量表的应用

电容式油量表的结构图如图 3-72 所示，该油量表可用于飞机油箱。由于指针及可调电阻的滑动臂同时为伺服电动机所带动，因此 RP 的阻值与油量表指针的偏转角 θ 间存在确定的对应关系，即 θ 正比于 RP 的阻值。而 RP 的阻值又正比于液位高度 h，因此可直接从指示表盘上读得液位高度 h。

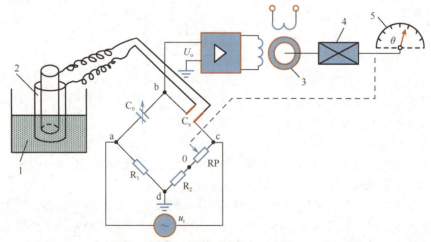

1—油料；2—电容；3—伺服电动机；4—减速器；5—指示表盘

图 3-72　电容式油量表的结构图

项目3　力传感器的应用与调试

当油箱中无油时，电容式传感器的电容量 $C_x=C_{x0}$，调节匹配电容使 $C_0=C_{x0}$，$R_1=R_2$；并使 RP 的滑动臂位于零点，即 RP 的阻值为 0 Ω。此时，电桥满足 $C_x/C_0=R_2/R_1$ 的平衡条件，电桥输出为 0，伺服电动机不转动，油量表指针的偏转角 $\theta_0=0°$。

当油箱中注满油时，$C_x=C_{x0}+\Delta C_x$，而 ΔC_x 与液位高度 h 成正比，此时电桥失去平衡，电桥的输出电压 U_o 经放大后驱动伺服电动机，再由减速器减速后带动指针顺时针偏转，同时带动 RP 的滑动臂移动，从而使 RP 的阻值增大，$R_{cd}=R_2+RP$ 也随之增大。当 RP 的阻值达到一定值时，电桥又达到新的平衡状态，$U_o=0$，于是伺服电动机停转，指针停留在偏转角 θ_m 处。

当油箱中的油位降低时，伺服电动机反转，指针逆时针偏转（示值减小），同时带动 RP 的滑动臂移动，使 RP 的阻值减小。当 RP 的阻值达到一定值时，电桥又达到新的平衡状态，$U_o=0$，于是伺服电动机再次停转，指针停留在与该液位高度 h 相对应的偏转角 θ_h 处。

特别提醒

油量表系统属于闭环系统，注意邮箱倾斜时，油量表的示值不准。

典型案例24　电容式差压计的应用

电容式差压计由两个玻璃圆盘和一个金属（不锈钢）膜片组成，其结构图如图 3-73 所示。两个玻璃圆盘上的凹面深约 25 mm，其上各镀以金属作为电容式传感器的两个固定电极，而夹在两凹圆盘中的膜片为传感器的可动电极。电容式差压计结构简单，灵敏度高，响应速度快（约 100 ms），能测微小差压（0～0.75 Pa）。

当两边压力 $p_1=p_2$ 时，膜片处在中间位置，$C_L=C_H$。当 $p_1 \neq p_2$ 时，膜片向压力小的一侧弯曲，$C_L \neq C_H$，且满足

$$\frac{C_H-C_L}{C_L+C_H}=k(p_1-p_2)=k\Delta p \quad (3-35)$$

图 3-73　电容式差压计的结构图

式中，k 为与膜片尺寸有关的系数。

电容式差压计不仅可用来测量 p_1 与 p_2 的差，也可用于测量真空或微小绝对压力，此时只要把膜片的一侧密封并抽到高真空状态（压强为 10^{-5} Pa）即可。

典型案例25　电容式厚度仪的应用

电容式测厚仪可用于对金属带材轧制过程中厚度的检测，其工作简图如图 3-74 所示，在被测带材的上下两侧各放置一个面积相等且与带材距离相等的极板，这样极板与带材就构成了两个电容 C_1、

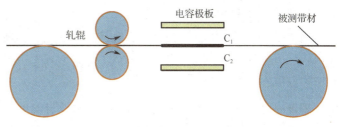

图 3-74　电容式测厚仪的工作简图

131

C_2。把两个极板用导线连接起来成为一个极,而带材就是电容的另一个极,总电容 $C_x=C_1+C_2$。

由图 3-75 可知,电容 C_x 与固定电容 C_0、变压器的二次线圈 L_1 和 L_2 构成了交流电桥。信号发生器提供变压器的一次侧信号,该信号经过耦合作为交流电桥的供桥电源。当板材的厚度相对要求值发生变化时,C_x 也变化:板材变厚,C_x 增大;板材变薄,C_x 减小。此时,电桥输出信号也发生变化,变化量经耦合电容 C 输出给运算放大器和检波器进行放大、整流和滤波;再经差动放大器放大后,一方面由显示仪表显示此时的板材厚度,另一方面通过反馈回路将偏差信号传送给压力调节器。调节轧辊间的距离,经不断调节,将板材厚度控制在一定误差范围内。这种测厚仪的优点是不仅可以实现非接触测量,而且带材的振动不影响测量精度。

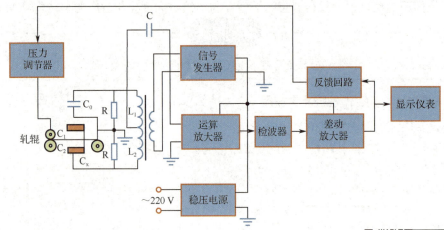

图 3-75 电容式测厚仪的电路结构图

典型案例 26 电容式接近开关的应用

电容式接近开关的测量头由两个同轴金属电极构成,由测量头构成电容器的一个极板,电容器的另一个极板是物体本身,由二者构成图 3-76 所示的两个电容器 C_1 和 C_2,总电容 $C=C_1+C_2$,该电容器被串联在 RC 振荡回路内。当一个目标朝着电容器的电极靠近时,电容器的容量增加。通过后级电路的处理,将停振和振荡两种信号转换成开关信号,从而起到检测有无物体存在的目的。

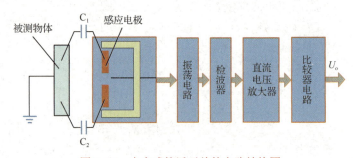

图 3-76 电容式接近开关的电路结构图

该传感器能检测到金属物体,也能检测到非金属物体。对于金属物体,可获得最大的动作距离;对非金属物体的动作距离取决于材料的介电常数,材料的介电常数越大,可获得的动作距离越大。

思考一刻:接近开关除了电容式,还有哪些种类?如何正确选择、使用接近开关传感器?

典型案例27 电容式液位计的应用

电容式液位计的测定电极安装在储罐的顶部，这样在罐壁和测定电极之间就形成了一个电容器，如图3-77所示。当罐内放入被测物料时，由于被测物料介电常数的影响，传感器的电容量将发生变化，电容量变化的大小与被测物料在罐内的高度有关，且成比例变化。由此，检测出这种电容量的变化就可测定物料在罐内的高度。

传感器的静电电容为

$$C = \frac{k(\varepsilon_r - \varepsilon_0)}{\ln \dfrac{D}{d}} h \tag{3-36}$$

式中，k 为比例常数；ε_r 为被测物料的相对介电常数；ε_0 为空气的相对介电常数；D 为储罐的内径；d 为测定电极的直径；h 为被测物料的高度。

小结论：（1）两种介质的介电常数差别越大，D 与 d 相差越小，传感器的灵敏度就越高。

（2）物料可以是液体，也可以是固体。

（3）若物料导电，则对罐壁和测定电极要做绝缘处理，图3-78所示的棒状电极（金属管）外面要包裹聚四氟乙烯套管。

（4）液位测量也可采用同轴内外金属管式液位计。

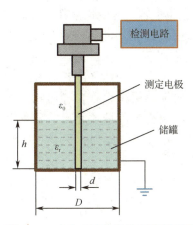

图3-77 电容式液位计的测量原理图

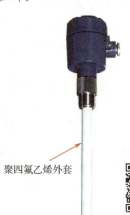

图3-78 电容式液位计

典型案例28 电容式转速测量仪的应用

电容式转速测量仪是一种电参数型数字式传感器，工作时，齿盘随被测轴转动，如图3-79所示。电容器正极板与齿顶相对时，电容量最大；与齿隙相对时，电容量最小。这样使电容量发生周期性变化，通过测量电路将电容量的变化转换成脉冲信号，频率计显示的频率代表转速。

设齿数为 N，频率为 f，则转速为

$$n = \frac{60f}{N} \tag{3-37}$$

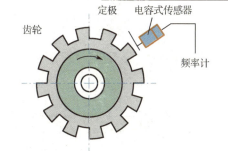

图3-79 电容式转速测量仪的结构原理图

思考一刻： 除了电容式转速测量仪，还有哪些种类的转速传感器？

典型案例 29　电容式指纹识别器的应用

指纹识别器根据扫描方式的不同,可以分成三类:光学式、电容式及超声波感应式。电容式指纹识别器利用许多微小的电容阵列组成感应器,在半导体金属阵列上能结合大约 100 000 个电容式传感器,传感器阵列的一个点就是一个金属电极,作为电容器的一极,按在传感面上的手指的对应点则作为另一极,两者之间的传感面形成两极之间的介电层。电容式指纹识别器的原理图如图 3-80 所示,当手指碰触时,指纹的凸起处叫作纹脊,会与电容接触;而指纹的凹陷处叫作纹沟,不会与电容接触。这就造成电容阵列上面各区块的电容量差异。测量并记录各点的电容值,就可以获得具有灰度级的指纹图像,从而达到识别指纹的目的。

电容式指纹识别器的优点是体积小,所以常见于手机、笔记本电脑等电子产品。其缺点是比较脆弱,而且容易受到汗水、脏污的干扰。

思考一刻:除了电容式指纹识别器,其他指纹识别器的具体应用领域有哪些?

扫一扫看思维拓展:指纹识别传感器技术

典型案例 30　电容式键盘的应用

常规的键盘有机械按键和电容按键两种。电容式键盘是基于电容式开关的键盘,其原理是通过按键改变电极间的距离,从而产生电容量的变化,利用电容量的变化来判断按键的开和关,暂时形成振荡脉冲允许通过的条件,以实现触发。这种开关是无触点非接触式的,磨损率极小。

电容式键盘的工作原理图如图 3-81 所示,在任何两个导电的物体之间都存在电容,电容的大小与介质的导电性质、极板的大小与导电性质、极板周围是否存在导电物质等有关。印制电路板(PCB)或者柔性电路板(FPC)之间的两块露铜区域就是电容器的两个极板,组成一个电容器,对应的电容量为 C_1。当人体的手指接近按键时,人体的导电性会使电容量增加,当手指接触到触摸按键时,按键和手指之间产生寄生电容,使按键的总电容增加了 C_2,总电容变为 $C=C_1+C_2$。触摸按键芯片在检测到电容量大幅升高后,输出开关信号。

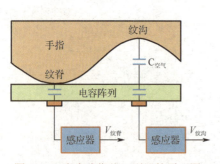

图 3-80　电容式指纹识别器的原理图

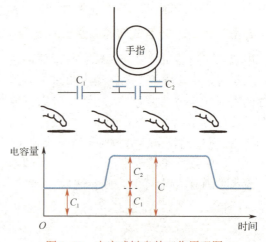

图 3-81　电容式键盘的工作原理图

设计调试 提升篇

3.2.3 电容式传感器位移测试系统的调试

1. 系统的构成与原理

电容式传感器位移测试系统的调试需要用到电容式传感器、电容式传感器模块、测微头、数字显示直流电压表、直流稳压电源、绝缘帽等仪器。

这里的电容式传感器采用变面积型，如图 3-82 所示，两个平板电容器共享一个下极板，当下极板随被测物体移动时，两个电容器上下极板的有效面积为一个增大、一个减小，将三个极板用导线引出，C_1 和 C_2 形成差动电容并输出。当下极板产生 Δx 的位移时，电容量的变化量为

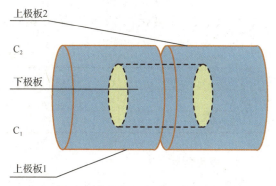

图 3-82 电容式传感器的结构图

$$\Delta C = 2C_0 \frac{\Delta x}{x} \qquad (3-38)$$

式中，x 为内外筒初始覆盖长度；C_0 为初始状态的电容量。

由此说明 ΔC 与位移 Δx 成正比，加上配套测量电路就能实现对位移的测量。

2. 电路搭接与调试

（1）按图 3-83 将电容式传感器安装在电容式传感器模块上，将传感器引线插入传感器模块插座中。

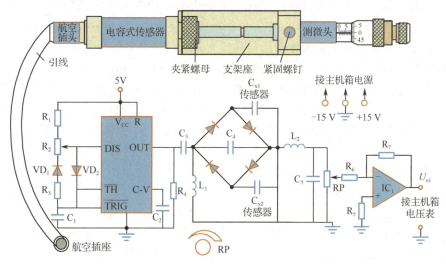

图 3-83 测试系统的接线图

（2）将电容式传感器模块的输出电压 U_{o1} 接至数字显示直流电压表。

(3) 接入±15 V 电源,合上主控台电源开关,将电容式传感器调至中间位置,调节 RP,使得数字显示直流电压表显示 0(选择 2 V 挡)。

> **特别提醒**
>
> 在该电路中,RP 一旦确定,将不能改动。

(4) 旋动测微头,推进电容式传感器的共享极板(下极板),每隔 0.2 mm 记下位移量 Δx 与输出电压 U_{o1} 的变化,并将调试结果填入表 3-6 中。

表 3-6 系统调试数据记录表

Δx/mm										
U_{o1}/V (正)										
U_{o1}/V (反)										

3. 数据分析

根据表 3-6 中的数据,作出 U_{o1}-Δx 曲线,分析电容式传感器的位移特性曲线,并计算该曲线的线性度和电容式传感器的灵敏度。

4. 拆线整理

断开电源,拆除导线,整理工作现场。

扫一扫进行本环节的考核评价

5. 考核评价

> **拓展驿站:电容式传感器动态特性测试系统的调试**

电容式传感器动态测试系统与电容式传感器位移测试系统的原理相同,按照下面的调试步骤完成动态特性测试系统的调试。

扫一扫看虚拟仿真视频:电容式传感器动态特性测试系统的调试

(1) 将电容式传感器安装到振动源传感器支架上,传感器引线仍然接入传感器模块,U_{o1} 端接相敏检波模块低通滤波器的 U_i 端,低通滤波器的 U_o 端接示波器。将 RP 调节到最大位置(顺时针旋到底),通过紧定旋钮使电容式传感器的动极板处于中间位置,输出电压 U_o 为 0。

(2) 将主控台振荡器的低频输出接至振动平台的激励源,振动频率选择 5~15 Hz,初始振动幅度为 0。

(3) 将±15 V 的电源接入传感器模块,检查接线无误后,打开电源,调节振动源激励信号的幅度,通过示波器观察输出信号的波形。

(4) 保持振荡器低频输出的幅度旋钮不变,改变振动频率(用数字频率计监测),用示波器测出输出电压 U_o 的峰-峰值 U_{pp}。保持频率不变,改变振荡器低频输出的幅度,测量并记录输出电压 U_o 的峰-峰值 U_{pp}。分析差动电容式传感器测量振动信号的波形,作出 F-U_{pp} 曲线,找出振动源的固有频率。

项目 3 力传感器的应用与调试

> **特别提醒**
>
> 振动梁的谐振频率取决于振动梁自重及所有外力,因此谐振频率未必是一个整数点,有可能出现非整数点的谐振频率,共振频率以实际测量为准。

拓展驿站:电感式传感器位移测试系统的调试

将前面电容式传感器位移测试系统调试中的电容式传感器换成电感式传感器,按图 3-84 连线并组成测试系统,两个二次线圈必须接成差动状态,按照下面的调试步骤完成位移测试系统的调试。

(1)差动电感式传感器的衔铁偏在一边,使差动放大器有一个较大的输出,调节移相器使输入、输出同相或者反相,再将电感式传感器的衔铁调至中间位置,直至差动放大器输出信号波形的幅值最小为止。

(2)调节 RP_1 和 RP_2 使电压表显示 0,当衔铁在线圈中产生左、右位移时,$L_2 \neq L_3$,电桥失衡,输出电压信号的大小与衔铁的位移量成比例。

(3)以衔铁位置居中为起点,分别向左、右各移动 5 mm,每移动 0.5 mm 记录一个输出电压 U_o。根据记录的调试数据,绘制 U_o-Δx 曲线,求出灵敏度,指出线性工作范围。

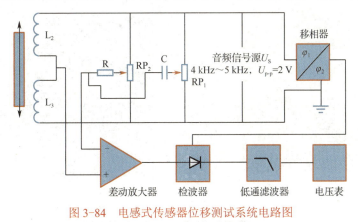

图 3-84 电感式传感器位移测试系统电路图

创新篇

3.2.4 电容式触摸按键电路的设计与调试

1. 目的与要求

利用电容式传感器设计一种触摸按键电路,并能使数字显示仪表显示当前的按键值。通过该任务,使学生加深对电容式传感器的工作原理的理解,掌握电容式触摸按键电路设计与调试的方法。

2. 系统的构成与原理

这里要用到的器材设备主要有电容式触摸传感器模块(主要由芯片 TTP229 电容式触摸按键、STC89C52 单片机及外围电路构成)、数字显示仪表、数字万用表及若干导线。

电容式触摸按键电路图如图 3-85 所示,人的手指接触到电路上的电容按键会引起该点的电气特性发生改变,电容会发生变化,同时这种变化会被芯片 TTP229 感知,通过芯片内部处理,将会输出被触碰点的坐标,再通过单片机与芯片 TTP229 通信,就可以将这个点的坐标显示在数字显示仪表上。

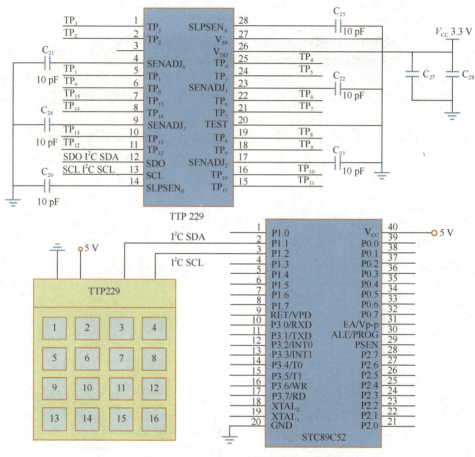

图 3-85　电容式触摸按键电路图

小贴士:芯片 TTP229 简介

芯片 TTP229,封装为 SSOP-28,是一款电容式 16 键触摸感应集成电路(IC),专为触摸板的控制而设计。主要应用是替换机械开关或按钮,芯片一次性可以读取出 16 个按键的状态数据。工作电压为 2.4～5.5 V。

对应的按键接线电路 3-86 中有 6 个灵敏度调节电容,电容对应的功能表如表 3-7 所示。其中,电容 CJ_0～CJ_3 用来调节工作模式下按键的灵敏度,CJW_A 和 CJW_B 可用于调节睡眠模式下的唤醒灵敏度。电容值越小,灵敏度就越高。灵敏度的调节必须根据实际应用的 PCB 来做决定。所有电容值的取值区间皆是 [1 pF, 50 pF]。

表 3-7　电容对应的功能表

电容	控制和调整按键组
CJ_0	K_0～K_3 按键组
CJ_1	K_4～K_7 按键组
CJ_2	K_8～K_{11} 按键组
CJ_3	K_{12}～K_{15} 按键组
CJW_A	K_0～K_7 按键组
CJW_B	K_8～K_{15} 按键组

3. 电路搭接与调试

1）电路搭接

在电路板上按照图 3-86 所示电路进行元器件的排版、布线与焊接，焊接装配成图 3-87 所示的模块。

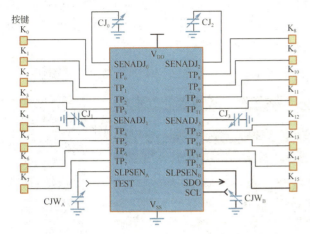

图 3-86　TP229 电容式 16 触摸按键接线电路图

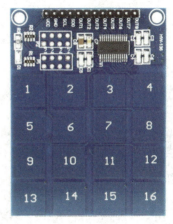

图 3-87　电容式触摸按键传感器模块

2）电路调试

用 20P 排线将电容式触摸按键传感器模块的接口和数字显示仪表的接口连接起来，确认无误之后，给模块上电。

通过数字显示仪表上的按键 K_1 或 K_2 选中电容式触摸按键调试项目，按下按键 K_5，确定进入电容式触摸按键调试界面，在手指没有接触按键时，界面显示按键值为 0。

用手指依次触碰电容式触摸按键传感器上的 16 个编号的触点，同时查看数字显示仪表上显示的按键值。

> **特别提醒**
>
> 模块上的 1~16 号按键有优先顺序，编号越小，优先级就越高，比如同时按下 1 号和 5 号按键，则数字显示仪表上显示 "1"。

4. 拆线整理

断开电源，拆除导线，整理工作现场。

5. 考核评价

思考一刻：在传感器的 16 个按键触点上覆盖一层隔离薄金属片，这是否会对调试结果造成影响？

测评总结

1. 任务测评

2. 总结拓展

该任务以飞机燃油油量测控系统为载体，引入电容式传感器的应用与调试，明确了任务

传感器的应用与调试（立体资源全彩图文版）

目标。任务 3.2 的总结图如图 3-88 所示，在探究新知环节中，主要介绍了电容式传感器的结构、分类、工作原理、测量电路；在拓展篇中，阐述了电感式传感器的结构、分类、工作原理。在研析应用环节中，重点分析了电容式油量表、电容式差压计等八种典型应用。在设计调试环节中，实践了提升篇和创新篇的电容式传感器位移测试系统的调试等多个任务。

通过对任务的分析、计划、实施及考核评价等，掌握电容式传感器的结构、分类、工作原理、测量电路，能够正确识别、选择电容式传感器并对其进行质量检测，以及能够进行电容式传感器典型应用的分析及电容式传感器应用系统的调试。

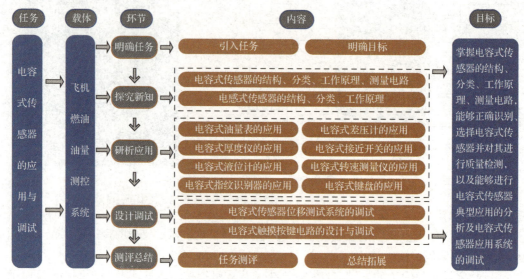

图 3-88　任务 3.2 的总结图

没有特别幸运，请先特别努力

没有特别幸运，请先特别努力，别因为懒惰而失败，还矫情地将原因归于自己倒霉。你必须特别努力，才能显得毫不费力。越幸运就得越努力，越懒惰就越倒霉，别人看到的是你累，最后轻松的是你自己。努力和收获都是自己的，与他人无关。

扫一扫进入心灵驿站：没有特别幸运，请先特别努力

学习随笔

项目3 力传感器的应用与调试

赛证链接

力传感器是"中级电工""中级物联网安装调试员"等职业资格鉴定考试的必考内容。同时,力传感器是全国人工智能应用技术技能大赛智能传感器技术应用赛项的重点考核内容。赛证链接环节对接职业资格鉴定考试和技能大赛的考核要求,提供了相关的试题。

一、填空题

1. 电桥中所有桥臂的电阻阻值 $R_1=R_2=R_3=R_4$,在只有一个桥臂作为应变片工作的条件下,测量的输出电压是 10 mV,那么在保持增益不变时,用半桥测量的输出电压约是_____。

2. 设有一直流电桥,其四臂的受感电阻为 R_1、R_2、R_3、R_4,在正确使用的前提下,当被测量发生变化时,R_1、R_2 增大,而 R_3、R_4 减小。那么在电桥中与 R_1 相邻的电阻为_____和_____。

3. 将收音机中的可变电容器的动极板旋出一些,和没有旋出时相比电容器的电容_____。

4. 图3-89所示为一种测定压力的电容式传感器的结构图,A 为固定电极,B 为可动电极,由二者组成一个电容大小可变的电容器。可动电极两端固定,当待测压力施加在可动电极上时,可动电极发生形变,从而改变了电容器的电容。现将此电容式传感器与零刻度在中央的灵敏电流计和电源串联成闭合电路,已知电流从灵敏电流计的正接线柱流入时,指针向右偏转。当待测压力增大时,电容器的电量将_____,灵敏电流计的指针_____。

5. 用某直流电桥测量电阻 R_x 的阻值(注:R_x 和 R_3 为一对相对桥臂电阻,R_2 和 R_4 为另一对相对桥臂电阻),三个桥臂的阻值分别为 $R_2=50\ \Omega$,$R_3=100\ \Omega$,$R_4=25\ \Omega$,当电桥平衡时,$R_x=$_____。

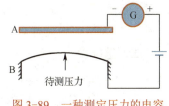

图3-89 一种测定压力的电容式传感器的结构图

6. 当压电式加速度传感器固定在试件上而承受振动时,质量块产生一个可变力作用在压电晶片上,由于_____效应,在压电晶片两个表面上会有_____产生。

7. 由于外力作用,在压电传感元件上产生的电荷只有在无泄漏的情况下才能保存,即需要测量回路具有无限大的输入阻抗。因此,压电式传感器不能用于_____。只有在交变力的作用下,电荷才能源源不断地产生,可以供给测量回路一定的电流,故压电式传感器只适用于_____。

8. 在图3-90(a)中,由金属膜片与两盘构成差动电容 C_L、C_H,两边压力分别为 p_1、p_2。图3-90(b)所示的测量电路为二极管双T型电路,电路中的电容是图3-90(a)中的差动电容,电源 E 是占空比为50%的方波。当 $p_1=p_2$ 时,负载电阻 RL 上的电压 $U_o=$_____;当 $p_1>p_2$ 时,负载电阻 RL 上电压 U_o 的方向为_____(正或负)。

9. 在图3-91所示的电桥电路中,$R_1=1\ 000\ \Omega$,$R_3=1\ 500\ \Omega$,$C_2=1\ \mu F$ 时,电桥平衡,那么电容 $C_4=$_____。

10. 根据图3-92(a)所示石英晶体切片上的受力方向,标出图3-92(b)、(c)、(d)石英晶体切片上产生电荷的符号。

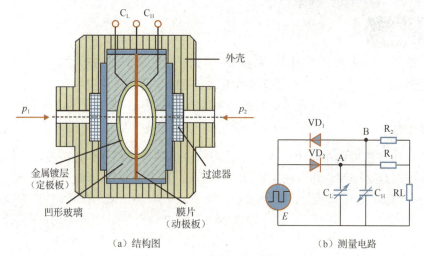

(a) 结构图　　　　　　　　　　　(b) 测量电路

图 3-90　电容式差压计的结构图及测量电路

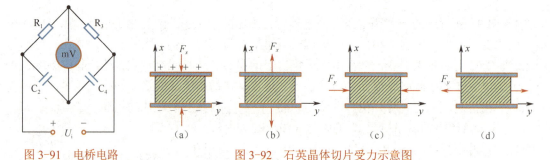

图 3-91　电桥电路　　　　图 3-92　石英晶体切片受力示意图

二、选择题

1. 下列选项中不能用于接近开关的传感器是（　　）。
   A．电涡流式传感器　　　　　　B．压电陶瓷传感器
   C．霍尔传感器　　　　　　　　D．光敏传感器
2. 最适合用于汽车安全气囊系统的传感器是（　　）。
   A．压电式传感器　　　　　　　B．开关式加速度传感器
   C．微硅加速度传感器　　　　　D．弹性位移传感器
3. 汽车仪表盘的油量指示表中所用的传感器是（　　）。
   A．电磁传感器　　　　　　　　B．电容式传感器
   C．浮子液位传感器　　　　　　D．电缆式浮球开关
4. 适用于检测金属表面裂纹的传感器是（　　）传感器。
   A．压磁式　　　B．电涡流式　　　C．气敏式　　　D．光纤式
5. 单臂电桥工作方式，桥臂电阻应变片应选用（　　）。
   A．受拉应变片　　　　　　　　B．受压应变片
   C．受拉应变片和受压应变片都可以　　D．受拉应变片和受压应变片都不可以
6. 图 3-93 所示为悬臂梁上粘贴的应变片，下列说法中正确的是（　　）。
   A．R_1 为拉应变　　　　　　　B．R_2 为拉应变
   C．R_2 为无应变　　　　　　　D．R_1 为压应变

7. 悬臂梁式传感器受力测量示意图如图 3-94 示，下列说法中正确的是（　　）。

　　A．R_1、R_2 增大　　　　　　　　B．R_3、R_4 增大

　　C．R_1、R_4 增大　　　　　　　　D．R_2、R_3 减小

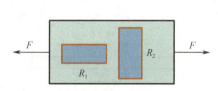

图 3-93　悬臂梁上粘贴的应变片

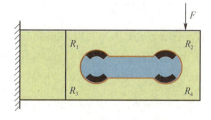

图 3-94　悬臂梁式传感器受力测量示意图

8. 将 4 片电阻应变片贴在弹性元件上，其中，R_1 与 R_2 沿着弹性元件纵向贴，R_3 与 R_4 沿着弹性元件横向贴，则在电桥检测电路中，应变片应该按如下方式接入（　　）。

　　A．R_1 与 R_2 为相邻臂，R_3 与 R_4 为相对臂

　　B．R_1 与 R_3 为相邻臂，R_1 与 R_2 为相对臂

　　C．R_1 与 R_3 为相邻臂，R_1 与 R_4 为相对臂

　　D．R_1 与 R_2 为相邻臂，R_1 与 R_4 为相对臂

9. 差动电桥由环境温度变化引起的误差为（　　）。

　　A．0　　　　B．$U_o \approx \frac{\Delta R_1}{4R}U$　　　　C．$U_o \approx \frac{\Delta R_1}{2R}U$　　　　D．$U_o \approx \frac{\Delta R_1}{R}U$

10. 下列线位移传感器中，测量范围最大的类型是（　　）。

　　A．变气隙型自感式　　　　　　　　B．差动变压器式

　　C．电涡流式　　　　　　　　　　　D．变极距型电容式

11. 当变极距型电容式传感器的两个极板的初始距离 d_0 增加时，将引起传感器的（　　）。

　　A．灵敏度 K_0 增加　　　　　　　　B．灵敏度 K_0 不变

　　C．线性度增加　　　　　　　　　　D．线性度减小

12. 利用电容式传感器测量轴的转速，当轴的转速为 50 r/min 时，输出感应电动势的频率为 50 Hz，则测量齿轮的齿数为（　　）。

　　A．60　　　　　　B．120　　　　　　C．180　　　　　　D．240

13. 随着人们生活质量的提高，自动干手机已进入家庭，洗手后，将湿手靠近自动干手机，机内的传感器便驱动电热器加热，有热空气从机内喷出，将湿手烘干。手靠近自动干手机能使传感器工作，这是因为（　　）。

　　A．改变了湿度　　　　　　　　　　B．改变了温度

　　C．改变了磁场　　　　　　　　　　D．改变了电容

14. 两个压电元件并联与单片时相比，下列说法中正确的是（　　）。

　　A．并联时，输出电压不变，输出电容是单片时的 1/2

　　B．并联时，输出电压不变，电荷增加了 2 倍

　　C．并联时，电荷增加了 2 倍，输出电容为单片时的 2 倍

　　D．并联时，电荷增加了 1 倍，输出电容为单片时的 2 倍

15. 在动态力传感器中，两片压电片多采用（　　）接法，可增大输出电荷；在电子打火机和煤气灶点火装置中，多片压电片采用（　　）接法，可使输出电压达上万伏，从而产

生电火花。

A．串联 B．并联
C．串联、并联都可以 D．串联、并联都不可以

三、综合分析题

1. 图 3-95 所示为悬臂梁式测力传感器的结构图，在其中部的上、下两面各贴两片电阻应变片。已知弹性元件的各参数分别为：$l = 25$ cm；$t = 3$ mm；$x = \frac{1}{2}l$；$W = 6$ cm；$p = 70 \times 10^5$ Pa；电阻应变片的灵敏系数 $K = 2.1$，且初始电阻阻值（在外力 F 为 0 时）均为 $R_0 = 120\ \Omega$。

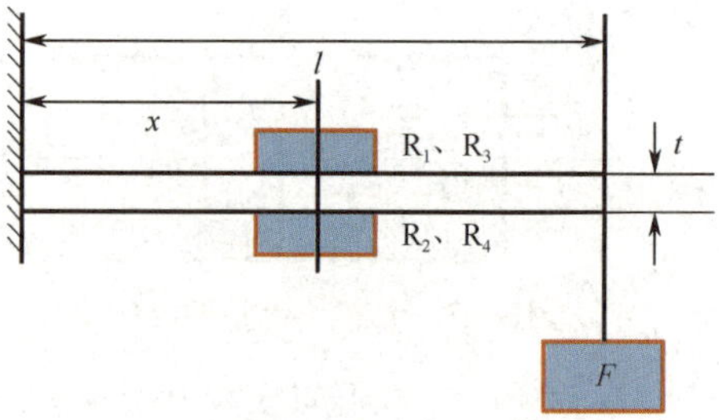

（1）设计适当的测量电路，画出相应电路图。

图 3-95 悬臂梁式测力传感器的结构图

（2）说明该传感器测力的工作原理（配合所设计的测量电路）。

（3）当悬臂梁一端受到一个向下的外力 $F = 0.5$ N 作用时，试求此时四个应变片的阻值

$$\left(\text{提示：} \varepsilon_x = \frac{6(l-x)}{Wpt^2}F\right)。$$

（4）若桥路供电电压为 DC 10 V，计算传感器的输出电压及其线性度。

2. 在压力比指示系统中采用差动变极距型电容式传感器，其结构图和电桥测量电路如图 3-96 所示。初始极距为 $\delta_0 = 250\ \mu m$，$D = 38.2$ mm，电桥输入电压 $U_i = 60$ V（交流），频率 $f = 400$ Hz，$C = 0.001\ \mu F$。试求：

（1）该电容式传感器的电压灵敏度 K_u（V/μm）。

（2）当电容式传感器的动极板移动 $\Delta\delta = 10\ \mu m$ 时，输出电压 U_o 的值。

3. 参照图 3-97 所示电容式加速度传感器的结构图，简述电容式加速度传感器的工作原理（要有必要的公式推导）。

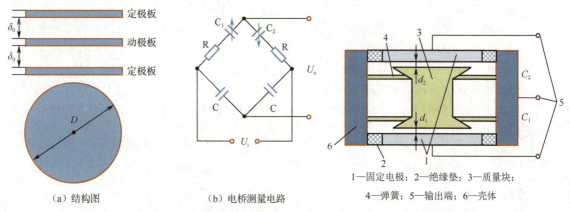

（a）结构图　　　　　　（b）电桥测量电路

图 3-96 差动变极距型电容式传感器的结构图和电桥测量电路　　图 3-97 电容式加速度传感器的结构图

1—固定电极；2—绝缘垫；3—质量块；4—弹簧；5—输出端；6—壳体

4. 已知：差动电容式传感器的初始电容 $C_1 = C_2 = 100$ pF，交流信号源电压有效值 $U = 6$ V，频率 $f = 100$ kHz。完成以下几点要求。

（1）在满足有最高输出电压灵敏度的条件下，设计交流不平衡电桥电路，并画出电路原理图。

（2）计算另外两个桥臂的匹配阻抗值。
（3）当传感器的电容变化量为±10 pF时，求桥路输出电压。

5．将两根高分子压电电缆相距 2 m，平行埋设于柏油公路的路面下约 5 cm 处，如图 3-98（a）所示，可以用来测量车速及汽车的载重量，还可以结合存储在计算机内部的档案数据来判定汽车的车型。

现有一辆肇事车辆以较快的车速冲过测速传感器，两根（A、B）PVDF 压电电缆的输出信号波形如图 3-98（b）所示，完成以下几点要求。

（1）估算车速为多少？（单位为 km/h）
（2）估算汽车前后轮间距（可据此判定车型），并回答轮距与哪些因素有关？
（3）说明载重量 m 及车速 v 与 A、B 压电电缆输出信号波形的幅度或时间间隔之间的关系。

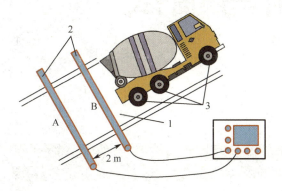

（a）PVDF压电电缆埋设示意图

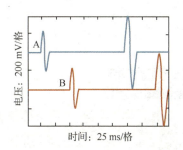

（b）两根（A、B）PVDF 压电电缆的输出信号波形

1—公路；2—PVDF 压电电缆（A、B 共两根）；3—车轮

图 3-98　PVDF 压电电缆的测速原理图

项目 4

光敏器件和光敏传感器的应用与调试

每课一语

扫一扫收听音频：心怀感恩，不忘初心

心怀感恩 不忘初心

"下雨了，拿起雨伞的那一刻，明白了一个道理，跟雨伞学做人，跟雨靴学做事。雨伞说，'你不为别人挡风遮雨，谁会把你高举在头上？'雨靴说，'人家把全部都托付给了我，我还计较什么泥里水里的？'"

学会感恩，学会付出，学会担当，不忘初心。不知此时此刻的您是否还记得当初的梦想与使命。惟愿常怀感恩之心，因为一切都是最好的遇见。惟愿初心依旧，坚守执着，方得始终。

项目概述

扫一扫看微课视频：初识光敏传感器

扫一扫看教学课件：初识光敏传感器

光敏传感器也称光电传感器或光传感器，是一种以光敏器件为检测元件的传感器，一般由光源、光通路和光敏器件三部分组成。光敏传感器的工作主要依托光电效应，即将可见光波信号转化为电信号，可在光电检测系统中实现光电转化功能，并完成信息的传输、处理、存储、显示及记录等工作。光敏传感器不局限于光探测，还可作为其他传感器的探测元件直接检测引起光量变化的非电量（如光照强度、辐射温度、气体成分等），也可检测能转换成光量变化的其他非电量（如物体的直径、表面粗糙度、应变、位移、振动、

项目 4　光敏器件和光敏传感器的应用与调试

速度、加速度及工作状态等)。由于光敏传感器具有信号响应速度快、非接触测量、性能可靠、探测精度高和分辨率高等特点,且体积小、质量轻、能耗低,目前被广泛应用于多个领域,如航空航天、工业生产、信息自动化控制等。随着现代科学技术的不断发展,光敏传感器智能化、模块化、多功能化等发展趋势也会更加明显,推动其在更多领域中应用。

本项目以歼-20 光电探测系统和歼-20 全景式模拟环境系统为载体,通过对光敏器件的应用与调试和光敏传感器的应用与调试的学习,分析、梳理了常用光敏器件和光敏传感器的原理、特性、典型应用及其对应系统的调试,以期学生能够正确识别、选择常用的光敏器件并对其进行质量检测,能够进行光敏器件典型应用的分析及光敏器件应用系统的调试,能够正确识别、选择常用的光敏传感器并对其进行质量检测,以及能够进行光敏传感器典型应用的分析及光敏传感器应用系统的调试。

项目导航

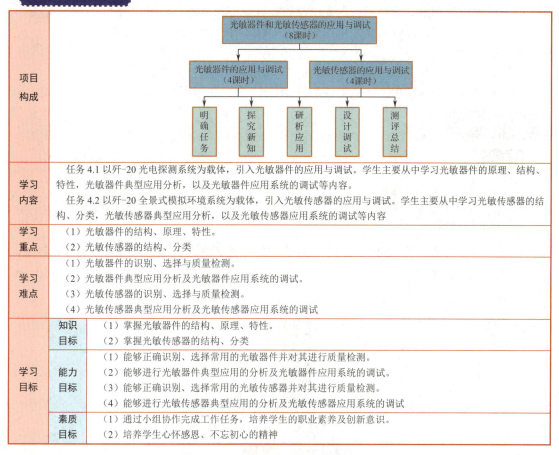

项目构成	光敏器件和光敏传感器的应用与调试（8课时） ├─ 光敏器件的应用与调试（4课时） └─ 光敏传感器的应用与调试（4课时） 明确任务　探究新知　研析应用　设计调试　测评总结		
学习内容	任务 4.1 以歼-20 光电探测系统为载体,引入光敏器件的应用与调试。学生主要从中学习光敏器件的原理、结构、特性,光敏器件典型应用分析,以及光敏器件应用系统的调试等内容。 任务 4.2 以歼-20 全景式模拟环境系统为载体,引入光敏传感器的应用与调试。学生主要从中学习光敏传感器的结构、分类,光敏传感器典型应用分析,以及光敏传感器应用系统的调试等内容		
学习重点	（1）光敏器件的结构、原理、特性。 （2）光敏传感器的结构、分类		
学习难点	（1）光敏器件的识别、选择与质量检测。 （2）光敏器件典型应用分析及光敏器件应用系统的调试。 （3）光敏传感器的识别、选择与质量检测。 （4）光敏传感器典型应用分析及光敏传感器应用系统的调试		
学习目标	知识目标	（1）掌握光敏器件的结构、原理、特性。 （2）掌握光敏传感器的结构、分类。	
	能力目标	（1）能够正确识别、选择常用的光敏器件并对其进行质量检测。 （2）能够进行光敏器件典型应用的分析及光敏器件应用系统的调试。 （3）能够正确识别、选择常用的光敏传感器并对其进行质量检测。 （4）能够进行光敏传感器典型应用的分析及光敏传感器应用系统的调试	
	素质目标	（1）通过小组协作完成工作任务,培养学生的职业素养及创新意识。 （2）培养学生心怀感恩、不忘初心的精神	

任务 4.1　光敏器件的应用与调试

明确任务

扫一扫看技能拓展：光电瞄准系统简介

1. 任务引入

歼-20 的机头下方安装了光电探测系统,即光电瞄准系统（EOTS）。该探测系统拥有前视红外成像（FLIR）、红外搜索与跟踪（IRST）和激光指示瞄准（LIA）功能，能够在上百千米外发现并锁定像 F-16、歼-10 一样的第四代战斗机，还能够为机载主动雷达中距拦射弹提供火控数据。它配备有先进的红外成像探测系统，可以在昼夜全天候条件下对低空和地面目标进行探测、识别和跟踪，这样不需要开启雷达就能保持对目标的掌握。现代隐身飞行器在雷达隐身方面的效果比较好，但是在红外隐身方面的效果就一般，所以歼-20 的综合光电探测系统尤其适用于对抗隐身飞机和巡航导弹，甚至可以用于探测对方弹道导弹的发射。

那么光敏器件是如何实现测量的呢？如何对测量系统进行调试呢？

2. 任务目标

◆ **知识目标**

掌握光敏器件的结构、原理、特性。

◆ **能力目标**

（1）能够正确识别、选择常用的光敏器件，并能够对其进行质量检测。

（2）能够进行光敏器件典型应用的分析及光敏器件应用系统的调试。

◆ **素质目标**

（1）通过小组协作完成工作任务，培养学生的职业素养及创新意识。

（2）培养学生心怀感恩、不忘初心的精神。

探究新知

基础篇

4.1.1 认识光敏器件

1. 光谱与光度

光是一种电磁波，按照波长或频率次序排列的电磁波序列被称为光谱。光的波长越长，对应的频率就越低。图 4-1 所示为可见光的光谱范围示意图，对应的光谱范围为 380～780 nm，

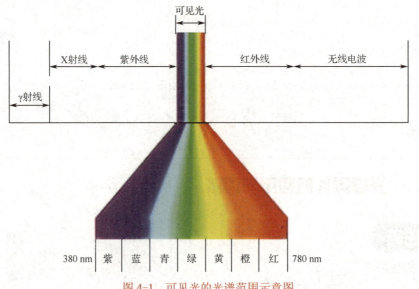

图 4-1　可见光的光谱范围示意图

项目4 光敏器件和光敏传感器的应用与调试

这个光谱范围从大到小依次对应红、橙、黄、绿、青、蓝、紫七光色。在这个区间以外,波长比红光还长的是红外线、无线电波等,波长比紫光还短的是紫外线、X射线等。

思考一刻:应该如何衡量光的强弱?

常用光度量有光通量、发光强度、发光效率、光照强度、亮度等,如图4-2所示。

1)光通量

光通量是指光源在单位时间内向周围辐射出的使眼睛产生光感的能量,用 Φ 表示,单位是流明(lm)。

2)发光强度

发光强度是指光源在某一给定方向的单位立体角内发射的光通量,用 I 表示,单位是坎德拉(cd)。

3)发光效率

发光效率是指光源发射的光通量与消耗电功率的比值,用 η 表示,单位是流明/瓦(lm/W)。

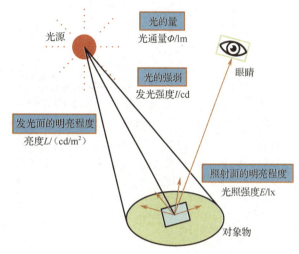

图4-2 常用光度量表示图

4)光照强度

光照强度是指物体表面单位面积上接收到的光通量,用 E 表示,单位是勒克斯(lx)。

5)亮度

亮度是指发光体在视线方向上单位面积的发光强度,用 L 表示,单位是坎德拉/米^2(cd/m^2)。

常用光度量对比汇总表如表4-1所示。

表4-1 常用光度量对比汇总表

名称	定义	符号	单位
光通量	光源在单位时间内向周围辐射出的使眼睛产生光感的能量	Φ	流明(lm)
发光强度	光源在某一给定方向的单位立体角内发射的光通量	I	坎德拉(cd)
光照强度	物体表面单位面积上接收到的光通量	E	勒克斯(lx)
亮度	发光体在视线方向上单位面积的发光强度	L	坎德拉/米^2(cd/m^2)
发光效率	光源发射的光通量与消耗电功率的比值	η	流明/瓦(lm/W)

小常识:白炽灯的常用光度量

40 W白炽灯的光通量 Φ=360 lm,40 W白炽灯正下方的发光强度 I=30 cd,40 W白炽灯正下方1 m处的光照强度 E=30 lx,白炽灯灯丝的亮度 L=300~500 cd/cm^2。

2. 光电效应与光敏器件

光敏传感器中能够实现信号测量的核心器件是光敏器件，它是一种把光信号转换为电信号的检测器件。常用的光敏器件有光电管、光电倍增管、光敏电阻、光敏二极管、光敏三极管、光电池等。

扫一扫看微课视频：光电效应与光敏器件

光敏器件的工作基础就是光电效应。光电效应是指光照射到某些物质上，使该物质的电特性发生变化的物理现象。光电效应分为外光电效应和内光电效应。

扫一扫看知识拓展：光敏器件发展简史

1）外光电效应

扫一扫看教学课件：光电效应与光敏器件

扫一扫看教学动画：外光电效应

扫一扫看教学动画：外光电效应实验演示

在光线作用下，使电子逸出物体表面向外发射的现象被称为外光电效应。光电效应示意图如图4-3所示，其中，向外发射的电子被称为光电子，能够承受光电效应的物质被称为光电材料。基于外光电效应的光敏器件有图4-4所示的光电管和光电倍增管，它们是能够将微弱光信号转换成电信号的真空电子器件。

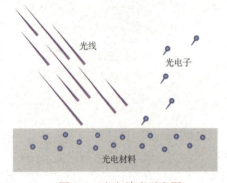

图4-3 光电效应示意图

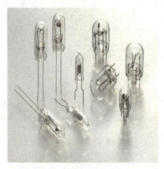 

（b）光电管的外形图　　（b）光电倍增管的外形图

图4-4 光电管和光电倍增管的外形图

> **小科普：光电效应方程**
>
> 1905年，爱因斯坦在普朗克能量子概念的基础上进一步大胆假设，提出光量子（光子）假设理论，指出光不仅在发射时，而且在传播过程中和与物质的相互作用中，都可以被看成能量子，爱因斯坦称这个能量子为"光量子"（1926年美国物理化学学家路易斯将它命名为"光子"）。由此，爱因斯坦得出了著名的光电效应方程：
>
> $$h\nu = W_0 + E_k \tag{4-1}$$
>
> 式中，h 为普朗克常量；ν 为入射光频率；W_0 为逸出功；E_k 为初始动能。
>
> 光电效应方程实际上表示的是能量守恒定律：光子能量被电子吸收之后，一部分用于挣脱金属的约束做功（逸出功），另一部分转变成电子跑出金属表面时的初始动能。该方程完美解释了光电效应，爱因斯坦也凭此在1921年获得了诺贝尔物理学奖，光电效应方程的提出成功推动了量子力学的发展。

2）内光电效应

扫一扫看教学动画：内光电效应

扫一扫看教学动画：光电导效应

内光电效应是指在光线作用下产生的载流子（主要是自由电子或空穴）仍在物质内部运动，从而使得物质的电阻率发生变化或产生光生电动势的现象。内光电效应又分为光电导效应和光生伏特效应两种。

光电导效应是指当入射光子射入半导体时，半导体吸收入射光子产生电子空穴对，从而使半导体的电导率增大。基于光电导效应工作的器件主要有光敏电阻，其外形图如图 4-5（a）所示。

光生伏特效应是指在光的作用下，物体产生一定方向电动势的现象。基于该效应工作的光敏器件有光电池、光敏二极管、光敏三极管，三者的外形图如图 4-5（b）、（c）、（d）所示。

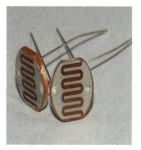  

（a）光敏电阻的外形图　　（b）光电池的外形图　　（c）光敏二极管的外形图　　（d）光敏三极管的外形图

图 4-5　内光电效应器件的外形图

小总结：光电效应的总结

光电效应的本质是光变致电，即光电转换。光电效应的总结图如图 4-6 所示。光电效应分为外光电效应和内光电效应。其中，内光电效应又分为光电导效应和光生伏特效应，光电导效应需要给电路加电压，而光生伏特效应不用。外光电效应、光电导效应和光生伏特效应的区分很简单，就是在光线作用下，它们电子的变化是不一样的。

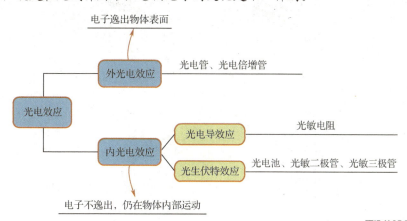

图 4-6　光电效应的总结图

4.1.2　认识光敏电阻

1. 光敏电阻的原理与结构

1）光敏电阻的原理

光敏电阻又称光导管，它是一种纯电阻器件，常用的制作材料为硫化镉，另外还有硒、硫化铝、硫化铅和硫化铋等材料。它的工作原理是光电导效应，如图 4-7 所示。当没有光照射在光敏电阻上时，光敏电阻的阻值很大，回路中的电流很小；当有光照射在光敏电阻上时，回路中的电流会增加，且光照越强，电流也会越大。

小结论：光敏电阻的阻值会随光照的增强而减小，光照越强，光敏电阻的阻值就越小，回路中的电流也就越大。

光敏电阻具有灵敏度高、光谱响应范围宽、体积小、质量轻、机械强度高、耐冲击、耐振动、抗过载能力强和寿命长等优点。但它在使用过程中需要外部电源供电，而且有电流流过时光敏电阻会发热。

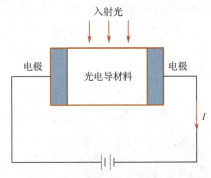

图4-7 光敏电阻的工作原理图

2）光敏电阻的结构

光敏电阻是用硫化镉等半导体材料制成的特殊电阻，如图4-8所示，其封装形式分为环氧树脂封装和金属外壳封装两种。其中，金属外壳封装通常由光导层、玻璃窗口、金属外壳、电极、陶瓷基座、黑色绝缘玻璃、电阻引线等部分构成，如图4-9（a）所示。为提高灵敏度，光敏电阻的电极常采用图4-9（b）所示梳状电极，它是在一定的掩膜下向光电导薄膜上蒸镀金或铟等金属形成的。光敏电阻的电路符号如图4-9（c）所示。

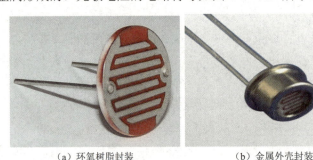

（a）环氧树脂封装　　　　　（b）金属外壳封装

图4-8 光敏电阻的封装形式

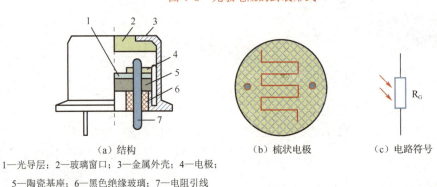

（a）结构　　　　　（b）梳状电极　　　　　（c）电路符号

1—光导层；2—玻璃窗口；3—金属外壳；4—电极；
5—陶瓷基座；6—黑色绝缘玻璃；7—电阻引线

图4-9 光敏电阻的结构、梳状电极与电路符号

2. 光敏电阻的参数

光敏电阻的主要参数包括暗电阻、暗电流、亮电阻、亮电流、光电流等。

1）暗电阻、暗电流

在室温条件下，全暗（无光照射）时测得的光敏电阻的阻值被称为暗电阻。此时，在给

定电压下流过光敏电阻的电流被称为暗电流。

2)亮电阻、亮电流

在室温条件下,在某一光照下测得的光敏电阻的阻值被称为该光照下的亮电阻。此时,在给定电压下流过光敏电阻的电流被称为该光照下的亮电流。

3)光电流

光电流等于在某一光照下测得的亮电流减去暗电流,用公式表示为

$$I_{光} = I_{亮} - I_{暗} \tag{4-2}$$

> **特别提醒**
>
> 光敏电阻的暗电阻越大、亮电阻越小,则光敏电阻的性能越好。也就是说,暗电流越小、光电流越大,光敏电阻的灵敏度就越高。

光敏电阻的暗电阻往往超过 1 MΩ,甚至高达 100 MΩ,而亮电阻最高为几千欧姆,暗电阻与亮电阻的比值在 $10^2 \sim 10^6$ 范围内。由此可见,光敏电阻的灵敏度很高。

3. 光敏电阻的特性

光敏电阻的主要特性包括伏安特性、光照特性、光谱特性、温度特性等。

1)伏安特性

伏安特性是指在一定光照强度下,光敏电阻两端所加的电压与光电流之间的关系。由图 4-10 可知,在一定光照强度下,光敏电阻两端所加的电压越大,光电流越大,没有饱和现象;同样,在给定的偏压情况下,光照强度越大,光电流也就越大。

> **特别提醒**
>
> 光敏电阻的阻值与入射光的光照强度有关,而与加在其两端的电压和光电流的大小无关。

2)光照特性

光照特性是指光敏电阻的光电流与光通量之间的关系。由图 4-11 可知,绝大多数光敏电阻的光照特性是非线性的,因此,光敏电阻一般在自动控制系统中用作开关式光敏器件。

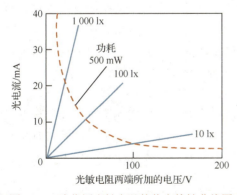

图 4-10 硫化镉光敏电阻的伏安特性曲线图

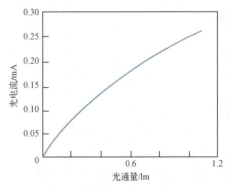

图 4-11 硫化镉光敏电阻的光照特性曲线图

案例分析：图 4-12 所示为应用光敏电阻设计的电路，闭合开关 S 后，用光照向光敏电阻，发现光照强度增加时，电路中的总电阻_____，灯 L 变得_____。

解：由于光敏电阻 R_G 的阻值随光照强度的增加而减小，所以光照强度增加时，电路中的总电阻变小，总电流变大，灯 L 变得更亮。

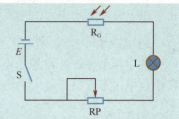

图 4-12 应用光敏电阻设计的电路

3）光谱特性

光谱特性是指同一光敏电阻对于不同波长的入射光，灵敏度是不同的。不同材料的光敏电阻对于同一波长的入射光也有不同的响应灵敏度。图 4-13 所示为几种常见光敏电阻的光谱特性曲线图。

4）温度特性

温度特性是指随着温度的升高，光敏电阻的暗电阻和灵敏度都会下降。另外，随着温度的升高，由图 4-14 可知，光谱响应峰值向短波方向移动，因此采取降温措施可以提高光敏电阻对长波光的响应程度。

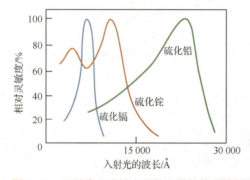

图 4-13 几种常见光敏电阻的光谱特性曲线图

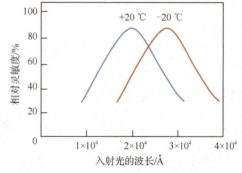

图 4-14 硫化铅光敏电阻的温度特性曲线图

光敏电阻的质量检测

通常可用万用表电阻挡对光敏电阻的暗电阻、亮电阻和灵敏性进行检测。

1. 暗电阻检测

在检测暗阻时，先用黑纸片遮住光敏电阻的受光窗口或用不透明的遮光罩将光敏电阻盖住，然后将万用表置 R×10 kΩ 挡测光敏电阻的阻值。此时万用表的示值即为暗电阻，阻值应很大，通常为兆欧姆数量级。暗电阻越大，说明光敏电阻的性能越好，若此值很小或接近于 0，说明光敏电阻已损坏，不能继续使用。

2. 亮电阻检测

在检测亮阻时，先在透光状态下用手电筒照射光敏电阻的受光窗口，然后将万用表置 R×1 kΩ 挡测光敏电阻的阻值。此时万用表的示值即为亮电阻，阻值通常为数千欧姆或数十千欧姆。亮电阻越小，说明光敏电阻的性能越好，若此值很大或为无穷大，说明光敏电阻内部已开路损坏，不能继续使用。

3. 灵敏性检测

将光敏电阻的受光窗口对准入射光源，在光敏电阻的受光窗口上部晃动黑纸片，使光敏电阻间断受光。如果此时万用表指针随黑纸片的晃动而左右摆动，则说明该光敏电阻是正常的；如果此时万用表指针始终停在某一位置而不随黑纸片的晃动而左右摆动，则说明该光敏电阻的光敏材料已经损坏，不能继续使用。

特别提醒

不可用手接触光敏电阻的引脚，以免减小阻值而引起测量误差。

小贴士：光敏电阻的基本应用电路

光敏电阻的基本应用电路图如图 4-15 所示，分为输出电压与光照变化趋势相同的电路和输出电压与光照变化趋势相反的电路。

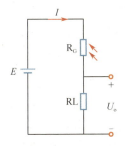
（a）输出电压与光照变化趋势相同的电路图

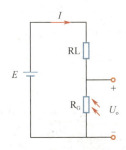
（b）输出电压与光照变化趋势相反的电路图

图 4-15　光敏电阻的基本应用电路图

4.1.3　认识光敏二极管

1. 光敏二极管的结构与原理

 扫一扫看教学课件：光敏二极管

 扫一扫看微课视频：光敏二极管

1）光敏二极管的结构

光敏二极管又称光电二极管，其外形图如图 4-16（a）所示，它是一种光电转换器件。光敏二极管与半导体二极管在结构上是类似的，光敏二极管的外壳可用金属、玻璃、陶瓷树脂封装。金属封装的光敏二极管主要由玻璃透镜、管壳、管芯及引脚等部分构成，如图 4-16（b）所示。光敏二极管的管芯是一个具有光敏特征的 PN 结，具有单向导电性。光敏二极管和普通二极管相比，在结构上不同的是，它为了便于接受入射光的照射，PN 结的面积会尽量做得大一些，电极面积会尽量做得小一些，而且其 PN 结的结深很浅，一般小于 1 μm。光敏二极管的结构简图和电路符号如图 4-16（c）所示。

思考一刻：如何判别光敏二极管的引脚？

 扫一扫看技能拓展：光敏二极管的引脚判别

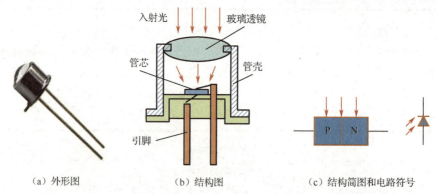

(a) 外形图　　　　　　　(b) 结构图　　　　　　(c) 结构简图和电路符号

图 4-16　光敏二极管的外形图、结构图、结构简图和电路符号

2）光敏二极管的原理

当没有光照时，光敏二极管的反向电流（也称光电流）很小（一般小于 0.1 μA），被称为暗电流；当有光照时，如图 4-17 所示，携带能量的光子进入 PN 结后，把能量传给共价键上的束缚电子，使部分电子挣脱共价键，从而产生电子-空穴对，被称为光生载流子。它们在反向电压的作用下参加漂移运动，使光电流明显变大，光照强度越大，光电流也越大。

光敏二极管的测量电路如图 4-18 所示，如果在外电路接上负载，负载上就能获得电信号，而且这个电信号会随着光的变化而变化。

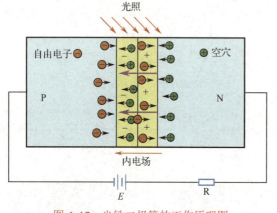

图 4-17　光敏二极管的工作原理图

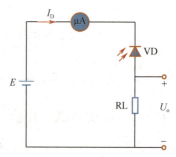

图 4-18　光敏二极管的测量电路

光敏二极管之所以能够实现光电转换，是因为利用了 PN 结的光生伏特效应，当有光照到 PN 结上时，PN 结会吸收光能，产生电动势，处于导通状态。

> **特别提醒**
>
> 光敏二极管在电路中一般处于反向工作状态，当没有光照时，光电流很小，被称为暗电流；当有光照时，光电流较大，被称为亮电流。光照强度越大，光电流越大。

2. 光敏二极管的特性

1）光照特性

光敏二极管的光照特性曲线的线性较好，由图 4-19 可知，在小负载电阻下，其光电流与光照强度基本呈线性关系。光敏二极管的结电容很小，频率响应高，带宽可达 100 kHz。

2）光谱特性

由图 4-20 可知，不同材料制作的光敏二极管有不同的光谱特性。同一种材料的光敏二极管对不同波长的光反应的灵敏度是不同的。光敏二极管的体积小、灵敏度高、响应时间短，光谱响应在可见光区与近红外光区之间，常用于光电探测中。

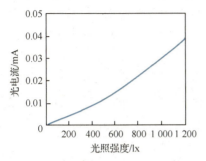

图 4-19 光敏二极管的光照特性曲线图

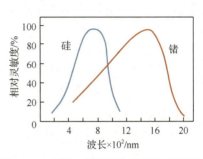

图 4-20 光敏二极管的光谱特性曲线图

3）伏安特性

由图 4-21 可知，当光敏二极管的反向偏压较低时，光电流随电压变化比较敏感，这是由于反向偏压加大了耗尽层的宽度和电场强度。随着反向偏压的加大，对载流子的收集达到极限，光电流趋于饱和，这时光电流与所加偏压几乎无关，而只取决于光照强度的大小。

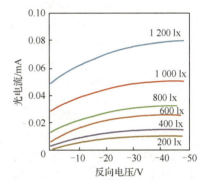

图 4-21 光敏二极管的伏安特性曲线图

小贴士：光敏二极管的两种工作状态

当给光敏二极管加上反向电压时，如图 4-22（a）所示，流过光敏二极管的光电流随着光照强度的改变而改变，光照强度越大，光电流也越大，大多数光敏二极管都是以这种状态在工作。

当不给光敏二极管加反向电压时，如图 4-22（b）所示，利用 PN 结在受光照时产生正向电压的原理，可以把光敏二极管用作微型光电池。

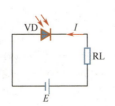 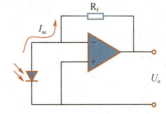

（a）给光敏二极管加上反向电压　　（b）不给光敏二极管加反向电压

图 4-22 光敏二极管的两种工作状态

光敏二极管的质量检测

1. 电阻测量法

用万用表 R×1 kΩ 挡测量。与普通二极管一样，光敏二极管的正向电阻约为 10 kΩ。在无光照情况下，若反向电阻为无穷大，说明管子质量合格（反向电阻不是无穷大时，说明漏电流大）。在有光照的情况下，若反向电阻随光照强度的增加而减小，阻值为 1 kΩ 以下或几千欧姆，说明管子质量合格；若反向电阻都是无穷大或 0，说明管子质量不合格。

2. 电压测量法

用万用表直流 1 V 挡测量。红表笔接光敏二极管"+"极，黑表笔接光敏二极管"-"极，在阳光或白炽灯的照射下，加在光敏二极管两端的电压与光照强度成正比，一般为 0.2～0.4 V。

3. 短路电流测量法

用万用表直流 50 μA 挡测量。红表笔接光敏二极管"+"极，黑表笔接光敏二极管"-"极，在阳光或白炽灯照射下，随着光照的增强，其电流增加，说明管子质量合格，短路电流可达数十微安甚至数百微安。

小拓展：光敏三极管

1. 光敏三极管的结构

光敏三极管和普通三极管的结构类似，它们都有两个 PN 结，如图 4-23（a）、(b) 所示。不同之处是光敏三极管有一个对光敏感的 PN 结作为感光面，它一般常用集电结作为受光结。

多数光敏三极管基极无引出线，只有集电极和发射极两个引脚。因此，如图 4-23（c）所示，光敏三极管实质上是一种相当于在基极和集电极之间接有光敏二极管的三极管。光敏三极管可视为基极开路的三极管，其电路符号如图 4-23（d）所示。

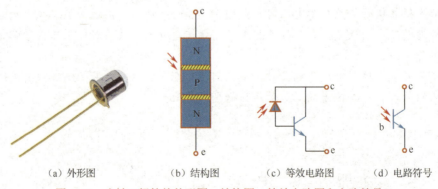

(a) 外形图　　(b) 结构图　　(c) 等效电路图　　(d) 电路符号

图 4-23　光敏三极管的外形图、结构图、等效电路图和电路符号

2. 光敏三极管的原理

光敏三极管的应用电路如图 4-24 所示，在集电极加上正电压，基极开路时，集电结处于反向偏置状态。当光线照射集电结的基区时，会产生电子-空穴对，

在内电场的作用下，光生电子被拉到集电极，基区留下了空穴，这使基极与发射极间的电压升高，大量的电子流向集电极，形成输出电流，且集电极电流 I_c 为光电流的 β 倍。

光敏三极管在把光信号变为电信号的同时，放大了电流信号，即具有放大作用。相比光敏二极管，光敏三极管具有更高的灵敏度，对工作电源要求不高，应用也更广。

思考一刻：如何进行光敏三极管的质量测试及引脚判断？

扫一扫看技能拓展：光敏三极管的质量测试及引脚判断

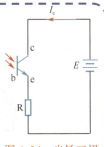
图 4-24　光敏三极管的应用电路

小总结：光敏二极管和光敏三极管的区别

（1）光敏二极管和光敏三极管都是红外光敏器件。前者由一个 PN 结组成；后者采用半导体制作工艺制成，为 NPN 或 PNP 结构。两者有光照射时，都会产生光电流。

（2）光敏二极管引脚分正负，光敏三极管一般只有集电极和发射极，两者外观看起来一样，很难区分，要注意型号。

特别提醒

可以使用数字万用表检测暗电阻来判别是光敏二极管还是光敏三极管，将万用表置于黑暗环境中，对管子进行正、反向测量。如果正、反向测量都显示溢出"1"（无穷大），说明所测的管子是光敏三极管；如果正向测量的示值比较小（10 kΩ 左右），反向测量显示溢出"1"（无穷大），说明所测的管子是光敏二极管。

扫一扫看技能拓展：光敏三极管和光敏二极管的检测与区分

（3）光敏三极管和光敏二极管都能把感受到的光信号变成电信号，但是光敏三极管的基区是接收光的地方，所以基区面积做得比普通三极管大，它所转换的光电流要比光敏二极管大几十倍甚至几百倍。

（4）光敏二极管的光电流小，输出特性曲线的线性特性好，响应速度快；光敏三极管的光电流大，输出特性曲线的线性特性较差，响应速度慢。

因此，一般要求灵敏度高、工作频率低的电路选用光敏三极管；而要求光电流与光照强度呈线性关系或要求在高频率下工作时，应采用光敏二极管。

拓展篇

4.1.4　认识光电池

1. 光电池的结构与原理

扫一扫看教学动画：太阳能电力系统

扫一扫看知识拓展：光电池发展简史

1）光电池的结构

光电池是太阳能电力系统内部的一个组成部分，太阳能电力系统在替代电力能源方面有着越来越重要的地位。光电池是一种在光的照射下产生电动势的半导体元件，它是发电式有源元件，主要用于光电转换、光电探测及光能利用等方面。

光电池是一种特殊的半导体二极管，有较大面积的 PN 结，采用较大面积 PN 结的目的是使光电池能接受更多入射光的照射。当光照射在 PN 结上时，在结的两端出现电动势，它的外形图、结构图和电路符号如图 4-25 所示。光电池通常只有一面接受光的照射,被称为光电池的受光面。不接受光照射的一面被称为背光面。光电池在工作时能将光能转化成电能形成电压,电压的正极多为受光面。

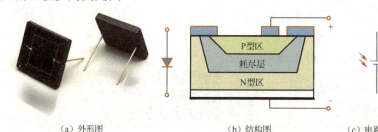

(a) 外形图　　　　　(b) 结构图　　　　　(c) 电路符号

图 4-25　光电池的外形图、结构图和电路符号

光电池的种类有很多,主要有硅光电池、硒光电池、锗光电池、硫化镉光电池、砷化镓光电池等。其中,目前应用最广也最有发展前途的是硅光电池。

扫一扫看教学动画:光电池运行工作原理

扫一扫看微课视频:光电池

扫一扫看教学课件:光电池

2)光电池的原理

光电池是在光线照射下,直接将光量转变为电动势的光学元件,它的工作原理是光生伏特效应,简称光伏效应。光电池的工作原理图如图 4-26 所示,当入射光照射在 PN 结上时,若光子能量大于半导体材料的禁带宽度,则在 PN 结内部激发产生电子-空穴对,在内电场作用下,空穴移向 P 型区,电子移向 N 型区,使得 P 型区带正电,N 型区带负电,PN 结产生电动势。此时,光电池与负载的连接图如图 4-27 所示,如果将 PN 结两端用导线连起来,电路中就会有电流流过,电流的方向由 P 型区流经外电路至 N 型区。如果将外电路断开,就可测出光生电动势的大小。

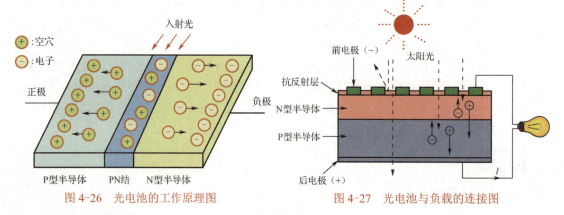

图 4-26　光电池的工作原理图　　　　　图 4-27　光电池与负载的连接图

2. 光电池的特性

1)光照特性

由图 4-28 可知,在不同光照强度下,光电池有不同的短路电流和开路电压。

特别提醒

短路电流与光照强度呈线性关系,而开路电压与光照强度是非线性的。所以,当光电池作为测量元件使用时,应把它当作电流源的形式来使用。

2）光谱特性

由图 4-29 可知，光电池不同，光谱特性曲线峰值的位置也不同。比如硒光电池和硅光电池，硅光电池的峰值波长为 0.80 μm 左右，硒光电池的峰值波长为 0.54 μm 左右。

> **特别提醒**
>
> 硅光电池的光谱范围为 0.45～1.1 μm，硒光电池的光谱范围为 0.34～0.75 μm。由光谱范围可知，它们只对可见光敏感。

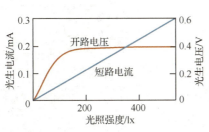

图 4-28　光电池的光照特性曲线图

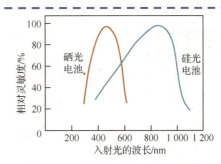

图 4-29　光电池的光谱特性曲线图

3）频率特性

频率特性是指输出相对光电流与调制光频率变化之间的关系。由图 4-30 可知，相较于硒电池，硅光电池具有较高的频率响应，工作频率上限为数万赫兹。

> **特别提醒**
>
> 硅光电池凭借很高的频率响应，可用在高速计数、有声电影等方面，这也是硅光电池在所有光敏器件中最为突出的优点。

4）温度特性

温度特性是指光电池开路电压和短路电流随温度变化的关系。温度特性关系着应用光电池仪器的温度漂移，影响测量精度或控制精度等重要指标。由图 4-31 可知，光电池的参数受环境影响较大，开路电压随温度升高而快速下降，短路电流随温度升高而缓慢增大。

> **特别提醒**
>
> 将光电池作为测量元件，在仪器设计时就应该考虑到温度的漂移，必须采取相应的温度补偿措施。

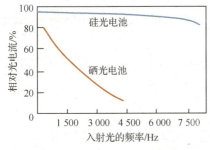

图 4-30　光电池的频率特性曲线图

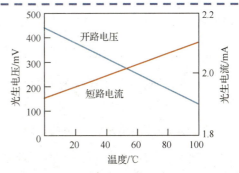

图 4-31　光电池的温度特性曲线图

心怀感恩是人生最好的修行

感恩是人生最好的修行，感恩的心是世间最珍贵的财宝。感恩父母，给予生命陪伴、成长；感恩生活，带来一切体验、感受；感恩朋友，惊艳时光，温柔岁月；感恩自己，坚持梦想，一路向前。

心怀感恩，所遇皆温柔；心怀感恩，所见皆美好。这一生，路途虽然遥远，只要心怀感恩，就足够让我们对终点持有憧憬、抱有期待。

研析应用

典型案例 31　光控调光电路的应用

光控调光电路可以自动根据环境光线及时对灯光亮度进行调节，属于一种灯光自动控制电路。

1. 电路构成

图 4-32 是一种典型的光控调光电路，该电路以光敏电阻为核心元件，并由双向二极管 DB_3 及双向晶闸管 SCR 共同组成。

2. 工作原理

在由光敏电阻组成的感光探头探测到

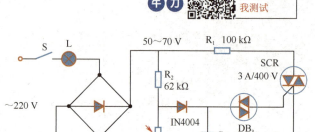

图 4-32　光敏电阻的光控调光电路图

周围环境光减弱时，光敏电阻的阻值增加，此时电容 C 上的电压不断上升，为 32 V 左右，触发双向二极管导通，增大了双向晶闸管 SCR 的导通角，加大了灯泡两端电压，灯泡功率加大，发光变强，从而对环境光的减弱进行及时的补充。电容 C 上电压的大小决定了双向晶闸管导通时间的长短和导通角的大小。当环境光增强时，光敏电阻的阻值减小，此时双向晶闸管的导通角也会减小，灯泡两端电压同时减小，灯泡功率减小，灯光减弱，从而实现对灯光光照强度的自动调节。

特别提醒

电路中整流桥给出的必须是直流脉动电压，不能将其用电容滤波变成平滑直流电压，否则电路将无法正常工作。原因在于直流脉动电压既能给双向晶闸管提供过零关断的基本条件，又可使电容 C 的充电在每个半周期从 0 开始，准确完成对晶闸管的同步移相触发。

思考一刻：除了上述提供的光敏电阻光控调光电路，还有没有其他形式的光控调光电路？

典型案例 32　暗激发光控开关电路的应用

光控开关电路能够通过光线变化控制触发电路，它可以根据设定的光照强度阈值，自由控制用电器的电源开关。

1. 电路构成

图 4-33 所示电路以光敏电阻为核心元件,并由集成电路比较器 IC 及继电器 K 共同构成。

2. 工作原理

当光线下降到设定值时,光敏电阻 R_G 的阻值增大,使集成电路比较器 IC 的 2 脚反相端电位升高,输出低电平,三极管 VT 导通,继电器 K 线圈得电而工作。继电器的常开触点闭合,常闭触点断开,实现对外电路的控制。白天光线较强时,光敏电阻 R_G 的阻值较低,集成电路比较器 IC 的 3 脚正相端电位大于反相端,因此比较器输出高电平,三极管 VT 截止,继电器不工作。调零电位器 RP 的作用是设定光控开关光控值的大小。

思考一刻:除了上述提供的光控开关电路,还有没有其他形式的光控开关电路?

典型案例 33　照相机自动曝光控制电路的应用

照相机自动曝光控制电路也被称为照相机电子快门。电子快门常用于电子程序快门的照相机中,其中测光器件常采用与人眼光谱响应接近的硫化镉(CdS)光敏电阻。

1. 电路构成

图 4-34 所示为照相机自动曝光控制电路图,该电路是由光敏电阻 R_G、开关 S 和电容 C 构成的充电电路,时间检出电路(电压比较器),三极管 VT 构成的驱动放大电路,以及电磁铁 M 带动的快门叶片(执行单元)等组成。

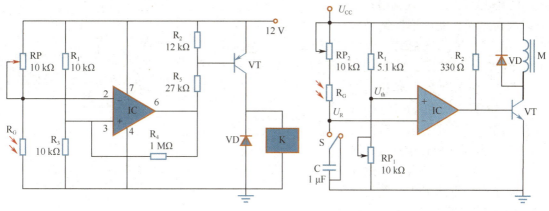

图 4-33　暗激发光控开关电路图　　　图 4-34　照相机自动曝光控制电路图

2. 工作原理

在初始状态,开关 S 处于图 4-34 所示的位置,电压比较器正输入端的电位为 R_1 与 RP_1 分电源电压 U_{CC} 所得的阈值电压 U_{th}(一般为 1~1.5 V),而电压比较器负输入端的电位 U_R 近似为电源电压 U_{CC},显然电压比较器负输入端的电位高于正输入端的电位,电压比较器的输出为低电平,三极管截止,电磁铁不吸合,快门叶片关闭。

当按动快门的按钮时,由开关 S、光敏电阻 R_G 及电位器 RP_2 构成的测光与充电电路接通,这时电容 C 两端的电压 U_C 为 0,由于电压比较器负输入端的电位低于正输入端而使其输出为高电平,使三极管 VT 导通,电磁铁将带动快门叶片打开快门,照相机开始曝光。在快门打开的同时,电源电压 U_{CC} 通过电位器 RP_2 与光敏电阻 R_G 向电容 C 充电,且充电的速度取决于景物的光照强度,景物的光照强度越高,光敏电阻 R_G 的阻值也越低,充电速度也就越快。当电容 C 充电到一定的电位($U_R \geq U_{th}$)时,电压比较器的输出电压将由高变低,三极管 VT 截止而使电磁铁断电,快门叶片又重新关闭。

> **特别提醒**
>
> (1)U_R 的变化规律可由电容 C 的充电规律得到,其计算公式为
>
> $$U_R = U_{CC}[1 - \exp(-t/\tau)] \tag{4-3}$$
>
> 式中,τ 为电路的时间常数,$\tau = (RP_2 + R_G)C$。
>
> (2)快门开启时间 t 的计算公式为
>
> $$t = (RP_2 + R_G)C \cdot \ln(U_{CC}/U_{th}) \tag{4-4}$$

快门开启时间 t 取决于景物的光照强度,景物的光照强度越低,快门开启时间越长;反之,快门开启的时间越短。由此可以实现照相机曝光时间的自动控制。

典型案例 34　火焰探测报警控制电路的应用

火焰探测器又称感光式火灾探测器,它是用于响应火灾的光特性,即探测火焰燃烧的光照强度和火焰的闪烁频率的一种火灾探测器。

1. 电路构成

图 4-35 所示为以硫化铅光敏电阻为探测元件的火焰探测报警控制电路图,其中,晶体管 VT_1、电阻 R_1 及 R_2 和稳压二极管 VD_W 构成了对光敏电阻 R_G 的恒压偏置电路,其偏置电压约为 6 V。恒压偏置电路只要保证光电导器件的灵敏度不变,就可以使前置放大器的输出信号稳定,从而保证火焰探测器能长期稳定地工作。晶体管 VT_1 的集电极电阻两端并联 68 nF 的电容 C_1,可以抑制 100 Hz 以上的高频,使其成为频率只有几十赫兹的窄带放大器。

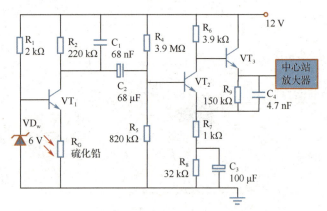

图 4-35　以硫化铅光敏电阻为探测元件的火焰探测报警控制电路图

2. 工作原理

当被探测物体的温度高于燃点或被点燃发生火灾时,物体将发出波长接近于 2.2 μm 的辐射(或"跳变"的火焰信号),该辐射光将被光敏电阻 R_G 接收,使前置放大器的输出跟随火焰"跳变"信号,并经电容 C_2 耦合,送至由 VT_2、VT_3 组成的高输入阻抗放大器放大。火焰"跳变"信号被放大后送至中心站放大器,并由中心站放大器发出火灾警报信号或执行灭火动作。

项目 4　光敏器件和光敏传感器的应用与调试

> **特别提醒**
>
> 光敏电阻 R_G 的暗电阻为 1 MΩ，亮电阻为 0.2 MΩ，峰值响应波长为 2.2 μm，恰为火焰的峰值辐射光谱。

设计调试

提升篇

扫一扫进行光敏器件研析应用测试

4.1.5 声光双控 LED 系统的调试

1. 系统的构成与原理

利用声波传感器和光敏电阻这两种传感器组成的声光检测系统在安防、楼宇等领域有着广泛的应用。这里需要调试的声光双控 LED 系统模拟了楼道灯的声光双控系统，其原理图如图 4-36 所示。

当光敏电阻 R_G 处于光照环境时，R_G 为低电阻，VT_4 截止，LED_1 不亮；当光敏电阻 R_G 无光照射时，R_G 为高电阻，由于 R_2 的偏置使 VT_4 仍处于截止状态，此时，若有声波信号经声波传感器 BM 拾取，VT_3 有很

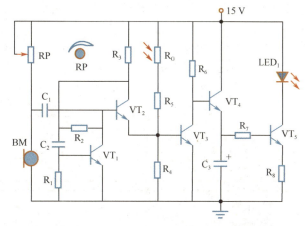

图 4-36　声光双控 LED 系统的原理图

强的音频信号输入，使 VT_4 处于饱和状态，VT_5 也处于饱和状态，LED_1 亮，同时对 C_3 充电，使 LED_1 延时 10 s 左右熄灭。

2. 电路搭接与调试

扫一扫看微课视频：声光双控 LED 系统的调试

（1）将光敏电阻置于光敏传感器模块上的暗盒内，将其两个引脚引出到面板上。通过导线将光敏电阻接到声光双控 LED 电路的 R_G 两端。

（2）打开主控台电源，将+15 V 电源接入传感器应用模块。

（3）将 0～20 mA 恒流源接传感器应用模块 LED 两端，调节传感器应用模块 LED 的驱动电流，改变暗盒内的光照强度，说话或者敲击桌面发出声音，观察 LED_1 的状态。

（4）调节 RP，改变系统的灵敏度，重复步骤（3），观察现象有什么不同。

3. 调试记录分析

根据观察到的现象，思考、总结 LED_1 点亮的条件，并分析其原因。

4. 拆线整理

断开电源，拆除导线，整理工作现场。

5. 考核评价

扫一扫进行本环节的考核评价

思考一刻：根据观察到的实验现象，思考小区楼道灯的工作原理。

165

> **拓展驿站：光敏二极管光电转换系统的调试**

当光敏二极管处于零偏时，流过 PN 结的电流等于光电流，如图 4-37 所示；当光敏二极管处于反偏时（电压为-4 V），流过 PN 结的电流等于光电流与反向饱和电流之差。因此，将光敏二极管用作光电转换器，必须处于零偏或反偏状态。

具体调试过程如下：

（1）将光敏二极管置于光敏传感器模块上的暗盒内，将其两个引脚引到面板上。通过导线将光敏二极管接到光电流/电压转换电路上，光电流/电压转换电路输出接直流电压表 20 V 挡。

（2）打开主控台电源，将+15 V 电源接入传感器应用模块。将光敏二极管"+"极接地或者接-15 V 电源。

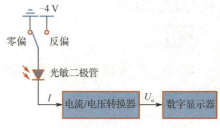

图 4-37 光敏二极管光电信号接收图

（3）将 0~20mA 恒流源接 LED 两端，调节 LED 的驱动电流，改变暗盒内的光照强度，记录光电流/电压转换电路的输出电压 U_o，并填入表 4-2 中。

表 4-2 系统调试数据记录表

I/mA									
U_o/V（零偏）									
U_o/V（反偏）									

创新篇

4.1.6 感光灯控制电路的设计与调试

扫一扫看微课视频：
感光灯控制电路的设计与调试

1. 目的与要求

利用光敏电阻设计一种感光灯控制电路，并对该电路进行分析、调试。通过该任务，使学生加深对光敏电阻的特性、工作原理及典型应用的理解；掌握光敏传感器控制电路设计与调试的方法；能够对电子元器件、光敏电阻进行正确识别和质量检测。

2. 系统的构成与原理

这里要用到的器材设备主要有光敏电阻、电阻、电容、电位器、LED、三极管、数字万用表及若干导线。

感光灯控制电路图如图 4-38 所示，该电路主要由惠斯通电桥电路、信号放大电路、发光电路等组成。当环境光照强度减小时，光敏电阻 R_G 的阻值变大，TP_6 的电位增加，TP_6 与 TP_5 间的电压差值也在增加，信号通过运算放大器后，TP_8 的电位增加，三极管 VT 导通，高亮 LED 的亮度增加。反之，当环境光照强度增加时，高亮 LED 的亮度降低，直至熄灭。

> **特别提醒**
>
> 调节可调电位器 RP 可调整电路感光阈值。

项目4 光敏器件和光敏传感器的应用与调试

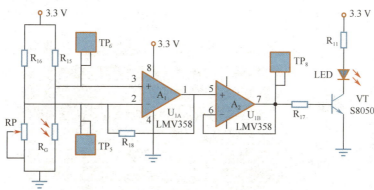

图4-38 感光灯控制电路图

3. 电路搭接与调试

1) 传感器的质量检测

按照快速检测——光敏电阻质量检测阐述的方法,用数字万用表对光敏电阻的质量进行检测。

2) 电路搭接

在电路板上按照图4-38所示电路进行元器件的排版、布线与焊接。

3) 电路调试

将光敏电阻 R_G 放置在当前环境中,观察 LED 亮度的变化。改变光敏电阻上光照强度的大小,同时观察 LED 亮度的变化。

4. 拆线整理

断开电源,拆除导线,整理工作现场。

5. 考核评价

思考一刻:

(1) 如果调换 R_G 与 RP 的位置,会出现什么现象?

(2) 如果改变运算放大器 U_{1A} 的放大倍数,LED 的亮度将会出现什么变化?

扫一扫进行本环节的考核评价

测评总结

1. 任务测评

2. 总结拓展

扫一扫进行本任务的考核评价

该任务以歼-20 光电探测系统为载体,引入光敏器件的应用与调试,明确了任务目标。任务4.1 的总结图如图4-39所示,在探究新知环节中,主要介绍了光电效应与光敏器件,光敏电阻、光敏二极管及光敏三极管的结构、原理、特性;在拓展篇中,阐述了光电池的结构、原理、特性。在研析应用环节中,重点分析了光敏器件的四种典型应用。在设计调试环节中,实践了提升篇和创新篇的多个典型光敏器件应用系统的调试任务。

通过对任务的分析、计划、实施及考核评价等,掌握光敏器件的结构、原理、特性,能够正确识别、选择常用的光敏器件并对其进行质量检测,能够进行光敏器件典型应用的分析及光敏器件应用系统的调试。

传感器的应用与调试（立体资源全彩图文版）

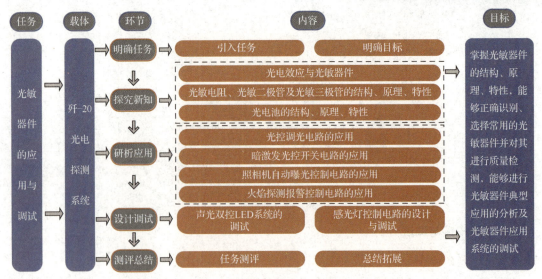

图4-39 任务4.1的总结图

感恩父母，给予生命陪伴成长

心灵驿站

在平凡的生活里，父母用辛勤的汗水、无畏的勇敢、坚强的脊梁、顽强的精神收获着微薄的希望，却竭尽全力地给我们撑起一个温暖、其乐融融的家园！

感恩父母多年来的养育之恩，感恩父母不弃不离的陪伴，感恩父母如山如海的支持，就算初生牛犊的我们，乱闯乱撞，直到遍体鳞伤，他们依旧给予我们温暖的疗伤室。

学习随笔

任务4.2 光敏传感器的应用与调试

明确任务

扫一扫看技能拓展：歼-20越肩发射技术

1. 任务引入

随着现代科技应用于导弹上，开弓同样可以有"回头箭"了，在空战领域，这种技术被叫作"越肩发射技术"，这意味着歼-20能警告背后偷袭的敌机，越肩发射导弹后，导弹还能

项目 4　光敏器件和光敏传感器的应用与调试

掉头打后方。越肩发射技术的战术意义十分明了——它意味着歼-20 形成了 360°的无死角绝对防御，无论敌机从任何角度来袭，它都可以发出反击。而支持歼-20 实现这种空战动作的有三大技术：第四代空空导弹技术、全景式模拟环境系统技术、信息化头盔瞄准器技术。

其中，全景式模拟环境系统的目的就是锁定战机背后的目标。它由一套光敏传感器及机载计算机组成。这些光敏传感器分布在机身上，当背后有敌机出现时，光敏传感器就会获知这一信息，并迅速通过强大的机载计算机模拟出 AR 图像，并将 AR 图像显示在飞行员的信息化头盔上。

那么什么是光敏传感器？它是如何实现测量的呢？它还有哪些应用呢？

2. 任务目标

◆ 知识目标

掌握光敏传感器的结构、分类。

◆ 能力目标

（1）能够正确识别、选择常用的光敏传感器并对其进行质量检测。

（2）能够进行光敏传感器典型应用的分析及光敏传感器应用系统的调试。

◆ 素质目标

（1）通过小组协作完成工作任务，培养学生的职业素养及创新意识。

（2）培养学生心怀感恩、不忘初心的精神。

探究新知

基础篇

4.2.1　认识光敏传感器

扫一扫看知识拓展：光敏传感器发展简史

扫一扫看教学课件：认识光敏传感器

扫一扫看微课视频：认识光敏传感器

1. 光敏传感器的结构

光敏传感器的外形图如图 4-40 所示，它是利用光敏器件把光信号转换成电信号的一种传感器。

图 4-40　光敏传感器的外形图

当光敏传感器工作时，如图 4-41 所示，它首先利用光通路把被测量的变化转换成光信号的变化，然后通过光敏器件将光信号的变化转换成电信号的变化。光敏传感器通常由光源、

光通路、光敏器件及检测处理电路等部分构成。常用的光源主要有白炽灯、气体放电光源、LED、激光器等。

图 4-41　光敏传感器的结构图

2. 光敏传感器的分类

光敏传感器根据工作原理的不同可分为光电效应传感器、热释电红外传感器、固体图像传感器和光纤传感器四类。如图 4-42 所示，工业上应用的光电效应传感器根据结构的不同可分为辐射式（也称直射式）、吸收式、遮光式、反射式四种基本形式。

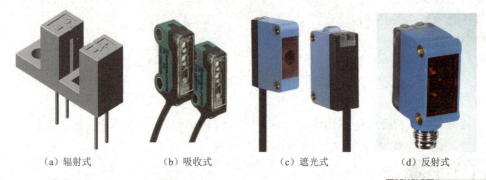

（a）辐射式　　　（b）吸收式　　　（c）遮光式　　　（d）反射式

图 4-42　光电效应传感器的外形图

1）辐射式

辐射式光电效应传感器的光源本身也是被测物体，辐射量的大小取决于被测物体的某些参数，如图 4-43 所示。该传感器适用于作位置运动的检测器、磁带检测器等，也可用于料位控制、行程控制、断料检测、防盗报警等领域。

2）吸收式

吸收式光电效应传感器光源发出的光穿过被测物体，其中一部分被吸收，另一部分投射到光敏器件上，吸收量的大小取决于被测物体的某些参数，如图 4-44 所示。根据被测物体对光的吸收程度或对其谱线的选择来测定被测参数，如测量液体和气体的透明度、浑浊度，对气体进行成分分析，测定液体中某种物质的含量等。

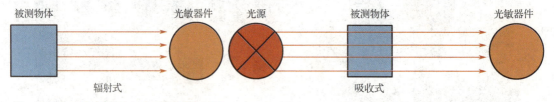

图 4-43　辐射光电效应敏传感器的原理图　　　图 4-44　吸收式光电效应传感器的原理图

3）遮光式

遮光式光电效应传感器的被测物体在光源与光敏器件之间，被测物体挡住一部分光，使作用在光敏器件上的光通量减小，减小的程度与被测物体在光通路中的位置有关，如图 4-45 所示。利用这一原理可以测量长度、厚度、线位移、角位移、振动等。

4）反射式

反射式光电效应传感器光源发出的光投射到被测物体上，然后从被测物体反射到光敏器件上，根据反射光通量的多少测定被测物体的表面状态和性质，如图 4-46 所示。例如，测量零件的表面粗糙度、表面缺陷、表面位移等。

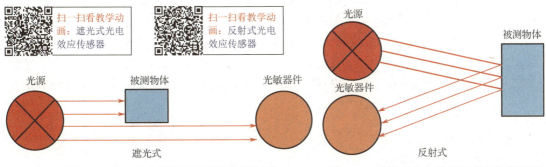

图 4-45　遮光式光电效应传感器的原理图　　图 4-46　反射式光电效应传感器的原理图

小拓展：光电耦合器

光电耦合器是以光为媒介传输电信号的一种电—光—电转换器件。它是在两个隔离电路之间传输电信号的电子器件，能将电信号从一个电路传输到另一个电路。

1. 结构与原理

光电耦合器的外形图及工作原理图如图 4-47 所示。光电耦合器的基本工作原理是，输入的电信号驱动光发射器发光，而物理空间隔离的另外一端由光接收器接收光而产生光电流，光电流经放大后输出，就完成了电—光—电的转换。这里输入电路只连接光电耦合器的 LED 引脚，输出电路连接光接收器，输入电路和输出电路完全电气隔离。常见的光电耦合器按电路结构可分为光敏二极管型、光敏三极管型、达林顿型、晶闸管驱动型等，如图 4-48 所示。

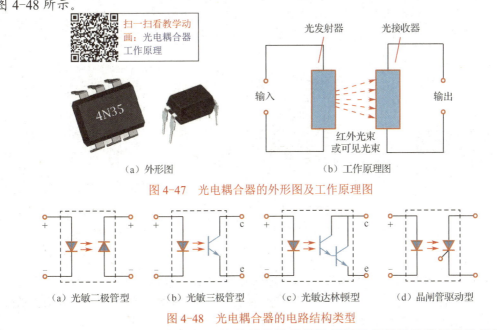

(a) 外形图　　(b) 工作原理图

图 4-47　光电耦合器的外形图及工作原理图

(a) 光敏二极管型　(b) 光敏三极管型　(c) 光敏达林顿型　(d) 晶闸管驱动型

图 4-48　光电耦合器的电路结构类型

2. 应用案例

光电耦合器用于开关直流电路如图 4-49 所示。该电路使用了基于光敏三极管的光电耦合器 PC817。红外 LED 由开关 S_1 控制,当开关 S_1 闭合时,电源通过限流电阻 R_1 为 LED 提供电流。当 LED 发出光时,致使光敏三极管导通。反之,当开关 S_1 断开时,输出电压 V_{OUT} 为 5 V。所以,基于光敏三极管的光电耦合器可以与微控制器一起用于捕获脉冲信号。

光电耦合器用于直流电压控制交流电路如图 4-50 所示。当开关 S_1 闭合时,电源通过限流电阻 R_1 为 LED 提供电流。当 LED 发出光时,致使双向光敏二极管导通,双向晶闸管 SCR_1 也随之导通,交流灯(AC_LAMP)点亮。这种配置用于控制使用低压电路的电器。

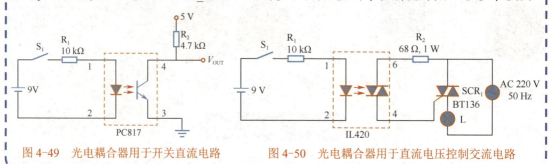

图 4-49 光电耦合器用于开关直流电路　　图 4-50 光电耦合器用于直流电压控制交流电路

拓展篇

4.2.2 认识热释电红外传感器

1. 热释电红外传感器的结构与原理

热释电红外传感器是一种非常有潜力的传感器,它可以检测人或某些动物发出的红外线,并将红外线转换成电信号输出,是感应人体或某些动物是否存在的高灵敏度红外探测器件。热释电红外传感器的外形图如图 4-51(a)所示。它主要由热释电元件、滤光片、场效应管、引脚等部分组成,如图 4-51(b)所示。它的内部电路结构图如图 4-52 所示。

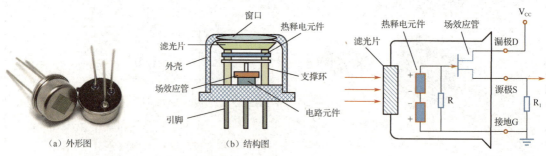

图 4-51 热释电红外传感器的外形图和结构图　　图 4-52 热释电红外传感器的内部电路结构图

1)滤光片

热释电传感器顶部的长方形窗口加有滤光片。热释电传感器的滤光片为带通滤光片,它被封装在传感器壳体的顶端,可以使人体发出的 10 μm 左右的红外线通过滤光片增强后聚集到红外感应源上,而其他波长的红外线被滤除。

项目4 光敏器件和光敏传感器的应用与调试

2）热释电元件

红外感应源通常为热释电元件，这种元件在感应到人体红外辐射的温度发生变化时就会失去电荷平衡，向外释放电荷。

> **特别提醒**
>
> 传感器将两个极性相反、特性一致的探测元件串联在一起，目的是消除因环境和自身变化引起的干扰。

3）场效应管

由于热释电元件输出的是电荷信号，电荷信号并不能直接使用，故引入结型场效应管来完成阻抗变换，最终就能产生电压控制信号。

2. 热释电红外传感器典型应用案例

扫一扫看教学动画：感应灯

扫一扫看教学动画：自动门

热释电红外传感器除了用在常见的自动门、感应灯、智能防盗报警系统上，还被越来越多地应用于智能电器中。例如，无人时自动关闭的空调、电视，有人靠近时自动开启的监视器、自动门铃等。这些应用中经常采用热释电红外开关应用电路，如图4-53所示。应用该电路的感应灯具有"人来灯亮，人走灯灭"的功能，因此特别适合宾馆、办公场所、居民住宅楼楼道及家庭使用。

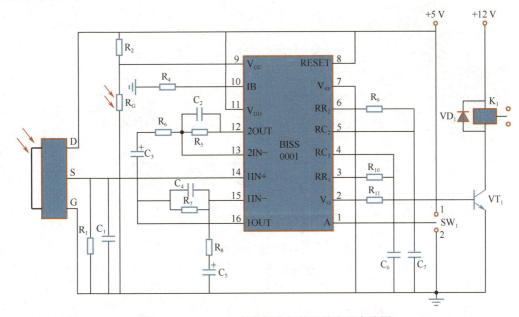

图4-53 BISS0001的热释电红外开关应用电路图

1）电路构成

热释电红外开关应用电路主要由热释电红外传感器、红外线处理集成电路、控制电路及电源等组成。集成电路 BISS0001 内部包括放大器、比较器、状态控制器及延时器等。在 BISS0001 外部连接的 R_2、R_G 是专为白天自动关灯而设置的调节装置，当进行照明控制时，若环境较明亮，R_G 的阻值会减小，使9引脚的输入保持为低电平，从而封锁触发信号。SW_1 是工作方式选择开关，当 SW_1 与1引脚连通时，芯片处于可重复触发工作方式；当 SW_1 与2

引脚连通时，芯片处于不可重复触发工作方式。输出延迟时间 t_x 由外部 R_{10} 和 C_6 的大小调整，触发封锁时间 t_i 由外部 R_9 和 C_7 的大小调整。

2）工作原理

当热释电红外传感器检测到人体红外信号时，它将输出微弱的电信号至 14 引脚，电信号经 BISS0001 内部两级放大器放大后，再经电压比较器与其设定的基准电压进行比较，然后输出高电平，高电平经延时处理后由 BISS0001 的 2 引脚输出，驱动 VT_1 使继电器 K_1 工作，其常开触点接通电灯电源，点亮电灯。当人离去时，按照设置的延迟时间，电灯自行熄灭。该电路还有连续触发的功能，当电灯处于导通点亮状态时，如果再出现第二次触发，则延时重新开始，以保持灯亮。如果现场有人一直停留而不离去，电灯就会持续点亮而不熄灭。

4.2.3　认识光纤传感器

1. 光纤传感器的结构与分类

光纤传感器是一种将被测对象的状态转变为可测光信号的传感器。光纤传感器的外形图如图 4-54（a）所示。它主要由光发射器、光纤、敏感元件、光接收器、信号处理系统等构成，如图 4-54（b）所示。

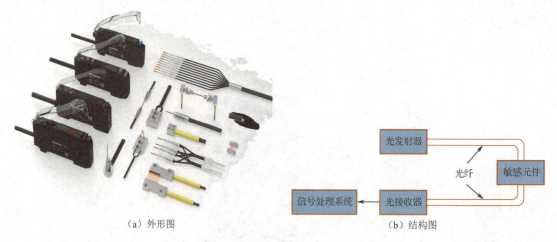

（a）外形图　　　　　　　　　　　　　（b）结构图

图 4-54　光纤传感器的外形图和结构图

由光发射器发出的光经光源光纤引导至敏感元件，这时光的某一性质受到被测量的调制，已调光经光纤耦合到光接收器，使光信号变为电信号，最后经信号处理得到所期待的被测量。

光纤传感器一般可分为两类：一类是功能型光纤传感器；另一类是非功能型光纤传感器，又称传光型光纤传感器。

功能型光纤传感器利用的是光纤本身对外界被测对象具有敏感能力和检测功能，其结构图如图 4-55 所示，光纤不仅起到传光作用，而且在被测对象作用下，如相位、偏振态等光学特性得到调制，调制后的信号携带了被测信息。

传光型光纤传感器的光纤只被当作传播光的媒介，其结构图如图 4-56 所示，待测对象的调制功能是由其他光电转换元件实现的，光纤的状态是不连续的，光纤只起传光作用。

项目4　光敏器件和光敏传感器的应用与调试

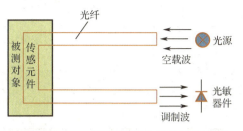

图 4-55　功能型光纤传感器的结构图

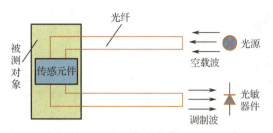

图 4-56　传光型光纤传感器的结构图

2. 光纤传感器的工作原理及应用案例

1）工作原理

光纤传感器的工作原理是将光源入射的光束经光纤送入调制器，光束在调制器内与外界被测参数相互作用，使光的光学性质（如光的波长、频率、相位、偏振态等）发生变化，成为被调制的光信号，光信号再经光纤送入光敏器件，最后经解调器后获得被测参数。整个过程中，光束经光纤导入，通过调制器后再射出，其中光纤首先是起到传输光束的作用，其次是起到光调制器的作用。

光纤传感器具有不受电磁场干扰、传输信号安全、高精度、高速度、高密度、可实现非接触测量、高灵敏度、非破坏性、使用简便及适于各种恶劣环境下使用等优点。光纤传感器无论是在电量（电流、电压）的测量方面，还是在非电量（位移、温度、压力、速度、加速度、液位、流量等）的测量方面，都取得了很大的进展。

2）应用案例

光纤流速传感器主要由多模光纤、光源、光敏器件、信号处理电路等组成，其工作原理图如图 4-57 所示。其中，BPF 为带通滤波器。将多模光纤插入顺流而置的铜管中，由于流体流动而使光纤发生机械应变，从而使光纤中传播的各模式光的相位发生变化，进而导致光纤的发光强度出现强弱变化，其振幅的变化与流速成正比。通过光敏器件及信号处理电路最终使得输出电压发生变化。

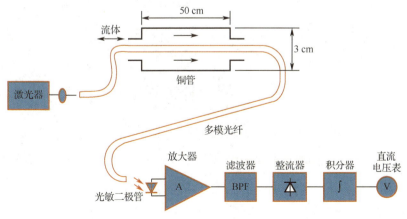

图 4-57　光纤流速传感器的工作原理图

> **感恩朋友惊艳了时光、温柔了岁月**
>
> 朋友，是金风玉露一相逢，便胜却人间无数的美好；是海内存知己，天涯若比邻的踏实；是桃李春风一杯酒，江湖夜雨十年灯的思念。
>
> 时间冲不散交情，朋友，就像天边的星星，虽然不一定常常想起，但你知道，他们一直都在。在平凡的日子里，一起抵挡风雨，一起开怀大笑，一起慢慢变老，一起学会告别。如此，甚好。

研析应用

 扫一扫进行光敏传感器自我测试 扫一扫看教学动画：光电脉搏传感器的工作原理

典型案例35　光电脉搏心率检测仪的应用

目前，绝大多数的智能手环、指尖心率检测仪都采用光电式测量法。光电脉搏心率检测仪的外形图如图4-58所示。光电式测量法即光电容积脉搏波描记法，它是利用光测量脉搏的一种技术：心脏跳动的一瞬，流通的血液量增加，由于血液是红色的，它会反射红光，吸收更多绿光；而心跳间隙，吸收的绿光就少一些。通过

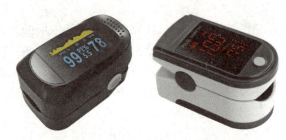

图4-58　光电脉搏心率检测仪的外形图

LED的光每秒闪动数百次，可借此计算出每分钟的心跳次数，也就是心率。

光电脉搏心率检测仪的结构图如图4-59所示，它由透射式光敏传感器、信号处理电路、控制器、显示器等部分组成。当手指放在LED和光敏三极管中间时，随着心脏的跳动，血管中血液的流量将发生变化。由于手指放在光的传递路径中，血管中血液饱和程度的变化将引起光的强度发生变化，因此和心跳的节拍相对应，光敏三极管的电流也跟着改变，并输出脉冲信号。该信号经放大、滤波、整形后输出，控制器对输入的脉冲信号进行计算、处理后，把结果送到显示器进行显示。

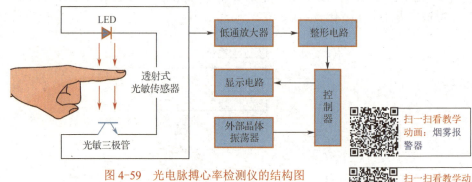

图4-59　光电脉搏心率检测仪的结构图

扫一扫看教学动画：烟雾报警器

扫一扫看教学动画：烟雾报警器的工作原理

典型案例36　光电式烟雾报警器的应用

光电式烟雾报警器是利用火灾烟雾对光产生吸收和散射作用来探测火灾的一种装置，其外形图如图4-60所示。正常情况下，光线能完全照射在光敏材料上，产生稳定的电压和电流。而一旦有烟雾进入传感器，则会影响光线的正常照射，从而产生波动的电压和电流，通过计算即能判断出烟雾的强弱。光电式烟雾报警器按检测方式可分为直射式和反射式两种。

项目4 光敏器件和光敏传感器的应用与调试

图 4-60 光电式烟雾报警器的外形图

1. 直射式

直射式烟雾报警器的结构图如图 4-61 所示,无烟雾时,光敏器件接收到 LED 发射的恒定红外光。而在火灾发生时,烟雾进入烟雾检测室,遮挡了部分红外光,使红外光敏三极管的输出信号减弱,经阈值判断电路后,烟雾报警器发出报警信号。

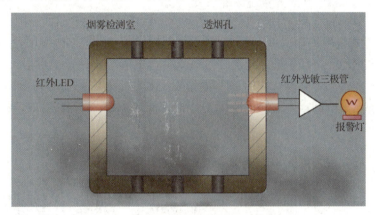

图 4-61 直射式烟雾报警器的结构图

2. 反射式

反射式烟雾报警器的结构图如图 4-62 所示,无烟雾时,由于红外对管相互垂直,烟雾检测室内又涂有黑色吸光材料,所以红外 LED 发出的红外光无法到达红外光敏三极管。

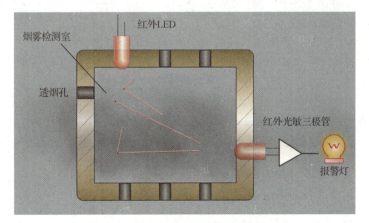

图 4-62 反射式烟雾报警器的结构图

在烟雾进入烟雾检测室后,烟雾的固体粒子对红外光产生漫反射(图 4-62 中只画出了几个微粒的反射示意),使部分红外光到达红外光敏三极管,红外光敏三极管有光电流输出,驱动报警电路发出报警信号。

典型案例 37　光电浊度计的应用

光电浊度计可用在不同地方的过滤装置上,用于测量原水或纯净水的浊度,其外形图如图 4-63 所示,它为任何需监测和控制浊度的地方传输可靠的数据。

光电浊度计电路由光电池、电流/电压(I/U)转换器、差动运算放大器、显示器等组成,如图 4-64 所示。半导体激光器发出的光线经过半反半透镜分成两束发光强度相等的光线,一部分穿过标准水样,直接照射在光电池上,产生的光电流经过电流/电压转换器而输出电压 U_{o2};另一部分光通过反射镜后改变了光的方向,穿过被测水样照射在光电池上,产生的光电流经过电流/电压转换器而输出电压 U_{o1}。如果被测水样是浑浊的液体,那么它和标准水样的透明度不同,对光的吸收量也不同,即位于上方和下方的光电池吸收的光量不同,因此输出电压 U_{o1} 和 U_{o2} 也不同,根据两者的差值就可以计算出被测水样的浊度。

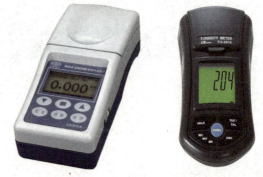

图 4-63　光电浊度计的外形图

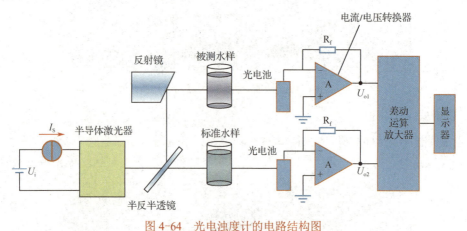

图 4-64　光电浊度计的电路结构图

> **特别提醒**
>
> 采用半反半透镜作为参比通道的原因在于,当光源的光通量由于种种原因有所变化(或环境温度变化)引起光电池的灵敏度发生改变时,由于两个通道的结构完全一样,可减小测量误差。

典型案例 38　光电开关的应用

光电开关可被用于物位检测、液位控制、产品计数、宽度判别、速度检测、信号延时、自动门传感、色标检出及安全防护等。

项目 4　光敏器件和光敏传感器的应用与调试

1. 光电开关在自动化生产线中的应用

光电开关在自动化生产线中的应用如图 4-65 所示。利用遮断式光电开关实现对产品的计数，利用反射式光电开关完成产品灌装高度的检测。

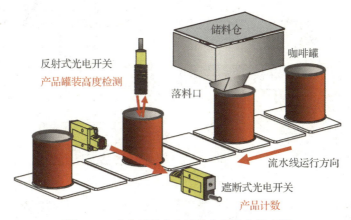

图 4-65　光电开关在自动化生产线中的应用

2. 光电开关在光幕中的应用

光幕传感器也叫安全光幕，它是用在工业生产安全中起安全防护作用的一种自动控制产品。发光器和受光器安装于被测物体两侧，内部由单片机和微处理器进行数字程序控制，使红外线收发单元在高速扫描状态下，形成多束平行的红外线光幕警戒屏障，一旦触及，传感器就会把信号传递给控制电路，从而实现设备的停止或者工作，保护作业员的人身安全。

光幕传感器的应用如图 4-66 所示，光幕传感器可用于冲压金属孔检测、包装纸箱的全方位测量、自动收费系统中的车辆检测及安全预警等。

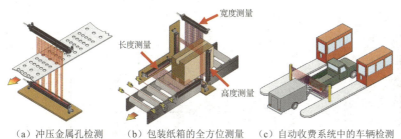

（a）冲压金属孔检测　　（b）包装纸箱的全方位测量　　（c）自动收费系统中的车辆检测　　（d）安全预警

图 4-66　光幕传感器的应用

扫一扫看教学动画：
直射式光电转速传感器的测速原理

3. 光电开关在光电转速测量中的应用

光电式转速传感器是一种角位移传感器，具有非接触、高精度、高分辨率、高可靠性和响应速度快等优点，在检测和控制领域得到了广泛应用。光电转速测量的原理结构图如图 4-67 所示，恒定光源发出的光通量经被测物体反射后到达光敏器件上，再经检测电路处理后输出一个脉冲。通过脉冲频率测量或脉冲计数，即可获得齿盘转速 n。

传感器的应用与调试（立体资源全彩图文版）

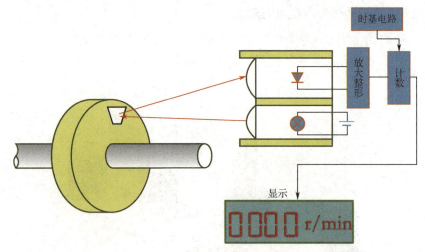

图 4-67 光电转速测量的原理结构图

   扫一扫进行光敏传感器研析应用测试   扫一扫看虚拟仿真视频：光敏传感器测速系统的调试

 扫一扫看微课视频：光敏传感器测速系统的调试

4.2.4 光敏传感器测速系统的调试

1. 系统的构成与原理

光敏传感器测速系统的调试需要用到转动源、光敏传感器、直流稳压电源、频率/转速表、示波器等仪器。

光电转速传感器有反射型和透射型两种，这里用到的是透射型，传感器端部有 LED 和光电池，LED 发出的光通过转盘上的透射孔到达接收管上，并转换成电信号，由于转盘上有等间距的 6 个透射孔，转动时将获得与转速及透射孔数有关的脉冲，对脉冲进行计数处理即可得到转速值。

2. 电路搭接与调试

（1）将光敏传感器安装在转动源上，如图 4-68 所示。将 +5 V 电源接至光敏传感器的电源端，光电输出接至频率/转速表的 fin 端，可调电压源接至转动源端。

（2）合上主控台电源开关，用不同的电压驱动转动源转动，记录不同驱动电压对应的转速，将调试结果填入表 4-3 中，同时可通过示波器观察光敏传感器的输出信号波形。

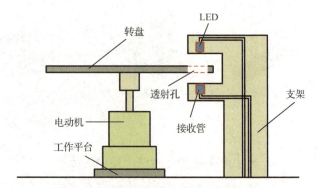

图 4-68 光敏传感器测速系统的结构图

项目4 光敏器件和光敏传感器的应用与调试

表4-3 系统调试数据记录表

驱动电压 U/V	6	8	10	12	16	20	24
转速 n/（r/min）							
频率 f							
误差 r							

> **特别提醒**
>
> 本任务的转速控制为开环控制，进行的是无反馈控速调节，电动机通电后，线圈内的阻值及阻抗随通电时间的加长会有细微的改变，因此表现出来的就是电动机转速达到稳定后会有一定的微小跳变，这是一种正常现象，该现象由电动机本身的性质决定。

3. 数据分析

根据表4-3中的数据，作出 U–n 曲线，并计算该曲线的线性度和光敏传感器的灵敏度。

4. 拆线整理

断开电源，拆除导线，整理工作现场。

扫一扫进行本环节的考核评价

扫一扫看虚拟仿真视频：光纤传感器位移测试系统的调试

5. 考核评价

拓展驿站：光纤传感器位移测试系统的调试

反射式光纤位移传感器是一种非接触测量传感器，具有光纤探头小、响应速度快、测量线性化等优点，可在小位移范围内进行高速位移检测。它的原理图如图4-69所示，光纤采用Y型结构，两束光纤一端合并在一起组成光纤探头，另一端分为两支，分别作为光源光纤和接收光纤。光从光源耦合到光源光纤，通过光纤传输射向反射面，再被反射到接收光纤中，最后由光电转换器接收，光电转换器接收到的反射光光强与反射面的性质及反射面到光纤探头的距离有关。在反射面的位置确定后，接收到的反射光光强随光纤探头到反射面距离的变化而变化。

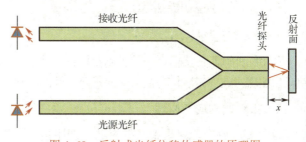

图4-69 反射式光纤位移传感器的原理图

> **特别提醒**
>
> 当光纤探头紧贴反射面时，光电接收器接收到的反射光光强为0。随着光纤探头与反射面距离的增加，光电接收器接收到的反射光光强逐渐增加，到达最大值点后又随两者距离的增加而减小。

具体调试过程如下：

（1）按照图4-70将Y型光纤安装在光纤位移传感器模块上。将光纤探头对准镀铬反射板，调节光纤探头，使之端面与反射面平行且距离适中；固定测微头，接通电源，预热数分钟。

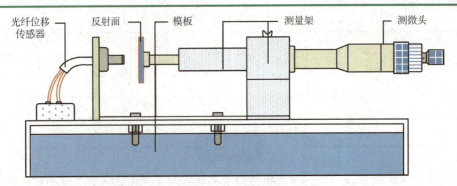

图 4-70 光纤位移传感器安装示意图

（2）将测微头起始位置调到 14 cm 处，手动使反射面与光纤探头端面紧密接触，固定测微头。

（3）从主控台接入 ±15 V 电源，打开电源。

（4）将模块输出电压 U_o 接至直流电压表（20 V 挡），调节电位器 RP，使电压表显示 0。

（5）旋动测微头，使反射面与光纤探头端面的距离增大，每隔 0.1 mm 读一次输出电压值，位移以不超过 2 mm 为最佳，并将测试数据填入表 4-4 中。

表 4-4 系统调试数据记录表

x/mm	0	0.2	0.4	0.6	0.8	1.0	1.2	1.4	1.6	1.8	2.0
U_o/V（正）											
U_o/V（反）											

创新篇

4.2.5 红外测距电路的设计与调试

扫一扫看微课视频：红外测距电路的设计与调试

1. 目的与要求

利用红外测距传感器设计一种测距电路，并使数字显示仪表显示当前的距离。通过该任务，使学生加深对红外光敏传感器工作原理及特性的理解，掌握红外测距电路设计与调试的方法。

2. 系统的构成与原理

这里要用到的器材设备主要有红外测距传感器 GP2Y0A21YK0F、电压跟随器 AD8615、单片机系统、数字显示仪表、数字万用表及导线若干。

红外测距电路图如图 4-71 所示，U_4 为红外测距传感器，TP_5 为红外测距传感器的输出电

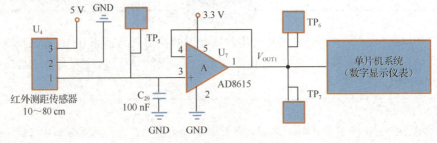

图 4-71 红外测距电路图

项目4 光敏器件和光敏传感器的应用与调试

压端口,通过电压跟随器 AD8615 得到输出电压 V_{OUT1} 以增加红外测距传感器的驱动能力,将最终结果送入单片机系统进行处理并显示。

小贴士:红外测距传感器 GP2Y0A21YK0F 简介

GP2Y0A21YK0F 是一种测距传感器单元,由位置敏感探测器(PSD)、LED 和信号处理电路等集成得到,如图 4-72 所示。由于该传感器采用三角测量方法,物体反射率的变化、环境温度和工作时间不易对距离检测产生影响。该传感器也可用作接近传感器,传感器的输出信号 U_o 为模拟电压信号,功耗标称值为 30 mA,供电电压 V_{CC} 为 4.5~5.5 V。

该传感器输出与测量距离相对应的模拟电压信号,由图 4-73 可知,传感器测量距离的范围为 10~80 cm,在该范围内,输出电压与测量距离近似为线性关系。

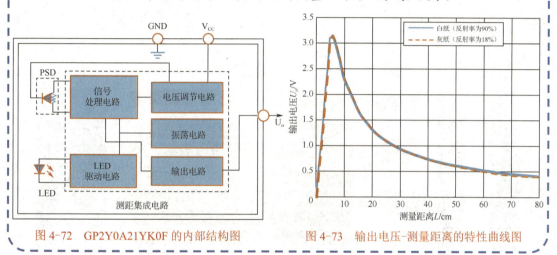

图 4-72 GP2Y0A21YK0F 的内部结构图   图 4-73 输出电压-测量距离的特性曲线图

3. 电路搭接与调试

1)电路搭接

在电路板上按照图 4-71 所示电路进行元器件的排版、布线与焊接。

2)电路调试

用纸板等遮挡物挡在传感器上方某一高度处(有效距离范围为 10~80 cm),记录此时的高度,观察万用表显示的 TP_6 端口的电压并记录,同时观察数字显示仪表上显示的距离并记录。

依次改变遮挡物的高度,记录测量结果。绘制传感器的输出电压与测量距离之间关系的曲线图,并对其与传感器输出特性进行比较。

4. 拆线整理

断开电源,拆除导线,整理工作现场。

5. 考核评价

思考一刻:

(1)如果遮挡物是透明的,会对测量结果造成什么影响?

(2)如果在强光干扰环境下进行上述调试,所得结果是否会有差异?

扫一扫进行本环节的考核评价

传感器的应用与调试（立体资源全彩图文版）

测评总结

1. 任务测评
2. 总结拓展

扫一扫进行本任务的考核评价

　　该任务以歼-20全景式模拟环境系统为载体，引入光敏传感器的应用与调试，明确了任务目标。任务4.2的总结图如图4-74所示，在探究新知环节中，主要介绍了光敏传感器的结构、分类；在拓展篇中，阐述了热释电红外传感器及光纤传感器的结构与原理。在研析应用环节中，重点分析了光电脉搏心率检测仪、光电式烟雾报警器、光电浊度计及光电开关四种典型应用。在设计调试环节中，实践了提升篇和创新篇的多个光敏传感器应用系统的调试任务。

　　通过对任务的分析、计划、实施及考核评价等，掌握光敏传感器的结构、分类，能够正确识别、选择常用的光敏传感器并对其进行质量检测，以及能够进行光敏传感器典型应用的分析及光敏传感器应用系统的调试。

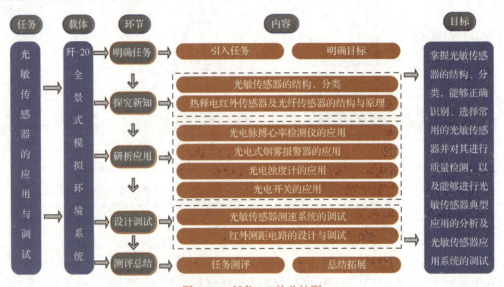

图4-74　任务4.2的总结图

感恩自己，坚持梦想一路向前

心灵驿站

　　每条路都有不得不这样走的理由。感谢自己，一路风雨，一路荆棘，但从未放弃；感谢自己，一边选择，一边坚持，学会了坚强；感谢自己，打败迷茫，跨过磨难，依然不服输。

　　成长就是一个不动声色的过程。感谢自己，经历一切挫折，还是保持一颗乐观向上的心，成为那个独一无二的自己。

📖 学习随笔

项目4 光敏器件和光敏传感器的应用与调试

赛证链接

光敏传感器是"中级电工""中级物联网安装调试员"等职业资格鉴定考试的必考内容。同时,光敏传感器是全国人工智能应用技术技能大赛智能传感器技术应用赛项的重点考核内容。赛证链接环节对接职业资格鉴定考试和技能大赛的考核要求,提供了相关的试题。

一、填空题

1. 将光敏电阻 R_G 和定值电阻 R_0、电流表、电压表连接在一起,并接在 9 V 的电源上,如图 4-75 所示。光敏电阻的阻值随光源发光强度的变化如表 4-5 所示。

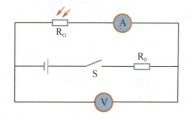

图 4-75 由光敏电阻等构成的电路图

表 4-5 光敏电阻的阻值随光源发光强度的变化

光源的发光强度 I/cd	1	2	3	4	5	6
光敏电阻的阻值 R/Ω	36	18	12	9	7.2	6

若电流表的示值增大,表示光源的发光强度在_____。由表 4-5 中的数据可知,当光源的发光强度 I=2 cd 时,电流表的示值为 0.3 A,定值电阻 R_0 的阻值为_____。

2. 光敏电阻的阻值随照射光线的增强而_____。亮电阻与暗电阻的差值越大,灵敏度越_____。

3. 光敏传感器的理论基础是光电效应,通常把光线照射到物体表面后产生的光电效应分为三类:第一类是利用在光线作用下使光电子逸出物体表面向外发射的_____,这类元件有_____;第二类是利用在光线作用下使材料内部电阻率发生改变的_____,这类元件有_____;第三类是利用在光线作用下使物体内部产生一定方向电动势的_____,这类元件有_____。

4. 用光敏传感器测量齿数 z=60 的齿轮的转速,测得频率 f=400 Hz,则该齿轮的转速 n 为_____。

5. 光敏电阻的阻值测量图如图 4-76 所示,将一个光敏电阻与多用电表连接成一个电路,此时选择开关放在欧姆挡,照射在光敏电阻上光的强度逐渐增大,则电表指针的偏转角度_____。若将选择开关放在电压挡,同样增大照射光的强度,则电表指针的偏转角度_____。

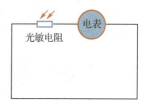

图 4-76 光敏电阻的阻值测量图

二、选择题

1. 下列选项中,对光纤传感器的特点叙述错误的是( )。

A．与其他传感器相比，它具有很高的灵敏度
B．可以用很相近的技术基础构成传感不同物理量的传感器
C．频带宽、动态范围小
D．可用于高温、高压、强电磁干扰、腐蚀等恶劣环境

2．光敏电阻利用（　　）工作，光电管利用（　　）工作，光敏二极管、光电池利用（　　）工作。

A．光生伏特效应　　　　　　　　　B．光电导效应
C．内光电效应　　　　　　　　　　D．外光电效应

3．用光敏二极管或光敏三极管测量某光源的光通量，利用的是它们的（　　）。

A．光谱特性　　　B．伏安特性　　　C．频率特性　　　D．光电特性

4．光敏电阻的性能好、灵敏度高是指，在给定电压下，（　　）。

A．暗电阻大　　　　　　　　　　　B．亮电阻大
C．暗电阻与亮电阻的差值大　　　　D．暗电阻与亮电阻的差值小

5．对于光敏三极管的结构，可以将其看成普通三极管的（　　）用光敏二极管代替了。

A．集电极　　　B．发射极　　　C．集电结　　　D．发射结

6．光敏器件适合作为（　　）。

A．光的测量元件　B．光电开关元件　C．加热元件　　　D．发光元件

7．图4-77所示为光电计数器的工作示意图，其中，A是发光仪器，B是传送带上的物品，R_G为光敏电阻，R_2为定值电阻。此光电计数器的基本工作原理是（　　）。

A．当有光照射R_G时，信号处理系统获得高电压
B．当有光照射R_G时，信号处理系统获得低电压
C．信号处理系统每获得一次低电压就计数一次
D．光电计数器是利用光敏电阻的外光电效应工作的

8．用光照射光敏二极管，引起光敏二极管发生显著变化的量是（　　）。

A．电容　　　B．电感　　　C．电阻　　　D．温度

9．光敏二极管在测光电路中应处于（　　）偏置状态，而光电池通常处于（　　）偏置状态。

A．正向　　　B．反向　　　C．零　　　D．正向或反向均可以

10．在居民小区门口，可以利用光敏电阻设计行人监控装置，其电路结构图如图4-78所示。其中，R_G为光敏电阻，R_2为定值电阻，A、B接监控装置，则（　　）。

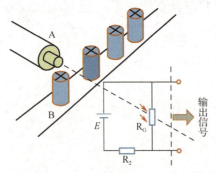

图4-77　光电计数器的工作示意图

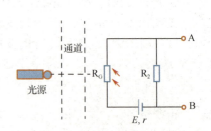

图4-78　行人监控装置的电路结构图

A．当有人通过而遮挡光线时，A、B 之间的电压增大

B．当有人通过而遮挡光线时，A、B 之间的电压减小

C．当仅增大 R_2 的阻值时，A、B 之间的电压不变

D．当仅减小 R_2 的阻值时，A、B 之间的电压增大

11．当温度上升时，光敏电阻、光敏二极管、光敏三极管的暗电流（　　）。

    A．增大   B．减小   C．不变   D．为 0

12．欲利用光电池为手机充电，需要先将数片光电池（　　），以提高输出电压；再将几组光电池（　　），以提高输出电流。

    A．并联   B．串联   C．短路   D．开路

13．晒太阳取暖利用的是（　　），人造卫星的光电池是利用（　　）工作的，植物生长利用的是（　　）。

    A．光电效应   B．光化学效应   C．光热效应   D．感光效应

14．图 4-79 所示为太阳能供电的自动控制电路图，其中，R_G 是光敏电阻，R_0 是定值电阻。日光充足时，电磁继电器把衔铁吸下，G、H 接入电路，太阳电池板给蓄电池充电，光线不足时，衔铁被弹簧拉起，与 E、F 接入电路，蓄电池给 LED 路灯供电，路灯亮起，下列关于该电路分析正确的是（　　）。

    A．该光敏电阻的阻值随光源光照强度的增大而减小

    B．增加电源电动势可以增加路灯的照明时间

    C．并联更多的 LED 路灯可延长每天路灯的照明时间

    D．减小保护电阻 R_2 的阻值可延长每天路灯的照明时间

三、综合分析题

1．图 4-80 所示为光控继电器开关电路图。其中，光敏电阻 R_G 为硫化镉器件，其暗电阻 $R_0=100$ MΩ，在光照强度 $E=100$ lx 时的亮电阻 $R_1=5$ kΩ，三极管的 β 值（电流放大倍数）为 50，继电器 K 的吸合电流为 10 mA，计算继电器吸合时需要多大的光照强度？

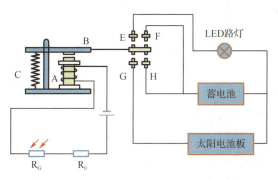

图 4-79　太阳能供电的自动控制电路图

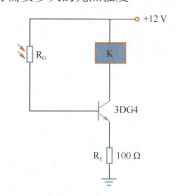

图 4-80　光控继电器开关电路图

2．光敏二极管的光照特性曲线图和应用电路图如图 4-81 所示，其中，"1"为反相器，RL 的阻值为 20 kΩ，求光照强度为多少勒克斯时 U_o 为高电平？

3．试说明图 4-82 所示光电式数字转速表的工作原理。

（1）若采用红外发光器件作为光源，虽看不见灯亮，电路却能正常工作，为什么？

（2）在改用小白炽灯做光源后，电路却不能正常工作，试分析原因。

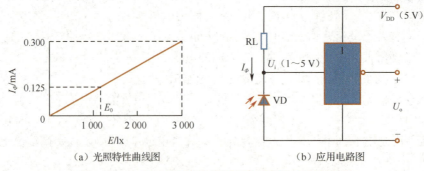

(a) 光照特性曲线图　　　　(b) 应用电路图

图 4-81　光敏二极管的光照特性曲线图和应用电路图

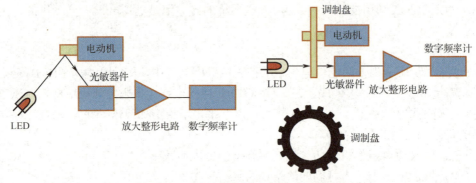

图 4-82　光电式数字转速表的工作原理图

4．利用光敏器件制成的产品计数器，具有非接触、安全可靠的特点，常用于自动化生产线的产品计数，还可以用来统计出入口人员的流动情况。试利用光敏传感器设计一个产品自动计数系统，并简述系统的工作原理。

5．光电液位传感器利用的是光在两种不同介质的界面上发生反射、折射的原理，是一种新型接触式点液位测控装置。光电液位传感器在我们日常生活中的应用已经非常广泛了，我们身边很多设备的内部都会设有该传感器，如熨斗、饮水机、咖啡机、抽湿器、热水器、电蒸锅、医疗设备、工业设备等一切需要液位控制的设备。试分析一下光电液位传感器的原理是如何实现的？

项目 5

新型传感器的应用与调试

每课一语

扫一扫收听音频：精益求精，追求极致

精益求精 追求极致

心心在一艺，其艺必工；心心在一职，其职必举。所以，成功真的很简单：明确自己最想要的，舍弃一些不必要的，把信念凝聚如一，全力以赴做到极致，必将终有所成。

万物之始，大道至简，衍化至繁。极简是一种将简单做到极致的美。复杂的事情简单做，你就是专家；简单的事情重复做，你就是行家；重复的事情用心做，你就是赢家。

项目概述

当前，机器人、智能制造、智能交通、智慧城市及可穿戴技术正在迅速发展，这些技术对传感器的需求广泛，要求传感器具备微型化、集成化、智能化、低功耗等特点。随着微纳技术、数字补偿技术、网络化技术、多功能复合技术的进一步发展，新原理、新材料、新工艺不断涌现，新结构、新功能层出不穷。在物联网行业的推动下，传感器行业市场规模的年增长率更是远高于国内其他行业的平均水平。基于各种物理、化学、生物的效应和定律，继力敏、热敏、光敏等敏感元件后，开发具有新原理、新效应的敏感元件和传感元件，并以此研制新型传感器，这是发展高性能、多功能、低成本和小型化传感器的重要途径。

磁敏传感器产业发展迅猛，它已深入人们的日常生活，常被应用于磁头、电子罗盘、接近开关等系统中。目前，国内市场上应用的磁敏传感元件的主要类型是霍尔元件和磁阻元件，

传感器的应用与调试（立体资源全彩图文版）

我国在这两种元件方面的生产技术水平与发达国家旗鼓相当。随着信息产业和过程控制产业等的发展，灵巧化、智能化和多功能化成为磁敏传感器未来发展的必然趋势，磁敏传感器具有巨大的市场前景和发展潜力。

气体传感器的发展可追溯到20世纪60年代，Wickens和Hatman利用气体在电极上的氧化还原反应研制出了世界上第一个气体检测器。20世纪80年代，英国Persaud等人提出了利用气体检测器模拟生物嗅觉，这是气体传感器的雏形。而后随着各种天然气、煤制气、液化气的开发和使用，国内外开始深入研究可燃气体的检测方法和控制方法，研制出了多种用于气体检测与成分分析的传感器、仪器仪表等，并将其大量应用于生产生活中的气体检测与成分分析中。气体传感器是人类嗅觉的延伸，是感知环境不可或缺的器件。如今，气体传感器被广泛应用到工业、医疗、环保等领域，近几年更是迅速向民用领域普及，尤其是在环保与健康方面迎来爆发式发展。

自19世纪末到20世纪初，在物理学上发现了压电效应与逆压电效应之后，人们找到了利用电子学技术产生超声波的办法，从此便迅速揭开了发展与推广超声技术的历史篇章。1922年，超声波的定义首次被提出，超声波成为一个全新的概念，德国出现了首例有关超声波治疗的发明专利。超声波在被发现后开始在各行业得到了广泛应用，20世纪开始，超声波传感器便被广泛应用于各行业，发展至今成为了工业传感器中重要的一类。超声波传感器被广泛应用在工业、国防、生物医学等方面，它作为一种新型的、非常重要的工具，在各方面都将有很大的发展空间，未来它将朝着更加高定位、高精度的方向发展。

本项目以飞机起落架轮载信号系统、复兴号高铁烟雾探测系统和"奋斗者"号全海多波束测深系统为载体，通过对磁敏传感器的应用与调试、气体传感器的应用与调试和超声波传感器的应用与调试的讲解，分析、梳理了霍尔元件和霍尔传感器的分类、特性、识别、检测、典型应用及其对应系统的调试，气体传感器的结构、分类、主要参数、典型应用及其对应系统的调试，以及超声波传感器的结构、工作原理、测量系统、典型应用及其对应系统的调试，以期学生能够正确识别、选择常用的新型传感器并对其进行质量检测，能够进行新型传感器典型应用的分析及新型传感器应用系统的调试。

项目导航

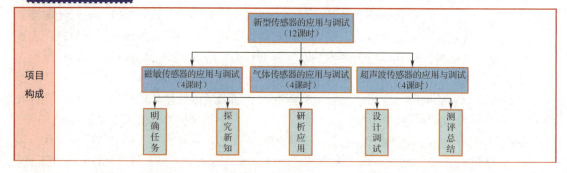

项目 5 新型传感器的应用与调试

续表

学习内容	任务 5.1 以飞机起落架轮载信号系统为载体，引入磁敏传感器的应用与调试。学生主要从中学习磁敏传感器的定义与分类、霍尔元件的结构、主要特性、工作原理、基本测量电路，霍尔传感器的识别、检测、典型应用，以及霍尔传感器应用系统的调试等内容。 任务 5.2 以复兴号高铁烟雾探测系统为载体，引入气体传感器的应用与调试。学生主要从中学习气体传感器的结构、分类、主要参数、测量转换电路、典型应用及气体传感器应用系统的调试等内容。 任务 5.3 以"奋斗者"号全海多波束测深系统为载体，引入超声波传感器的应用与调试。学生主要从中学习超声波传感器的结构、工作原理、测量系统、典型应用及超声波传感器应用系统的调试等内容
学习重点	（1）磁敏传感器的定义与分类。 （2）霍尔元件的结构、主要特性、工作原理、基本测量电路。 （3）气体传感器的结构、分类、主要参数、测量转换电路。 （4）超声波传感器的结构、工作原理、测量系统
学习难点	（1）霍尔传感器的识别、检测、典型应用分析及霍尔传感器应用系统的调试。 （2）气体传感器的识别、检测、典型应用分析及气体传感器应用系统的调试。 （3）超声波传感器的识别、检测、典型应用分析及超声波传感器应用系统的调试
学习目标	知识目标	（1）了解磁敏传感器的定义与分类。 （2）掌握霍尔元件的结构、主要特性、工作原理、基本测量电路。 （3）掌握气体传感器的结构、分类、主要参数、测量转换电路。 （4）掌握超声波传感器的结构、工作原理、测量系统
	能力目标	（1）能够正确识别与检测霍尔传感器、气体传感器及超声波传感器。 （2）能够对霍尔传感器、气体传感器及超声波传感器的典型应用进行分析。 （3）能够根据任务要求正确选择三种传感器并进行三种传感器应用系统的调试
	素质目标	（1）通过小组协作完成工作任务，培养学生的职业素养及创新意识。 （2）培养学生精益求精、追求极致的精神。 （3）培养学生自信自律、自强自爱的精神。 （4）培养学生守正创新、行稳致远的精神

任务 5.1　磁敏传感器的应用与调试

明确任务

扫一扫看教学动画：多轮小车式起落架

1. 任务引入

起落架是飞机起飞或着陆时支撑飞机水平运动的装置。起落架上通常设置有轮载开关，它为飞行员判断飞机离地和着地提供了重要依据。具体来讲，飞机起落架轮载信号装置通过霍尔元件组获取信号面板的状态，并通过信号面板的展开和信号面板的转速判断飞机的空地状态。

飞行员在飞机运行中获取开关型霍尔传感器组采集的信息，通过第二开关型霍尔传感器的电位变化周期来判断信号面板的转速信息，通过比较第一开关型霍尔传感器和第二开关型霍尔传感器的电压信息来判断信号面板的扩展信息。若第一开关型霍尔传感器的电压升高，第二开关型霍尔传感器的电压降低（升高或降低指大于或小于设定值/初始值，非动态比较），则判断信号面板处于展开过程，否则判断其处于回缩过程。如果此时飞机状态标记为地面状态，则在判断信号面板处于展开过程中时，判断飞机离地，飞机状态标记为空中状态；如果飞机状态标记为空中状态，当信号面板突然急剧增大或信号面板处于回缩过程中时，判断飞机着陆并标记为地面状态；信号面板转速的增加对应飞机的第一次着陆，利用回缩过程的判断来判定飞机在着陆不平稳时反复弹跳的状态。常见的航空航天霍尔传感器如图 5-1 所示。

那么霍尔传感器是如何实现测量的呢？它的工作原理又是怎样的呢？

2. 任务目标

◆ 知识目标

（1）了解磁敏传感器的定义与分类。

（2）掌握霍尔元件的结构、主要特性、工作原理、基本测量电路。

图5-1　常见的航空航天霍尔传感器

◆ 能力目标

（1）能够正确识别与检测霍尔传感器。

（2）能够对霍尔传感器的典型应用进行分析。

（3）能够根据任务要求正确选择霍尔传感器，并进行霍尔传感器应用系统的调试。

◆ 素质目标

（1）通过小组协作完成工作任务，培养学生的职业素养及创新意识。

（2）培养学生精益求精、追求极致的精神。

探究新知

基础篇

5.1.1 认识霍尔元件

1. 磁敏传感器的定义与分类

扫一扫看知识拓展：磁敏传感器发展简史

1）磁敏传感器的定义

磁敏传感器又称磁电传感器，它是利用磁电转换原理将被测量（如振动、位移、转速等）转换成电信号的器件或装置。磁敏传感器不需要辅助电源就能把被测对象的机械量转换成易于测量的电信号，是有源传感器。由于磁敏传感器的输出功率较大且性能稳定，并具有一定的工作带宽（10～1 000 Hz），因此它更适用于转速、振动、位移及扭矩等的测量。

2）磁敏传感器的分类

磁敏传感器通常分为磁电感应式传感器和磁电效应传感器两类。磁电感应式传感器主要基于电磁感应定律，利用导体和磁场发生相对运动而在导体两端产生感应电动势；磁电效应传感器则基于材料在外磁场作用下产生诱导磁化现象，主要包括图5-2所示的磁敏电阻、磁敏晶体管和霍尔元件等。

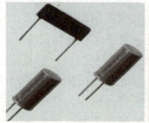  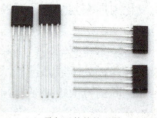

（a）磁敏电阻的外形图　　　（b）磁敏晶体管的外形图　　　（c）霍尔元件的外形图

图5-2　磁敏传感器的外形图

2. 霍尔元件的结构

霍尔元件的材料主要有锗、硅、锑化铟、砷化铟和砷化镓等，它是三端或四端元件，由霍尔片、引线和壳体组成，其外形图、内部结构图和电路符号如图5-3所示。霍尔元件的两个粗黑边或短边引出线接控制电流，两个长边上的引出线接输出霍尔电势。

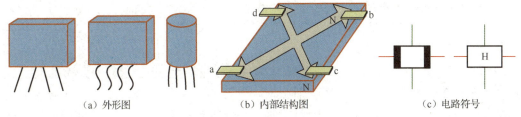

(a) 外形图　　　　　(b) 内部结构图　　　　(c) 电路符号

图 5-3　霍尔元件的外形图、内部结构图和电路符号

霍尔片是一块矩形的半导体单晶薄片，尺寸一般为 4 mm×2 mm×0.1 mm，在长度方向上焊接有两根控制电流端引线（a 和 b），引线通常采用红色导线，其焊接处被称为控制电极；在薄片另两侧端面的中央以点的形式对称焊有两根输出引线（c 和 d），引线通常采用绿色导线，其焊接处被称为霍尔电极。霍尔元件壳体是由非导磁金属、陶瓷或环氧树脂封装而成。

3. 霍尔元件的主要特性

霍尔元件的主要特性包括线性特性与开关特性、负载特性、温度特性等。

1) 线性特性与开关特性

线性特性是指霍尔元件的输出电势分别与基本参数控制电流、磁感应强度呈线性关系，利用这一特性可以制作磁通计等。开关特性是指霍尔元件的输出电势在一定范围内随着磁感应强度的增加而迅速增加的特性，利用这一特性可以制作直流无刷电动机控制用的开关式霍尔传感器等。

2) 负载特性

负载特性指霍尔元件电极间接有负载时，由于霍尔电流会在负载上产生一定的压降，造成实际霍尔电势小于开路状态或测量仪表内阻无穷大时测量得到的霍尔电势。

3) 温度特性

温度特性主要是指温度变化与霍尔电势变化的关系。当温度升高时，霍尔电势减小，霍尔元件呈现负温度特性。

小贴士：霍尔元件的基本参数

霍尔元件的基本参数包括输入阻抗、输出阻抗、控制电流、不等位电势、灵敏度、霍尔电势等。

（1）输入阻抗：输入阻抗是指在规定条件下，霍尔元件控制电流端子之间的阻抗。

（2）输出阻抗：输出阻抗是指在规定条件下，霍尔电势传输端子之间的阻抗。

（3）控制电流：控制电流是指流过霍尔元件控制电流端的电流。

（4）不等位电势：在额定控制电流的作用下，若不给霍尔元件加外磁场，霍尔元件输出霍尔电势的理想值应为 0，但由于存在电极不对称及材料电阻率不均衡等因素，霍尔元件总会有电压输出，该电压被称为不等位电势。

（5）灵敏度：灵敏度是指在某一规定控制电流下，霍尔电势与磁感应强度的比值。

（6）霍尔电势：霍尔电势是指霍尔元件由于霍尔效应而产生的电压。

4. 霍尔元件的工作原理

1879 年，美国约翰斯·霍普金斯大学 24 岁的研究生霍尔在研究磁场中导体的受力性质时，发现了霍尔效应，随后人们在半导体中也发现了霍尔效应，并且半导体的霍尔效应比金属导体强很多。从本质上讲，霍尔效应是一种电流的磁效应，霍尔传感器的工作原理就是霍尔效应。

将金属薄片或半导体薄片置于磁场中，磁场方向垂直于金属薄片或半导体薄片，当有电流流过半导体薄片时，在垂直于电流和磁场的方向上将会产生电势，这种现象被称为霍尔效应，所产生的电势被称为霍尔电势，半导体薄片被称为霍尔元件。

霍尔效应的原理示意图（一）如图 5-4 所示。

若将一块长度为 l、宽度为 b、厚度为 d 的长方形半导体（霍尔片）置于磁感应强度为 B 的磁场中，磁场方向垂直于霍尔片。若在霍尔片长度方向上通入控制电流 I，则霍尔片中的自由电子在磁场作用下定向移动，此时每个电子受到洛伦兹力 F_L 的作用，其大小为

$$F_L = evB \qquad (5-1)$$

式中，e 为电子电荷；v 为电子平均运动速度；B 为磁感应强度。

同时，每个电子受到的电场力为

$$F_E = eE_H = eU_H/b \qquad (5-2)$$

式中，E_H 为霍尔电场强度；U_H 为霍尔电势。

当洛伦兹力和电场力相等时达到动态平衡，则有

$$U_H = Bvb \qquad (5-3)$$

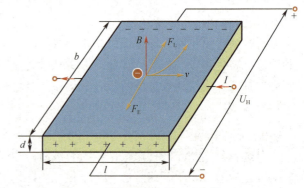

图 5-4 霍尔效应的原理示意图（一）

对于 N 型半导体，通入霍尔片的电流（控制电流）可以表示为

$$I = jbd = nevbd \qquad (5-4)$$

式中，j 为电流密度，$j=nev$；n 为 N 型半导体的电子浓度。

由此可得

$$v = \frac{I}{nebd} \qquad (5-5)$$

将式（5-5）代入式（5-3），可得

$$U_H = \frac{IB}{ned} = R_H \frac{IB}{d} \qquad (5-6)$$

式中，I 为控制电流（A）；B 为磁感应强度（T）；d 为霍尔元件的厚度（m）；R_H 为霍尔系数（m^3C^{-1}），此系数是反映材料霍尔效应强弱的重要参数。

考虑霍尔元件的厚度 d 对霍尔电势的影响，引入一个重要参数 K_H：

$$K_H = \frac{R_H}{d} = \frac{1}{ned} \tag{5-7}$$

因此，式（5-6）可以写为

$$U_H = K_H I B \tag{5-8}$$

式中，K_H 为霍尔元件的灵敏度。

如果磁感应强度的方向不垂直于霍尔元件，而是与其法线成某一角度 θ，如图 5-5 所示，则实际上作用于霍尔元件的有效磁感应强度是其法线方向（与半导体薄片垂直的方向）的分量，即 $B\cos\theta$，这时的霍尔电势为

$$U_H = K_H I B \cos\theta \tag{5-9}$$

小结论：霍尔电势的大小正比于控制电流和磁感应强度，霍尔电势的方向与控制电流和磁感应强度的方向有关。当控制电流或磁感应强度的方向改变时，霍尔电势的方向也随之改变；当控制电流和磁感应强度同时改变方向时，霍尔电势的方向不变。如果所施加的磁场为交变磁场，则霍尔电势为与交变磁场同频率的交变电势。

5. 霍尔元件的基本测量电路

霍尔元件的基本测量电路如图 5-6 所示，电源 E 通过调节电阻 RP 来提供控制电流 I，通过调节电阻 RP 可以调节控制电流 I 的大小。E 可以是直流电源，也可以是交流电源；负载电阻 RL 是霍尔电势 U_H 的负载电阻；霍尔电势 U_H 一般为毫伏数量级。在实际应用时，要后接差动放大器，所以负载电阻 RL 通常是放大电路的输入电阻或表头电阻。

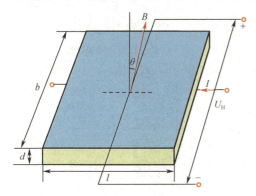

图 5-5 霍尔效应的原理示意图（二）

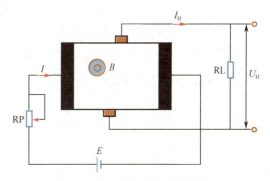

图 5-6 霍尔元件的基本测量电路

由于建立霍尔效应所需的时间很短，一般为 $10^{-14} \sim 10^{-12}$ s，因此霍尔元件使用交流电或者直流电都可以。有时为了提高霍尔传感器的灵敏度，可以将多片霍尔元件串联或并联使用。

5.1.2 认识霍尔传感器

扫一扫看微课视频：认识霍尔传感器

扫一扫看教学课件：认识霍尔传感器

霍尔元件输出的霍尔电势一般都很小，并且容易受到温度变化的影响。随着半导体工艺的不断发展，现在已经将霍尔元件、放大器、温度补偿电路及稳压电源等制作在一个芯片上，制成集成霍尔传感器，简称霍尔传感器。

根据霍尔传感器的输出特性，将霍尔传感器分为线性型霍尔传感器和开关型霍尔传感器两类。

1. 线性型霍尔传感器

线性型霍尔传感器输出的霍尔电势与磁感应强度在一定范围内呈近似的线性关系，如图 5-7 所示。

当外加磁场时，霍尔元件产生与磁感应强度成正比变化的霍尔电势，该电压经放大器放大后输出。线性型霍尔传感器被广泛用于位置、厚度、速度、磁场和电流等参量的测量与控制系统中。较典型的线性型霍尔传感器系列有 UGN3501、UGN3503，其中，线性型霍尔传感器 UGN3501T 的外形尺寸如图 5-8（a）所示。

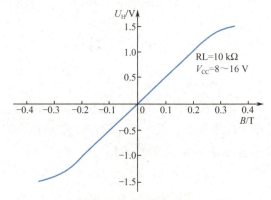

图 5-7　线性型霍尔传感器的输出特性曲线图

线性型霍尔传感器 UGN3501 的电路输出为模拟量，它又分为 UGN3501T/U、UGN3501M，它们的内部电路框图如图 5-8（b）、（c）所示。其中，UGN3501T/U 为单端输出，采用三脚塑料封装；UGN3501M 为双端输出，采用双列直插式塑料封装。

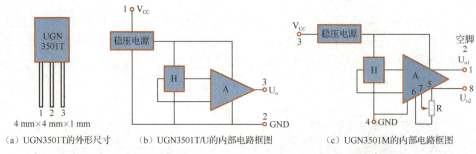

（a）UGN3501T 的外形尺寸　　（b）UGN3501T/U 的内部电路框图　　（c）UGN3501M 的内部电路框图

图 5-8　线性型霍尔传感器 UGN3501 的外形尺寸和内部电路框图

2. 开关型霍尔传感器

较典型的开关型霍尔传感器有 UGN3020、OH3144、OH44E，UGN3020 的外形尺寸如图 5-9（a）所示。

开关型霍尔传感器由霍尔元件、放大器、施密特整形电路和开关输出等部分组成，其内部结构框图如图 5-9（b）所示。

扫一扫看知识拓展：线性型霍尔传感器 UGN3503 技术说明书

扫一扫看知识拓展：开关型霍尔传感器 OH3144 技术说明书

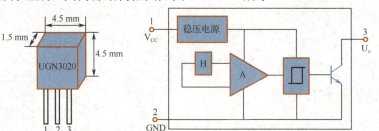

（a）UGN3020 的外形尺寸　　（b）内部电路框图

图 5-9　开关型霍尔传感器的外形尺寸和内部电路框图

当有磁场作用在开关型霍尔传感器上时，根据霍尔效应原理，霍尔元件输出霍尔电势，该电压经放大器放大后，送至施密特整形电路。当放大后的霍尔电势大于"开启"阈值 B_{NP}

项目 5 新型传感器的应用与调试

时,施密特整形电路翻转,输出高电平信号,使晶体管导通,整个电路处于开状态,输出低电平信号。当磁场减弱时,霍尔元件输出的电压很小,经放大器放大后,其值仍小于施密特的"关闭"阈值 B_{RP} 时,施密特整形电路又翻转,输出低电平信号,使晶体管截止,电路处于关状态,输出高电平信号。图 5-10 所示为开关型霍尔传感器的输出特性图,一次磁感应强度的变化就使传感器完成一次开关动作,B_{NP} 和 B_{RP} 之间的滞后使开关动作更为可靠。

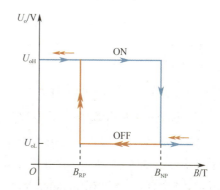

图 5-10 开关型霍尔传感器的输出特性图

霍尔传感器的引脚识别与检测

1. 霍尔传感器的引脚识别

1)直观判断法

霍尔传感器有 3 只引脚和 4 只引脚两种,其中,3 只引脚的霍尔传感器应用最广。将型号标识面面向自己,引脚朝下,对于 3 只引脚的霍尔传感器,引脚从左到右依次为供电引脚 V_{DD}、接地引脚 GND、输出引脚 OUT;对于 4 只引脚的传感器,引脚从左至右依次为供电引脚 V_{DD}、输出引脚 1、输出引脚 2 和接地引脚。

2)根据霍尔传感器的引线颜色来判断

霍尔传感器一般有三根引线,红线接霍尔 5V 电源正端,黑线为霍尔地线引出线,剩下的一根引线为霍尔信号线。

无刷电动机与控制器相连的霍尔线有 5 根,一般黑线为接地线,红线接 5 V 电源正端,黄线、蓝线、绿线则接霍尔信号输出端,即为霍尔相线。

2. 霍尔传感器的检测

(1)对照图 5-11,辨别开关型霍尔传感器 OH3144 的引脚。

(2)查询开关型霍尔传感器 OH3144 的参数。

(3)用万用表电压挡测试开关型霍尔传感器 OH3144 在受磁时 1、3 引脚间的电压,并将测试数据记录在表 5-1 中。

(4)按照图 5-12 连接测试电路,测试开关型霍尔传感器 OH3144 在受磁时指示灯的亮灭情况。

扫一扫看教学动画:开关型霍尔传感器 OH3144 的测试效果

表 5-1 霍尔传感器测试数据记录表

霍尔传感器的型号	没有磁场		加磁场	
	U_{1-3}	LED	U_{1-3}	LED
OH3144				

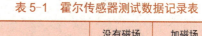

图 5-11 开关型霍尔传感器 OH3144 的外形图

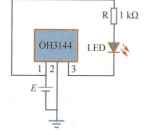

图 5-12 霍尔传感器的测试电路图

思考一刻：通过测试结果能得出什么结论？

拓展篇

5.1.3 认识霍尔接近开关

1. 接近开关的用途

接近开关又称无触点行程开关，常见接近开关的外形图如图5-13所示。接近开关是理想的电子开关量传感器。它能在一定的距离内检测有无物体靠近，当物体与它接近到设定距离时，它会发出动作信号，而不像机械式行程开关那样需要施加机械力。多数接近开关具有较大的负载能力，能直接驱动中间继电器。

图5-13 常见接近开关的外形图

接近开关的核心部分是感辨头，它能对正在接近的物体有很高的感应辨别能力。霍尔探头能感辨导磁材料靠近与否，而应变计、电位器、压电式传感器之类的接触式传感器就无法用于接近开关。多数接近开关已将感辨头和测量转换电路做在同一壳体内，壳体上多带有螺纹或安装孔，便于安装和调整与被测物体的距离。

接近开关的应用已远超出行程开关的行程控制和限位保护范畴，它还可以用于高速计数和测速，确定金属物体的存在和位置，测量物位和液位，以及用作无触点按钮等。

2. 霍尔接近开关的接线方式

霍尔接近开关有不同的输出形式，其常见接线图如图5-14所示。

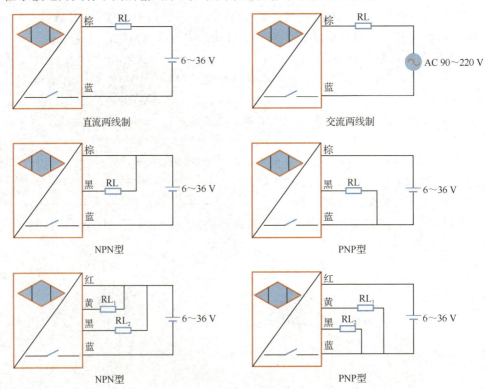

图5-14 霍尔接近开关的常见接线图

项目5 新型传感器的应用与调试

图5-15（a）所示为三线制霍尔接近开关的外形图，按照"红正蓝负黑负载"的口诀接线。霍尔接近开关多采用三线制接线方式，如图5-15（b）所示。棕（红）色引线接电源正极，蓝色引线接电源负极（接地），黑（黄）色引线接输出端。霍尔接近开关有常开、常闭之分。

(a) 三线制霍尔接近开关的外形图

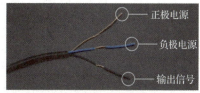

(b) 三线制接线方式

图5-15 三线制霍尔接近开关的外形图和三线制接线方式

霍尔接近开关的负载可以是信号灯、继电器线圈或可编程控制器（PLC）的数字量输入模块。霍尔接近开关按触点形式可分为继电器输出型和集电极开路（俗称OC门）。继电器的触点耐高压、电流容量大，但响应速度慢。集电极开路的动作时间可小于0.1 ms。

集电极开路的输出又有NPN型和PNP型之分。其中，NPN型是指当有信号触发时，信号输出线和地线连接，相当于输出低电平信号；PNP型是指当有信号触发时，信号输出线和电源线连接，相当于输出高电平的电源线。

特别提醒

接到PLC数字量输入模块的三线制霍尔接近开关的形式选择。PLC数字量输入模块一般可分为两类：一类的公共输入端为电源负极，电流从输入模块流出，此时一定要选用PNP型霍尔接近开关；另一类的公共输入端为电源正极，电流流入输入模块，此时一定要选用NPN型霍尔接近开关。

3. 霍尔接近开关接线案例

1）直流三线制NPN型和PNP型霍尔接近开关与LED的接线

按照"棕正蓝负黑负载"的口诀，依次将棕线、蓝线、黑线接至电源正极、电源负极和LED某一端，如图5-16所示。若此接近开关为直流NPN型、常开式，当检测到磁性物体时，黑线输出一个负电压信号，因此黑色负载线接LED的负极，信号经限流电阻后回到电源正极，即接棕线。若此接近开关为直流PNP型、常开式，当检测到磁性物体时，黑线输出一个正电压信号，因此黑色负载线接LED的正极，信号经限流电阻后回到电源负极，即接蓝线。

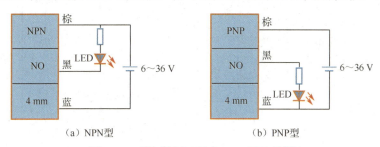

图5-16 霍尔接近开关与LED的连接图

2）直流三线制NPN型和PNP型霍尔接近开关与继电器的接线

霍尔接近开关与继电器的连接方法和与LED的连接方法类似，连接图如图5-17所示。

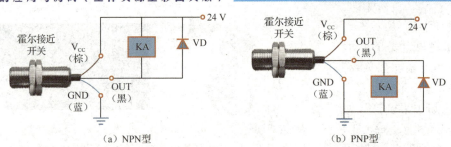

图 5-17 霍尔接近开关与继电器的连接图

3）交流二线制霍尔接近开关与交流接触器的接线

交流二线制霍尔接近开关与交流接触器的连接图如图 5-18 所示，当按下（或点触）按钮 SB_1 时，接触器 KM 线圈得电，接触器 KM 的辅助触点闭合，接触器自锁，三相电动机旋转。

当有金属物体从右方逐渐靠近该接近开关并到达动作距离 δ_{min} 时，常闭式接近开关的内部继电器触点断开，接触器 KM 线圈失电，三相电动机停转。

4）直流四线制 NPN 型霍尔接近开关与 S7-200 PLC 连接

接近开关和 S7-200 PLC 的连接图如图 5-19 所示，将接近开关的黄线和黑线分别接至 S7-200 PLC 上集成的两个数字量输入点。接线完成后，先给 DC 24 V 电源上电，再给西门子 PLC 上电，观察此时 S7-200 PLC 上的输入点指示灯，会看到有一个点的灯被点亮，如果没有灯亮，则应马上关闭 S7-200 PLC，再关闭 DC 24 V 电源，检查电路，确认无误后再上电测试。

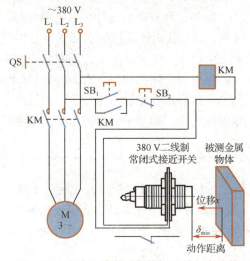

图 5-18 交流二线制霍尔接近开关与交流接触器的连接图

观察到被点亮的输入点就是霍尔接近开关传送过来的常闭点，即黄线对应的输入点。此时，用一个小磁铁靠近检测头，观察 S7-200 PLC 上灯的点亮情况。

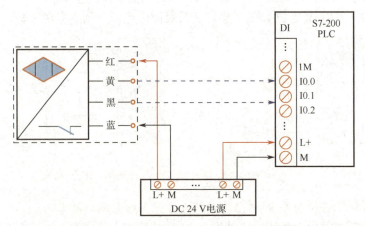

图 5-19 接近开关和 S7-200 PLC 的连接图

项目 5　新型传感器的应用与调试

快速检测

霍尔接近开关的检测

以直流三线制 NPN 型霍尔接近开关为例说明其检测方法，参照霍尔接近开关铭牌标识，给棕（红）、蓝之间加 DC 6～36 V 电压。如果为常开开关，用小磁体靠近开关感应面，当检测距离小于或等于动作距离时，接近开关指示灯亮，如图 5-20 所示，说明此开关良好；如果为常闭开关，则上电瞬间，接近开关指示灯亮，用小磁体靠近开关感应面，当检测距离小于或等于动作距离时，接近开关指示灯灭，说明此开关良好。

图 5-20　霍尔接近开关的检测效果图

心灵驿站

追求极致

极致是一种境界，一种精益求精的工作状态，任何成功和成绩都要从一点一滴的小事做起，从现在做起，从马上行动开始！极致是一种行为的超凡，一种结果的升华，追求极致的关键在于干，干起来就离成功不远了！

研析应用

扫一扫进行磁敏传感器自我测试

典型案例 39　线性型霍尔传感器在磁场测量方面的应用

将霍尔元件做成探头，测量磁场时将探头置于待测磁场中，并使探头的磁敏感面垂直于磁场。控制电流可由恒流源（或恒压源）供给，用电表或电位差计来测量霍尔电势。根据 $U_H = K_H IB\cos\theta$，若控制电流 I 不变，则霍尔电势 U_H 正比于磁感应强度 B，故可以利用测量显示仪表来显示待测的磁场。

用霍尔元件做的探头一般可以测量磁感应强度小到 10^{-4} T 的弱磁场。在对弱磁场进行测量时，可以采用高磁导率的磁性材料集中磁通（集束器）来增强磁场。集束器由两根同轴的细长磁棒组成，霍尔元件在两磁棒间的气隙中。磁棒越长，间隙越小，集束器对磁场的增强作用就越大。当磁棒长为 200 mm、直径为 11 mm、间隙为 0.3 mm 时，间隙中的磁场可以增强 400 倍。若使用锑化铟霍尔元件，并将集束器放置在液氮或液氦中，则可测量磁感应强度低至 10^{-13} T 的弱磁场。

利用霍尔元件测量弱磁场的能力可以构成磁罗盘。采用霍尔元件制作的磁罗盘具有体积小、响应速度快（可达微秒级）、能经受住冲击等优点。图 5-21 所示为海洋用霍尔罗盘的原理图，由霍尔效应可以看出霍尔元件的霍尔电势将随方位角的变化而变化。若将霍尔元件的输出与仪表连接，则可直接从仪表上读出方位角。

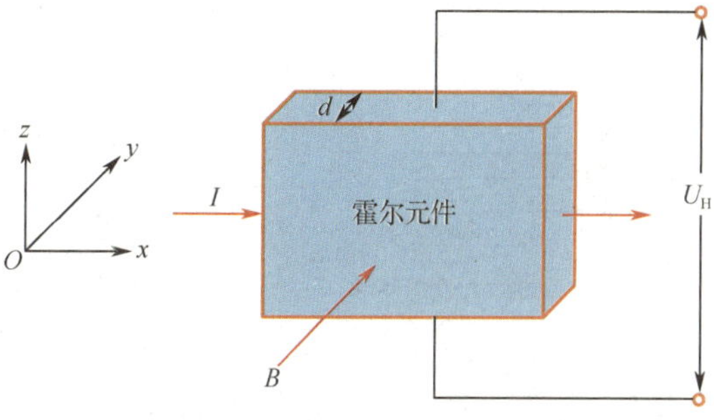

图 5-21　海洋用霍尔罗盘的原理图

典型案例40 线性型霍尔传感器在电流测量方面的应用

霍尔电流传感器的外形图如图 5-22（a）所示，它的基本原理图如图 5-22（b）所示。把铁磁材料做成环形（也可以是方形）的磁导体铁芯，在铁芯上开一个与霍尔电流传感器厚度相等的气隙，将线性型霍尔传感器紧紧地夹在气隙中央。测量时，将铁芯套在被测电流母线上，母线中的电流将在母线周围产生磁场，通过铁芯来集中磁场，即在环形气

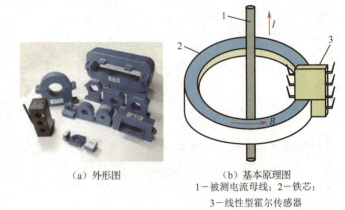

(a) 外形图　　　　　　(b) 基本原理图
1—被测电流母线；2—铁芯；
3—线性型霍尔传感器

图 5-22　霍尔电流传感器的外形图和基本原理图

隙中会形成一个磁场。母线中的电流越大，气隙处的磁感应强度越大，线性型霍尔传感器的霍尔电势 U_H 越大，根据霍尔电势 U_H 的大小可以测得母线中电流的大小。这种方法具有非接触测量、测量精度高、不必切断电路电流、本身几乎不消耗功率等优点，特别适合用于大电流传感器。

典型案例41 线性型霍尔传感器在位移测量方面的应用

1. 线位移测量

由霍尔效应可知，当激励电流恒定时，霍尔电势 U_H 与磁感应强度 B 成正比，若磁感应强度 B 是关于位置 x 的函数，则霍尔电势的大小就可以用来反映霍尔元件的位置。

霍尔式微位移传感器的原理图如图 5-23 所示，当霍尔元件在磁场中移动时，磁感应强度 B 会随之发生变化，进而导致霍尔电势 U_H 发生变化。霍尔电势 U_H 的变化就反映了霍尔元件的位移量 Δx，利用上述原理便可对微位移进行测量。

2. 角位移测量

角位移测量仪的原理图如图 5-24 所示，霍尔元件与被测物体联动并被置于一个恒定的磁场中，当霍尔元件的平面与磁力线的方向平行时，则不会产生霍尔电势，即 $U_H=0$；当霍尔元件转动角度 α 时，就会产生一个与转角 θ 的余弦成正比的霍尔电势，即 $U_H=K_H IB\cos\theta$，霍尔电势 U_H 就反映了转角 θ 的变化。不过，这个变化是非线性的，若要求霍尔电势 U_H 与转角 θ 呈线性关系，则必须采用特定形状的磁极。

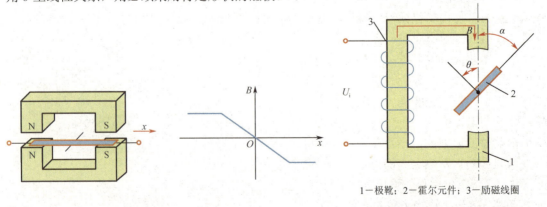

图 5-23　霍尔式微位移传感器的原理图　　　　1—极靴；2—霍尔元件；3—励磁线圈

图 5-24　角位移测量仪的原理图

典型案例 42　开关型霍尔传感器在转速测量中的应用

开关型霍尔传感器主要用于转速器、汽车点火器、计数器、关门告知器、报警器、自动控制系统等。

用开关型霍尔传感器测量转速的原理图如图 5-25 所示，在非磁性材料的圆盘边粘一块磁钢，将霍尔传感器 H 放在靠近圆盘边缘处，圆盘旋转一周，霍尔传感器 H 就输出一个脉冲，从而可测出转数，若接入频率计，便可测出转速。

如果把开关型霍尔传感器按预定的位置有规律地布置在轨道上，当装载运动车辆的永磁铁经过它时，可以从测量电路上测得脉冲信号，根据脉冲信号的分布，可以检测出车辆的运动速度。

典型案例 43　开关型霍尔传感器在汽车点火器中的应用

图 5-26 中的霍尔传感器采用 SL3020，在磁轮毂圆周上有由永久磁铁和软铁制成的轭铁磁路，它和霍尔传感器保持有适当的间隙。由于永久磁铁按磁性交替排列并等分嵌在磁轮毂圆周上，因此当磁轮毂转动时，磁铁的 N 极和 S 极便交替地在霍尔传感器的表面通过，霍尔传感器的输出端便输出一串脉冲信号。用这些脉冲信号积分后去触发功率开关管，使它导通或截止，自点火线圈中输出 15 kV 的感应高电压，以点燃汽缸中的燃油，发动机随之开始转动。

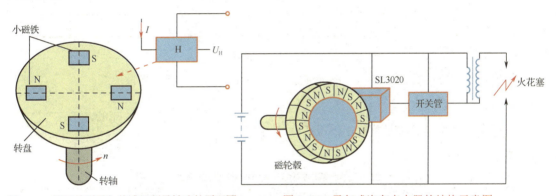

图 5-25　用开关型霍尔传感器测量转速的原理图　　图 5-26　霍尔式汽车点火器的结构示意图

采用霍尔传感器制成的汽车点火器和传统的汽车点火器相比，具有很多优点：采用无触点方式，无须维护，使用寿命长；点火能量大，气缸中的气体燃烧充分，排出的气体对大气的污染明显减少；点火时间准确，提高发动机的性能。

扫一扫进行磁敏传感器研析应用测试

扫一扫看虚拟仿真视频：霍尔转速测试系统的调试

扫一扫看微课视频：霍尔转速测试系统的调试

5.1.4　霍尔转速测试系统的调试

1. 系统的构成与原理

霍尔转速测试系统的调试需要用到霍尔传感器、直流可调电源、转动源模块、频率/转速表等仪器设备。霍尔转速测试系统的结构图如图 5-27 所示。

由霍尔效应表达式 $U_H=K_HIB$ 可知,当在转盘上装上 N 只磁钢时,转盘每转一周,磁场变化 N 次,输出霍尔电势的脉冲就同频率变化,使输出电势通过放大整形和计数电路,就可以测出转盘的转速。

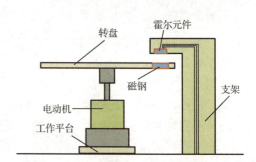

图 5-27　霍尔转速测试系统的结构图

2. 电路搭接与调试

(1) 将霍尔传感器安装于传感器支架上,且霍尔组件正对着转盘上的磁钢。

(2) 将+5 V 电源接至三源板上"霍尔"输出的电源端,"霍尔"输出接至频率/转速表(切换到测转速位置)。

(3) 打开平台电源,依次选择不同的驱动电压+6 V、+8 V、+10 V、+12 V(±6 V)、+16 V(±8 V)、+20 V(±10 V)、+24 V 来驱动转盘转动(注意正负极,否则会烧坏电动机),可以观察到转盘转速的变化,待转速稳定后,记录相应驱动电压下得到的转速值,并将其填入表 5-2 中,也可通过示波器观测霍尔元件输出的脉冲波形。

表 5-2　系统调试数据记录表

驱动电压 U/V	+6 V	+8 V	+10 V	+12 V	+16 V	+20 V	+24 V
转速 n/(r/min)							

3. 数据分析

根据表 5-2 中的数据,作出 U-n 曲线,分析霍尔传感器的转速特性曲线。

4. 拆线整理

断开电源,拆除导线,整理工作现场。

扫一扫进行本环节的考核评价

5. 考核评价

拓展驿站:霍尔传感器称重系统的调试

(1) 将霍尔传感器安装在振动平台上,传感器引线接到霍尔传感器模块的 9 芯航空插座上,按照图 5-28 接线,输出接直流电压表 2 V 挡。

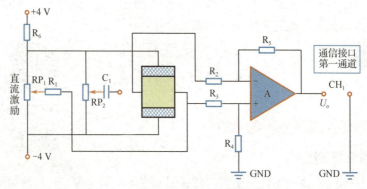

图 5-28　电路接线图

(2) 将直流电源接入传感器模块,打开平台电源,在双平衡梁处于自由状态时,将系统输出电压调节为 0。

（3）将砝码依次放上振动平台，砝码靠近振动平台边缘，后一个砝码叠在前一个砝码上。

（4）将所称砝码质量与输出电压值记入表 5-3 中。

表 5-3　系统调试数据记录表

m/g							
U_o/V（正）							
U_o/V（反）							

创新篇

5.1.5　霍尔电动机转速测试电路的设计与调试

扫一扫看微课视频：
霍尔转速测试电路
的设计与调试

1. 目的与要求

利用霍尔传感器设计一种直流电动机转速测试电路，电动机的转速既可通过数字转速表显示，也可通过单片机系统的数字显示仪表显示，并能够对其进行速度调节。通过对该任务，使学生加深对霍尔传感器的特性、工作原理的理解；能够对霍尔传感器及其他电子元器件进行正确识别和质量检测；掌握霍尔传感器典型应用电路设计与调试的方法。

2. 系统的构成与原理

这里要用到的器材设备主要有霍尔传感器、电动机驱动芯片、电阻、电容、电位器、若干导线、直流电动机、码盘、磁钢、数字万用表等。

霍尔电动机转速测试电路图如图 5-29 所示，电动机为直流伺服电动机，由电动机驱动芯片 L298N 驱动；电动机速度控制可选择单片机 PWM 控制或模拟调速旋钮控制；在与电动机主轴相连的码盘上安装一个磁钢，当电动机旋转时，磁钢经过霍尔传感器可直接输出脉冲信号，最终信号可送入数字转速表或单片机系统的数字显示仪表显示。

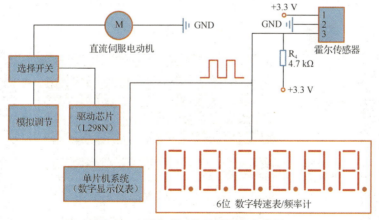

图 5-29　霍尔电动机转速测试电路图

3. 电路搭接与调试

1）电路搭接

按图 5-29 所示电路进行元器件的排版、布线与焊接，完成电路的制作。检查各部分连接线路无误后,接通工作电源,并用数字万用表测量供电电压(+5 V)是否正常。

2)电路调试

首先,将电动机控制方式的拨挡开关拨到模拟控制端,通过旋动电位器到某一位置调整电动机转速,记录数字转速表上显示的电动机转速值。其次,将切换开关拨到 PWM 控制一端,使用 L298N 来驱动直流电动机,通过智能显示终端配置的"增加/减小"按键控制电动机转速,观察并记录屏幕上显示的转速值,并比对其与数字转速表上显示的转速值,分析两者之间转速显示出现误差的原因。

4. 数据分析

根据以上测量数据,绘制输入信号大小(占空比)与直流电动机转速值之间关系的曲线图,并计算其线性度。

5. 拆线整理

断开电源,拆除导线,整理工作现场。

6. 考核评价

思考一刻:

(1)如果在电动机转盘上间隔放置两个磁钢,按以上步骤会得到什么结果?
(2)改变霍尔传感器与电动机转盘之间的距离,所得结果是否前后一致?

测评总结

1. 任务测评

2. 总结拓展

该任务以飞机起落架轮载信号系统为载体,引入磁敏传感器的应用与调试,明确了任务目标。任务 5.1 的总结图如图 5-30 所示,在探究新知环节中,主要介绍了磁敏传感器的定义与分类,霍尔元件的结构、主要特性、工作原理、基本测量电路,以及霍尔传感器的识别、

图 5-30 任务 5.1 的总结图

项目5 新型传感器的应用与调试

检测等内容;在拓展篇中,阐述了接近开关的用途和霍尔接近开关的接线方式等内容。在研析应用环节中,重点探讨了线性型霍尔传感器在磁场测量、电流测量、位移测量方面的应用,开关型霍尔传感器在转速测量方面、汽车点火器中的应用。在设计调试环节中,实践了提升篇和创新篇的多个典型霍尔传感器应用系统的调试任务。

通过对任务的分析、计划、实施及考核评价等,了解磁敏传感器的定义与分类,掌握霍尔元件的结构、主要特性、工作原理、基本测量电路,能够正确识别与检测霍尔传感器,能够对霍尔传感器的典型应用进行分析,能够根据任务要求正确选择霍尔传感器并进行霍尔传感器应用系统的调试。

> **心灵驿站**
>
> **追求从 99%到 99.99%的极致**
>
> 从90%到99%,是一个艰辛的过程,而从99%到99.99%的极致追求,源自从一天到一生的心无旁骛,映照着沉潜专注背后的钻劲和匠心。

学习随笔

任务 5.2 气体传感器的应用与调试

明确任务

扫一扫看教学动画:高铁上的烟雾传感器

1. 任务引入

高铁动车组采用全封闭车身,车身材料是防火阻燃的,但是车内人员混杂,易燃物品随处可见,一旦有火星引发火灾,后果不堪设想。所以,现在动车组上安装了大量的烟雾警报装置,并且和列车的自动驾驶系统(ATO)相连,只要检测到烟雾,就会触发装置,发出刺耳的警报声,同时让列车紧急制动停车。我国高速铁路网络的繁忙程度居于世界前列,为了保证列车能安全运行,列车各节车厢都有安装烟雾报警器,安全起见,一般的烟雾报警器对烟雾的敏感度非常高,只要有一点烟雾,就会引发报警,列车就会降速行驶或紧急降停。所以,高速动车组列车、动车组列车等的"禁烟令"才会如此严格。

小小的烟雾传感器,在维护列车安全方面发挥了大作用。烟雾传感器是如何实现气体浓度检测的呢?应该如何对气体浓度或烟雾浓度检测系统进行调试呢?

2. 任务目标

◆ **知识目标**

掌握气体传感器的结构、分类、主要参数、测量转换电路。

◆ **能力目标**

（1）能够正确识别与检测气体传感器。

（2）能够对气体传感器的典型应用进行分析。

（3）能够根据任务要求正确选择气体传感器并进行气体传感器应用系统的调试。

◆ **素质目标**

（1）通过小组协作完成工作任务，培养学生的职业素养及创新意识。

（2）培养学生自信自律、自强自爱的精神。

探究新知

基础篇

5.2.1 认识气体传感器

 扫一扫收听音频：自信自律，自强自爱

 扫一扫看知识拓展：气体传感器发展简史

 扫一扫看微课视频：气体传感器的基础知识

 扫一扫看教学课件：气体传感器的基础知识

1. 气体传感器的定义与作用

气体传感器的外形图如图 5-31 所示，它是一种能够感知环境中气体成分和浓度的敏感器件，利用各种物理、化学效应将气体成分、浓度按照一定规律转化为电信号。气体传感器一般用于环境监测和工业过程检测，包括有毒有害气体检测，锅炉及汽车的燃料燃烧监控，以及化工等自动控制检测。

图 5-31 气体传感器的外形图

气体传感器相当于人类的鼻子，可以"嗅"出空气中某种特定气体，并且判定气体的浓度，从而实现对气体成分的检测、监控和报警；还可以通过接口电路与计算机组成自动检测、控制和报警系统，用来提高人们的生活水平，保障人们的生命安全。

2. 气体传感器的结构与分类

 扫一扫看微课视频：气体传感器的结构与原理

 扫一扫看教学课件：气体传感器的结构与原理

1）气体传感器的结构

气体传感器主要由双层金属网罩、气敏元件、电极引线、封装基座、端子等组成，如图 5-32 所示。其电路结构主要包括 1、2 端子间引出的加热丝端口，3、4 端子之间的测量电极端口。

2）气体传感器的分类

气体传感器种类众多，按照不同分类方式来分，种类也是各不相同的。气体传感器按照

项目 5 新型传感器的应用与调试

工作机理可分为半导体气体传感器、绝缘体气体传感器、电化学气体传感器、固体电解质气体传感器、光学气体传感器、高分子气体传感器、石英振子气体传感器等。

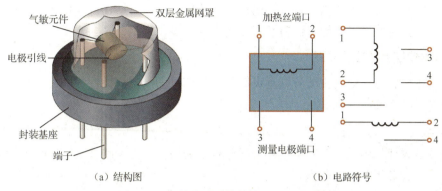

图 5-32 气体传感器的结构图和电路符号

（1）半导体气体传感器：半导体气体传感器可分为电阻型和非电阻型两类，其原理是被测气体在半导体表面吸附后，引起半导体气敏元件的电学特性（如电导率）发生了变化。半导体气体传感器的特点是响应速度快、稳定性好、使用简单、分 N 型和 P 型、应用极其广泛。

（2）绝缘体气体传感器：绝缘体气体传感器可分为接触燃烧式和电容式，其原理是利用铂金属丝加热后与可燃气体接触燃烧，改变阻值，从而感知气体浓度。绝缘体气体传感器可以用于坑内沼气、化工厂可燃气体量的探测。

（3）电化学气体传感器：电化学气体传感器可分为恒电位电解式和伽伐尼电池式，其原理是利用介质的电解质产生电流或电动势，从而实现对气体浓度的检测。电化学气体传感器常被用于包含多个传感器的移动仪器中，是有限空间应用场合中使用最多的传感器。

（4）固体电解质气体传感器：固体电解质气体传感器使用固体电解质气敏材料做气敏元件。其原理是气敏材料在通过气体时产生离子，从而形成电动势，通过测量电动势即可获得气体浓度数据。这种传感器由于电导率高、灵敏度和选择性好，得到了广泛应用。它打入了石化、环保、矿业等领域，其使用广泛程度仅次于金属氧化物半导体气体传感器。

（5）光学气体传感器：光学气体传感器是基于光学原理进行气体测量的传感器。它主要包括红外吸收型、光谱吸收型、荧光型、光纤化学材料型等，还有化学发光式、光纤荧光式和光纤波导式等。其应用以红外吸收型气体分析仪为主，由于不同气体的红外吸收峰不同，通过测量和分析红外吸收峰即可检测气体。它具有高抗震能力和抗污染能力，与计算机结合能连续测试、分析气体，且与计算机结合后具有自动校正、自动运行的功能。

（6）高分子气体传感器：高分子气体传感器通过测量高分子气敏材料的阻值来测量气体的体积分数，目前的材料主要有欧菁聚合物、LB 膜、聚毗咯等。其主要优点是制作工艺简单、成本低。因为它对特定气体分子的灵敏度高，且选择性好，结构简单，可在常温下使用，能够补充其他气体传感器的不足，所以它的发展前景良好。

（7）石英振子气体传感器：石英振子气体传感器是通过石英振子的共振进行气体测量的传感器。它由石英振子微秤构成，该微秤由直径为数微米的石英振动盘和制作在盘两边的电极构成。当振荡信号加在器件上时，器件会在其特征频率发生共振。石英振动盘上淀积了有机聚合物,有机聚合物吸附气体后,使器件的质量增加,从而引起石英振子的共振频率减小,通过测定共振频率的变化来识别气体。

气体传感器按照应用领域可以分为爆炸性气体传感器、有毒性气体传感器、环境气体传感器、工业气体传感器、乙醇(酒精)气体传感器等多种类型。

3. 气体传感器的主要参数

衡量气体传感器性能的主要参数有灵敏度、响应时间、选择性、稳定性、抗腐蚀性、电源电压特性、时效性与互换性。

1)灵敏度

灵敏度是表征气敏元件对被测气体的敏感程度的指标,它反映了气敏元件的输出电参数与被测气体浓度之间的依从关系。

2)响应时间

响应时间反映的是气体传感器对被测气体浓度的响应速度,一般从气敏元件与一定浓度的被测气体接触开始计时,直到气敏元件的阻值达到在此浓度下的稳定阻值的63%为止。

3)选择性

选择性是指在多种气体共存的条件下,气敏元件区分气体种类的能力。

4)稳定性

稳定性是指当被测气体浓度不变时,若其他条件发生改变,在规定的时间内,气敏元件的输出特性保持不变的能力。

5)抗腐蚀性

抗腐蚀性是指气体传感器暴露于高体积分数目标气体的能力,在具体设计时,需要传感器能够承受10~20倍的期望气体体积分数。

6)电源电压特性

电源电压特性是指气敏元件的灵敏度随电源电压的变化而变化的特性。

7)时效性与互换性

时效性反映的是元件气敏特性稳定程度的时间。互换性反映的是同一型号元件之间气敏特性的一致性。

5.2.2 认识半导体气体传感器

1. 半导体气体传感器的分类与特性

半导体气体传感器是利用半导体气敏元件同气体接触后造成半导体的性质发生变化,来检测特定气体的成分或者测量特定气体的浓度的器件,一般可分为电阻式和非电阻式两种。

1)电阻式半导体气体传感器

电阻式半导体气体传感器是利用气敏半导体材料[如二氧化锡(SnO_2)、二氧化锰(MnO_2)等金属氧化物]制成敏感元件,在气敏半导体材料吸收了可燃气体的烟雾后,会发生还原反应,放出热量,使气敏元件的温度相应升高,从而使得电阻阻值发生相应的变化。简单来讲,电阻式半导体气体传感器就是利用气体在半导体表面的氧化和还原反应，导致气敏元件的阻值发生变化的器件。

电阻式半导体气体传感器按照结构的不同，可分为烧结型、薄膜型和厚膜型三种；按照半导体与气体相互作用位置的不同，可分为表面控制型与体控制型两类。

2）非电阻式半导体气体传感器

非电阻式半导体气体传感器是利用气敏元件吸附和反应时引起的 PN 结或场效应管的功能参数变化来实现气体检测的。非电阻式半导体气体传感器属于表面控制型传感器，它可分为 MOS 二极管式、结型二极管式及场效应管式三种。

将电阻式半导体气体传感器和非电阻式半导体气体传感器从物理特性、类型、检测气体和气敏元件四个方面做了比对，结果如表 5-4 所示。

表 5-4 电阻式半导体气体传感器和非电阻式半导体气体传感器对比分析表

分类	物理特性	类型	检测气体	气敏元件
电阻式	电阻特性	表面控制型	可燃气体	二氧化硅、氧化锌等
		体控制型	酒精、可燃气体、氧气	氧化镁、二氧化硅、氧化钛等
非电阻式	二极管整流特性	表面控制型	氢气、一氧化碳、酒精	铂-硫化镉、铂-氧化钛、金属-半导体结型二极管
	晶体管特性		氢气、硫化氢	铂栅、钯栅 MOS 场效应管

2. 半导体气体传感器的结构

半导体气体传感器一般由气敏元件、加热器和外壳三部分组成。常见半导体气体传感器的外形图如图 5-33 所示。

图 5-33 常见半导体气体传感器的外形图

1）烧结型电阻式半导体气体传感器

图 5-34 所示为烧结型气敏元件的结构图，该元件以多孔质陶瓷为基材，添加不同物质，采用低温（700～900 ℃）制陶方法进行烧结，烧结时埋入铂电极和加热丝，最后将铂电极和加热丝引线焊在管座上而制成。由于制作简单，因此它是一种最普通的结构形式，主要用于检测还原性气体、可燃气体和液体蒸气，但由于烧结不充分，元件的机械强度较差，且所用电极材料较为贵重，电特性误差较大，使得其应用受到一定的限制。

2）薄膜型电阻式半导体气体传感器

图 5-35 所示为薄膜型气敏元件的结构图，用蒸发或溅射的方法，在石英或陶瓷基片上形成金属氧化物薄膜（厚度在 100 mm 以下），如此制成的敏感膜颗粒很小，因此具有很高的灵敏度和很快的响应速度。敏感体的薄膜化有利于元件的低功耗、小型化及其与集成电路制造技术的兼容。

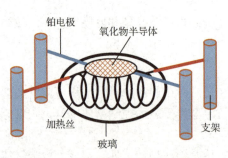

图 5-34 烧结型气敏元件的结构图

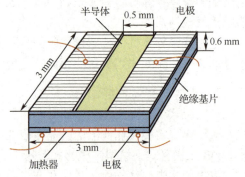

图 5-35 薄膜型气敏元件的结构图

3）厚膜型电阻式半导体气体传感器

图 5-36 所示为厚膜型气敏元件的结构图。将气敏材料（二氧化锡、氧化锌）与一定比例的硅凝胶混合制成能印刷的厚膜胶，把厚膜胶用丝网印刷到事先安装有铂电极的氧化铝基片上，在 400～800 ℃ 的温度下烧结 1～2 h，便制成厚膜型气敏元件。用厚膜工艺制成的元件，其一致性较好、机械强度高，适合批量生产。

上述气敏元件都附有加热器，在气敏元件工作时进行加热，其目的是加速气体吸附、脱出的过程，提高气敏元件的灵敏度和响应速度；烧去附着在探测部分的油污、尘埃等污物，起清洁作用；控制加热温度，增强对被测气体的选择性。在实际工作时，一般要加热到 200～400 ℃，加热方式一般有直热式和旁热式两种，因而形成了直热式气敏元件和旁热式气敏元件。

直热式气敏元件的结构图与符号如图 5-37 所示。直热式气敏元件是将加热丝、测量丝直接埋入二氧化锡或氧化锌等粉末中烧结而成的，工作时加热丝通电，测量丝用于测量元件的阻值。这类元件的制造工艺简单、成本低、功耗小，可以在高电压回路中使用，但热容量小，易受环境气流的影响，测量回路和加热回路间因没有隔离而相互影响。

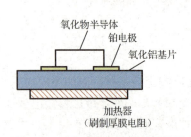

图 5-36 厚膜型气敏元件的结构图

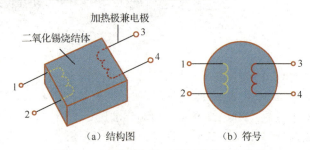

图 5-37 直热式气敏元件的结构图与符号

旁热式气敏元件的结构图与符号如图 5-38 所示。它的特点是将加热丝放置在一个瓷绝缘管内，管外涂梳状金属电极作为测量电极，在金属电极外涂上二氧化锡等材料。旁热式气体传感器克服了直热式结构的缺点，使测量电极和加热极分离，而且加热丝不与气敏材料接触，避免了测量回路和加热回路的相互影响。同时，这类元件的热容量大，降低了环境温度对器件加热温度的影响，所以这类元件的稳定性、可靠性都比直热式气敏元件好。

电阻式半导体气体传感器具有成本低、制造简单、灵敏度高、响应速度快、寿命长、对湿度敏感低和电路简单等优点。其不足之处是必须工作于高温下，对气体的选择性较差，元件参数分散，稳定性不够理想，对功率要求高，以及当探测气体中混有硫化物时，容易中毒。

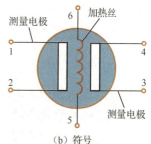

图 5-38 旁热式气敏元件的结构图与符号

扫一扫看技能拓展：MQ-3 型气体传感器参数表

3. 电阻式半导体气体传感器的主要参数

电阻式半导体气体传感器的主要参数包括固有电阻、工作电阻、灵敏度、响应时间、恢复时间、加热电阻和加热功率等。

1）固有电阻

固有电阻 R_0 又称正常电阻，表示气体传感器在正常空气条件下的阻值。

2）工作电阻

工作电阻 R_S 表示气体传感器在一定浓度被测气体中的阻值。

3）灵敏度

灵敏度通常用 $S=R_S/R_0$ 表示，有时也用两种不同浓度（c_1、c_2）检测气体中的元件阻值之比 $S=R_S(c_2)/R_0(c_1)$ 来表示。

4）响应时间

响应时间反映传感器的动态特性，其定义为传感器阻值从传感器接触一定浓度的气体起到变为该浓度下的稳定值所需的时间，也常用达到该浓度下阻值变化率的 63%时所需的时间来表示。

5）恢复时间

恢复时间又称脱附时间，它反映传感器的动态特性。传感器阻值从传感器脱离检测气体到恢复至正常空气条件下的阻值，这段时间就被称为恢复时间。

扫一扫看教学动画：MQ-3 型气体传感器的测量转换电路

6）加热电阻

加热电阻是为传感器提供工作温度的电热丝阻值。

7）加热功率

加热功率为保持正常工作温度所需要的功率。

4. 电阻式半导体气体传感器的测量转换电路

电阻式半导体气体传感器的测量转换电路的作用是将由气体浓度引起的阻值变化转换成电压信号。电阻式半导体气体传感器的测量转换电路通常采用敏感体和电位器串联构成分压电路，如图 5-39 所示。MQ-3 型气体传感器的敏感体和电位器 RL 构成了串联回路，当 MQ-3 型气体传感器感应到气体

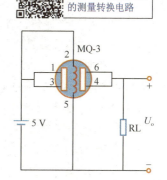

图 5-39 MQ-3 型气体传感器的测量转换电路图

的浓度发生变化时，其敏感体的阻值发生变化，则串联回路中 RL 两端的电压随之变化。RL 两端的电压即转换电路的输出电压 U_o，其计算公式为

$$U_o = \frac{U_i}{R_x + RL} RL \tag{5-10}$$

式中，U_i 为电源输入电压；R_x 为传感器敏感体的阻值。

当气体浓度增大时，MQ-3 型气体传感器的敏感体阻值 R_x 减小，输出电压 U_o 增大，从而实现输入气体浓度到电压的转换。

快速检测

气体传感器的引脚识别与质量检测

1. 引脚识别

以 MQ-2 型气体传感器为例进行说明，如图 5-40 所示，MQ-2 型气体传感器共 6 个引脚，其中，1 和 3、4 和 6 均为敏感体引脚，2 和 5 为加热丝引脚。

2. 质量检测

MQ 系列气体传感器是电阻式传感器，当传感器吸入气体的浓度发生变化时，敏感体的阻值发生变化。

用万用表 200 kΩ 欧姆挡在空气中测量敏感体的阻值，然后使传感器吸入烟雾气体，随着气体浓度的增加，观察所测阻值是否下降。若阻值明显下降，则说明传感器的质量没有问题；若阻值没有变化，则说明传感器质量不合格。

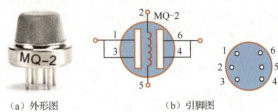

（a）外形图　　　　（b）引脚图

图 5-40　MQ-2 型气体传感器的外形图和引脚图

扫一扫看教学动画：MQ-2 型气体传感器的质量检测

小贴士：MQ 系列气体传感器简介

MQ 系列气体传感器是常用的监测气体浓度的传感器，不同型号的传感器会对某种或某几种气体较为敏感，这类传感器灵敏度高、响应速度快、稳定性好、寿命长、驱动电路简单，常被用于家庭气体泄漏报警器、工业可燃气体报警器及便携式气体检测仪器。

1. 引脚说明

MQ 系列气体传感器都有 6 个引脚，左边 3 个，右边 3 个。传感器是电阻式的，所以需要加热，且引脚没有正负之分。MQ 系列气体传感器的引脚接线图如图 5-41 所示，在接线时，一边 3 个引脚全部接 V_{CC} 端（+5 V），其中，中间电压作为加热电压，旁边两个电压作为回路电压；另一边中间引脚接地，旁边两个引脚都接输出。

2. MQ 系列气体传感器的具体型号及其对应的测量气体

MQ 系列气体传感器的具体型号及其对应的测量

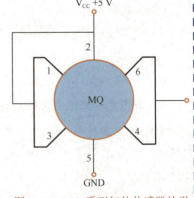

图 5-41　MQ 系列气体传感器的引脚接线图

气体如表 5-5 所示。

表 5-5 MQ 系列气体传感器的具体型号及其对应的测量气体

型号	测量气体
MQ-2	可燃气体、烟雾
MQ-3	乙醇（酒精）
MQ-4	甲烷
MQ-5	天然气、煤气
MQ-6	液化气、甲烷
MQ-7	一氧化碳
MQ-8	氢气
MQ-9	一氧化碳、甲烷
MQ-131	臭氧
MQ-135	有害气体（氨气、硫化物、苯）
MQ-136	硫化氢
MQ-137	氨气
MQ-138	甲苯、丙酮、乙醇、氢气

3. 注意事项

使用这类传感器需要预热 30s 左右，在预热期间，可能会有刺激性气味产生，使得测量示值增大，在预热一段时间后，示值趋于正常。

拓展篇

5.2.3 认识接触燃烧式气体传感器

1. 接触燃烧式气体传感器的工作原理

可燃气体（氢气、一氧化碳、甲烷等）与空气中的氧接触，发生氧化反应，产生反应热（燃烧热），使得作为敏感材料的铂丝温度升高，阻值相应增大。一般情况下，空气中可燃气体的浓度都不太高（低于 10%），可燃气体可以完全燃烧，其发热量与可燃气体的浓度有关。空气中可燃气体的浓度越大，氧化反应（燃烧）产生的反应热（燃烧热）就越多，铂丝的温度变化（升高）就越大，其阻值增加得也就越多。因此，只要测定作为敏感件的铂丝的电阻变化值（ΔR），就可检测空气中可燃气体的浓度。

使用单纯的铂丝线圈作为检测元件，其寿命较短，所以实际应用的检测元件都是在铂丝线圈外面涂覆一层氧化物触媒。这样既可以延长检测元件的使用寿命，又可以改善检测元件的响应特性。

2. 接触燃烧式气体传感器的结构与测量电路

接触燃烧式气体传感器的结构图如图 5-42（a）所示，用高纯的铂丝绕制成线圈，为了使线圈具有适当的阻值（1~2 Ω），一般应绕 10 圈以上。在线圈外面涂以氧化铝或由氧化铝和氧化硅组成的膏状涂覆层，干燥后，在一定温度下烧结成球状多孔体。将烧结后的小球放

在贵金属铂、钯等的盐溶液中，充分浸渍后取出烘干。然后经过高温热处理，使在氧化铝（氧化铝-氧化硅）载体上形成贵金属触媒层，最后组装成气敏元件。

除此之外，可以将贵金属触媒粉体与氧化铝、氧化硅等载体充分混合后配成膏状，涂覆在铂丝线圈上，直接烧成后备用。作为补偿元件的铂丝线圈，其尺寸、阻值均应与检测元件相同，并且应涂覆氧化铝或者氧化硅载体层，只是无须浸渍贵金属盐溶液或者混入贵金属触媒粉体形成触媒层而已。

接触燃烧式气体传感器的测量电路图如图 5-42（b）所示。其中，F_1 是检测元件；F_2 是补偿元件，其作用是补偿可燃气体接触燃烧以外的环境温度、电源电压变化等因素引起的偏差。

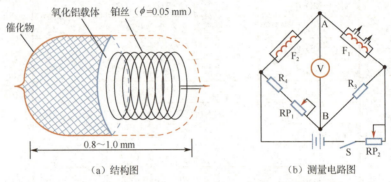

（a）结构图　　　　　　　　（b）测量电路图

图 5-42　接触燃烧式气体传感器的结构图和测量电路图

工作时，要求在 F_1 和 F_2 上保持 100～200 mA 的电流通过，以供应可燃气体在检测元件 F_1 上发生氧化反应（接触燃烧）所需的热量。当检测元件 F_1 与可燃气体接触时，由于剧烈的氧化作用（燃烧），释放出热量，使得检测元件的温度上升，阻值相应增大，桥式电路不再平衡，在 A、B 间产生电位差 U_{AB}。

在别人看不见的地方自律，成功离你更近

自律的前期是兴奋，中期是痛苦，后期才是享受。与其自嘲平庸，不如克制慵懒。低级的欲望，放纵即可获得；高级的欲望，克制才能得到；顶级的欲望，通过煎熬获得。

那些在别人看不见的地方也自律的人，真的连老天都不忍辜负。请相信：在暗处执着生长，终有一日馥郁传香。

研析应用

　扫一扫进行气体传感器自我测试

　扫一扫看微课视频：气体传感器应用分析

典型案例 44　家用可燃气体报警器的应用

家用可燃气体报警器也叫燃气报警器，其外形图如图 5-43 所示。它主要用于检测家庭煤气泄漏，防止煤气中毒和煤气爆炸事故的发生。

　扫一扫看教学课件：气体传感器应用分析

1. 电路构成

图 5-44 是设有串联蜂鸣器气敏元件应用电路的主体部分，它采用直热式气体传感器 TGS109，该传感器对液化气、丙烷、丁烷、甲烷等易燃气体敏感。

项目 5　新型传感器的应用与调试

图 5-43　家用可燃气体报警器的外形图

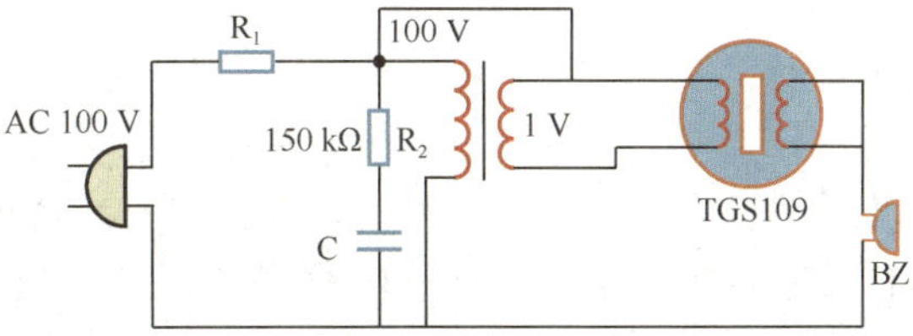

图 5-44　家用可燃气体报警器的电路图

2. 工作原理

当室内可燃气体的浓度增加时，气敏元件接触到可燃气体而使阻值减小，这样流经测试回路的电流增加，可直接驱动蜂鸣器 BZ 报警。对于丙烷、丁烷、甲烷等气体，报警浓度一般选定其爆炸下限的 1/10，可通过调整电阻来调节。

典型案例 45　烟雾报警器的应用

烟雾报警器是能够检测环境中的烟雾浓度，并具有报警功能的仪器，其外形图如图 5-45 所示。烟雾报警器内部采用半导体烟雾传感器，常被用于各种消防工作中，性能远优于气敏电阻类的火灾报警器。

1. 电路构成

该报警器的电路由气体检测电路（由 QM-N5、R_1 和 RP 组成）、晶闸管 VS 无触点电子开关、警笛报警电路（由 LC179、R_2 和扬声器组成）构成，如图 5-46 所示。

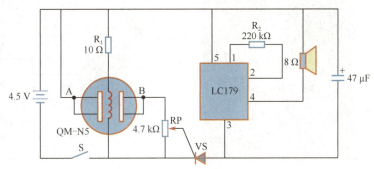

图 5-45　烟雾报警器的外形图

图 5-46　烟雾报警器的电路图

2. 工作原理

当环境中无瓦斯或瓦斯浓度较低时，气体传感器 QM-N5 敏感体的电阻 R_{AB} 很大，晶闸管 VS 因触发电极电位很低而不能导通。当瓦斯浓度升高时，R_{AB} 减小；瓦斯浓度升高到超过安全标准时，传感器 A、B 极间电导率迅速增大，R_{AB} 迅速减小；当 RP 的滑动触点电压大于 0.7 V 时，晶闸管 VS 被触发导通，LC179 的 3 引脚接通负电源，4 引脚输出信号驱动扬声器报警，从而达到预防瓦斯超限报警的目的。

小常识：对 LC179 引脚及功能的介绍

LC179 为三模拟声报警专用集成电路，它采用双列 8 引脚直插塑料硬封装，电路可靠性好；内部集成了功率放大器，可直接驱动扬声器发声；可产生三种模拟报警声响，是制作各种报警器的良好声源。

LC179 的 1、2 引脚为外接振荡电阻端，增减所接电阻的阻值可改变发声音调；3 引脚为负电源端；4 引脚为音频输出端；5 引脚为正电源端；6、7 引脚为空脚端。而其 8 引脚为选声端，当它"悬空"时，可产生模拟警车电笛声；当它接电源正端时，可产生模拟消防车电笛声；当它接电源负端时，可产生模拟救护车电笛声。

LC179 的主要参数包括：工作电压范围 3～4.5 V，工作电流小于 150 μA，最大输出电流可达 150 mA，工作温度范围-10～60 ℃。该集成电路可用同类产品 LCW06-2 来直接代换。

典型案例 46　酒精浓度检测仪的应用

酒精浓度检测仪是用来检测人体是否摄入酒精及摄入酒精多少的仪器，其外形图如图 5-47 所示。它可以作为交通警察执法时检测饮酒司机饮酒多少的检测工具，以有效减少重大交通事故的发生；也可以用在其他场合检测人体呼出气体中的酒精含量，避免人员伤亡和财产的重大损失，如一些高危领域禁止酒后上岗的企业。

1. 电路构成

酒精浓度检测仪的电路图如图 5-48 所示，它由气体传感器 MQ-J1 模块和 IC 显示推动器 LM3914 模块组成。其中，LM3914 共有 10 个输出端，每个输出端可以驱动一个 LED。显示推动器 LM3914 根据 5 引脚电位的高低来确定依次点亮 LED 的级数，上 5 个 LED 为红色，表示超过安全水平；下 5 个 LED 为绿色，表示处于安全水平。

图 5-47　酒精浓度检测仪的外形图

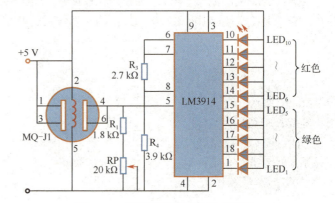

图 5-48　酒精浓度检测仪的电路图

2. 工作原理

当气体传感器 MQ-J1 模块探测不到酒精时，加在 LM3914 的 5 引脚上的电平为低电平，LED 不亮；当气体传感器 MQ-J1 模块探测到酒精时，气体传感器的内阻变小，从而使 LM3914 的 5 引脚上的电平变高，酒精含量越高，点亮 LED 的级数就越大，从而实现通过 LED 点亮的数量判断醉酒程度的功能。

> **小常识：对 LM3914 引脚及功能的介绍**
>
> LM3914 是 10 位 LED 驱动器，它可以把模拟量输入转换为数字量输出，驱动 10 位 LED 来进行点显示或柱显示。

项目 5　新型传感器的应用与调试

LM3914 的引脚图如图 5-49 所示。1 引脚接 LED 负极，2 引脚接地，3 引脚接正电源，4 引脚为 LED 最低亮度设定，5 引脚接输入信号，6 引脚为 LED 最高亮度设定，7 引脚为基准电压输出，8 引脚为基准电压设定，9 引脚为模式设定，10~18 引脚接 LED 负极。

LM3914 参考电压源输出约为 5 V，即在 7 引脚和 8 引脚之间维持一个 5 V 的基准电压，该基准电压可以直接给内部分压器使用，这样当 5 引脚输入一个 0~5 V 的电压时，通过比较器即可点亮 0~10 个 LED。

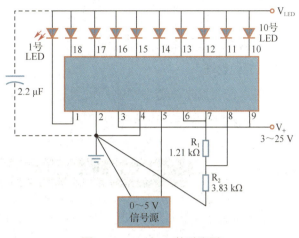

图 5-49　LM3914 的引脚图

设计调试

提升篇

5.2.4　气体传感器测试系统的调试

扫一扫进行气体传感器研析应用测试

扫一扫看虚拟仿真视频：气体传感器测试系统的调试

扫一扫看微课视频：气体传感器测试系统的调试

1. 系统的构成与原理

气体传感器测试系统的调试需要用到气体传感器、酒精（自备）、棉球（自备）、气体传感器模块等仪器设备，其中气体传感器模块的电路图如图 5-50 所示。

本任务所采用的二氧化锡半导体气体传感器属于电阻型气敏元件，它是利用气体在半导体表面的氧化和还原反应导致气敏元件的阻值发生变化实现测量的。若气体浓度发生变化，则阻值发生变化，根据这一特性，可以从阻值变化得知吸附气体的种类和浓度。当酒精浓度发生变化时，图 5-50 中

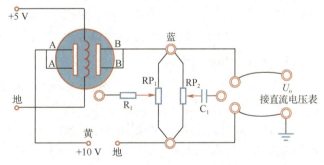

图 5-50　气体传感器模块的电路图

气体传感器的敏感体阻值 R_{AB} 发生变化，电路中电阻 RP_2 的输出电压 U_o 发生变化，此电压的变化反映了气体浓度的高低。

2. 电路搭接与调试

（1）将气体传感器夹持在气体传感器模块上的传感器固定支架上。

（2）按图 5-50 接线，将气体传感器的红色接线端接 0~5 V 电压加热，黑色接线端接地；输出电压选择±10 V，黄线接+10 V 电压，蓝线接 RP_1 上端。

219

（3）打开平台总电源，预热 1 min。

（4）用浸透酒精的小棉球靠近传感器，并吹 2 次气，使酒精挥发并进入传感器金属网内，观察电压表示值的变化。

3. 拆线整理

断开电源，拆除导线，整理工作现场。

4. 考核评价

> **拓展驿站：可燃气体浓度测试系统的调试**
>
> 将气体传感器测试系统调试中的 MQ-3 型气体传感器换成 MQ-7 型气体传感器，MQ-7 型气体传感器可用于家庭、环境中的一氧化碳探测装置，适用于一氧化碳、煤气等的探测。仍然采用图 5-50 所示电路，按照前面的调试步骤完成相应的可燃气体浓度测试。

> **特别提醒**
>
> （1）在传感器的 4 根引线中，红线和黑线接加热器输入，为 0～5 V 电压加热。
> （2）传感器预热 1 min 左右。

创新篇

5.2.5 酒精浓度检测电路的设计与调试

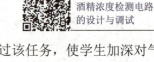

1. 目的与要求

利用半导体气体传感器设计一种简易酒精浓度检测电路，通过该任务，使学生加深对气体传感器结构、工作原理及典型应用的理解，掌握气体传感器典型应用电路设计与调试的方法，能够对气体传感器及其他元器件进行正确识别和质量检测。

2. 系统的构成与原理

这里要用到的器材设备主要有 MQ-3 型气体传感器、集成运算放大器 LMV393、跟随器 LMC6482、晶体管、蜂鸣器、电阻、若干导线、测试酒精、数字万用表等。

简易酒精浓度检测电路图如图 5-51 所示，该电路采用 MQ-3 型气体传感器对空气中的酒精浓度进行检测。MQ-3 型气体传感器适用于酒精浓度为 0.05～10 mg/L 的检测，其对应数字显示仪表的数值为 0～100，即当数字显示仪表显示 100 时，酒精浓度为 10 mg/L。

当检测到酒精分子时，TP_1 处电压升高，且酒精浓度越高，TP_1 处电压越大。其中，一路输出电压通过跟随器后被送入数字显示仪表中，用于计算酒精浓度；另一路输出电压与 TP_7 处的阈值电压相比较，当其大于阈值电压时报警器响起，表示酒精浓度超标。

3. 电路搭接与调试

1）传感器的质量检测

使 MQ-3 型气体传感器通电加热，将万用表调至欧姆挡，测量传感器在空气中的阻值。

接下来，使传感器吸入一定浓度的酒精气体，观察传感器阻值的变化情况，若阻值显著下降，则说明传感器质量合格。

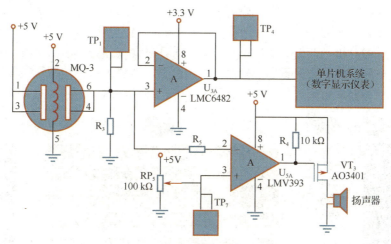

图 5-51　简易酒精浓度检测电路图

2）电路搭接

按照图 5-51 所示电路进行元器件的排版、布线与焊接。

3）电路调试

将棉签蘸取少量酒精后靠近酒精传感器，使用万用表测量 TP_4 处酒精传感器的输出电压，或利用数字显示仪表直接连接 TP_4 处的输出信号。改变棉签与酒精传感器之间的距离，观察数字万用表或数字显示仪表示值的变化情况。

调节报警阈值电位器 RP_5，设定报警阈值，当酒精浓度达到一定值时，观察蜂鸣器何时触发报警。

4. 数据分析

根据以上测量数据，绘制酒精浓度与输出电压之间关系的曲线图，并计算其线性度。

5. 拆线整理

断开电源，拆除导线，整理工作现场。

6. 考核评价

思考一刻：

（1）改变酒精源与酒精传感器之间的距离是否会对测量结果产生影响？

（2）当酒精靠近传感器时，数字显示仪表的示值始终为 0，分析可能的原因。

测评总结

1. 任务测评

2. 总结拓展

该任务以复兴号高铁烟雾探测系统为载体，引入气体传感器的应用与调试，明确了任务目标。任务 5.2 的总结图如图 5-52 所示，在探究新知环节中，主要介绍了气体传感器的定义、作用、结构、分类、主要参数,半导体气体传感器的分类、特性、结构、主要参数、测量转换电路;在拓展篇中,介绍了接触燃烧式气体传感器的工作原理、结构、测量电路。在研析应用环节中,重点探讨了家用可燃气体报警器、烟雾报警器、酒精浓度检测仪几个典型应用。在设计调试环节中,实践了提升篇和创新篇的多个典型气体传感器测量系统的调试任务。

通过对任务的分析、计划、实施及考核评价等,掌握气体传感器的结构、分类、主要参数、测量转换电路,能够正确识别与检测气体传感器,能够对气体传感器的典型应用进行分析,能够根据任务要求正确选择气体传感器并进行气体传感器应用系统的调试。

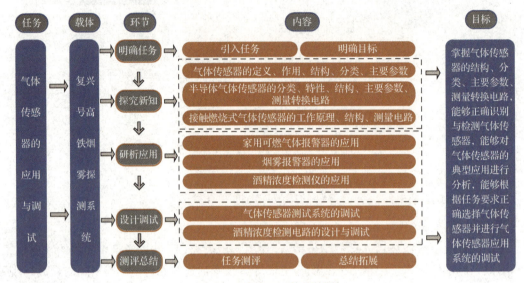

图 5-52　任务 5.2 的总结图

人生的三把钥匙

人生有三把钥匙,即自信有节、自尊有度、自律有为,做到这三点,才能从复杂经历重塑自我的过程中,打开属于自己人生底色的那扇门。

往后余生,愿我们都能做一个自信、自尊、自爱的人。

学习随笔

项目5　新型传感器的应用与调试

任务5.3　超声波传感器的应用与调试

明确任务

扫一扫看知识拓展：中国载人深潜器发展历程

扫一扫收听音频：守正创新，行稳致远

1. 任务引入

我国"奋斗者"号载人潜水器在马里亚纳海沟成功坐底，这意味着我国深海载人潜水技术的发展更进一步。10 909 m——这一数据刷新了我国载人深潜的新纪录，我国成功挑战了"世界第四极"。此次任务的完成得益于全海深近底多波束测深系统，该系统为"奋斗者"号载人潜水器深潜海底精细地形测量任务提供了技术护航和安全保障。全海深近底多波束测深系统通常搭载在各型潜水器上，在靠近海底时工作，犹如潜水器俯视下方的"慧眼"。无论水质如何，系统通过接收测深侧扫声呐设备发射的探测超声波，都能更精准地测量水下地形地貌，探测水底及水体目标。该系统不仅创造了国产装备海洋测绘深度的新纪录，而且对于测量深渊地形地貌、感知海洋环境和保障潜水器航行安全具有重要作用。

那么超声波传感器是如何实现测量的？如何对测量系统进行调试？

2. 任务目标

◆ 知识目标

掌握超声波传感器的结构、工作原理、测量系统。

◆ 能力目标

（1）能够正确识别与检测超声波传感器。
（2）能够对超声波传感器的典型应用进行分析。
（3）能够根据任务要求正确选择超声波传感器并进行超声波传感器应用系统的调试。

◆ 素质目标

（1）通过小组协作完成工作任务，培养学生的职业素养及创新意识。
（2）培养学生守正创新、行稳致远的精神。

探究新知

扫一扫看微课视频：超声波传感器的基础知识

扫一扫看知识拓展：超声波传感器发展简史

扫一扫看教学课件：超声波传感器的基础知识

基础篇

5.3.1　认识超声波传感器

1. 超声波及其物理性质

1）超声波的定义

声波是机械振动在介质中传播的一种机械波，根据声波频率的不同，如图5-53所示，将它分为次声波、声波、超声波三类。

频率在20～20 000 Hz范围内的机械波被称为声波，这是人类听觉能够感知的频率范围，也是我们常说的音频范围。常见示例：说话、音乐等。

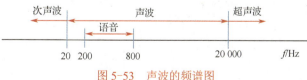

图5-53　声波的频谱图

频率小于 20 Hz 的机械波被称为次声波,次声波相比声波和超声波,波长更长,传输衰减更小。常见示例:地震、海啸、核爆等。

频率大于 20 000 Hz 的机械波被称为超声波。常见示例:蝙蝠飞行定位、潜艇声呐定位等。

2)超声波的波形

当声源在介质中的施力方向与波在介质中的传播方向发生变化时,超声波的波形会发生变化。超声波的波形分类图如图 5-54 所示,依据超声场中质点振动与声能传播方向的变化,超声波的波形一般分为纵波、横波和表面波三种。

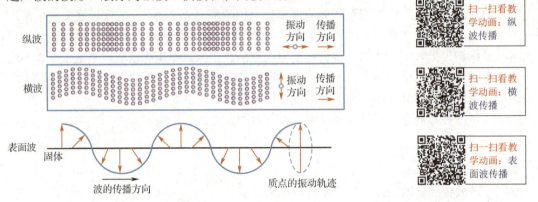

图 5-54 超声波的波形分类图

纵波是指质点振动方向与波的传播方向一致的波,它能在固体、液体和气体介质中传播。横波是指质点振动方向垂直于波的传播方向的波,它只能在固体介质中传播。

表面波质点的振动介于横波与纵波之间,沿着介质表面传播,介质的质点沿椭圆形轨迹振动。它的振幅随深度的增加会迅速衰减,表面波只在固体的表面传播。

3)超声波的特性

超声波的纵波、横波及表面波的传播速度,取决于介质的弹性常数及介质密度。气体和液体中只能传播纵波。在固体中,纵波、横波和表面波三者的声速有一定关系。通常可认为横波声速为纵波声速的一半,表面波声速约为横波声速的 90%。超声波在 20 ℃空气中的传播速度约为 343 m/s,在液体中的传播速度更快,在固体中的传播速度最快。

超声波在介质中传播时,随着传播距离的增加,能量逐渐衰减,其衰减的程度与超声波的扩散、散射及吸收等因素有关。在理想介质中,超声波的衰减仅来自超声波的扩散,即超声波传播距离的增加导致声能的减弱。超声波在空气中传播衰减较快,尤其在高频时衰减更快。因此,超声波在空气中传播的使用场合宜采用频率较低的超声波,一般为几十千赫兹(典型的为 40 kHz)。超声波在固体及液体中传播衰减较小,传播较远,因此超声波在固体及液体中传播的使用场合宜采用频率较高的超声波。

超声波具有频率高、波长短、绕射现象少、方向性好、能够定向传播等优点。超声波对液体、固体的穿透本领很大,尤其是在不透明的固体中,它可穿透几十米的深度。超声波碰到杂质或分界面会产生显著反射而形成反射回波,碰到活动物体能产生多普勒效应,因此超声波检测被广泛应用在工业、国防、生物医学等方面。

项目5 新型传感器的应用与调试

> **小贴士：声波与光波的对比**
>
> （1）属性上：声波是机械波，必须得有介质才能传播；而光波是电磁波，可以不通过介质传播。声波的速度比光波慢得多。
>
> （2）本质上：发射光波需要电磁性质的能量释放过程，要发射声波只需产生振动的物体激动空气。

2. 超声波传感器的结构与工作原理

1）超声波传感器的结构

超声波传感器是利用超声波在超声场中的物理特性和各种效应而研制的器件或装置，其外形图（一）如图5-55所示，也可将其称为超声波探测器、超声换能器、超声探头。

图5-55 超声波传感器的外形图（一）

超声波传感器按其工作原理可分为压电式、磁致伸缩式、电磁式等，其中以压电式最为常用。小功率压电式超声波传感器多用于探测，它有多种结构形式，如图5-56所示，可分为直探头、斜探头、表面波探头、双探头等。

（a）直探头　　　　（b）斜探头　　　　（c）表面波探头　　　　（d）双探头

图5-56 超声波传感器的外形图（二）

超声波传感器主要由压电晶片、吸收块（也称阻尼块）、保护膜等组成，如图5-57所示。压电晶片多为圆板形，厚度为δ，超声波频率f与其厚度δ成反比。压电晶片的两面镀有银层，可作为导电的极板。吸收块的作用主要是降低压电晶片的机械品质，吸收声能。如果没有吸收块，当激励的电脉冲信号停止时，压电晶片将会继续振荡，如此会加大超声波的脉冲宽度，使分辨率变差。

225

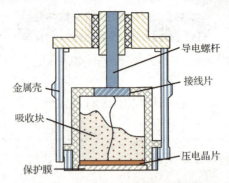

图 5-57 超声波传感器的结构图

> **小贴士：双压电陶瓷晶片超声波传感器**
>
> 双压电陶瓷晶片超声波传感器将双压电陶瓷晶片固定安装在基座上，如图 5-58 所示，为了增强晶片的效果，在它的上面加装了锥形振子，最后将其装在金属壳体中并伸出两根引线。
>
> 当发送超声波时，锥形振子有较强的方向性，因而能高效率地发送超声波；当接收超声波时，超声波的振动集中于振子的中心，所以能产生高效率的高频电压。
>
>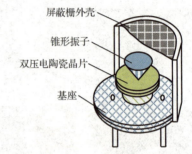
>
> 图 5-58 双压电陶瓷晶片超声波传感器的结构图

2）超声波传感器的工作原理

压电式超声波传感器常用的材料是压电晶体和压电陶瓷，它是利用压电材料的压电效应来工作的。超声波发送器是利用逆向压电效应制成的，其工作原理图如图 5-59 所示。在压电元件上施加电压，元件就会产生相应的变形（也称应变），从而引起空气振动并产生超声波，超声波以疏密波形式传播，传送给超声波接收器。

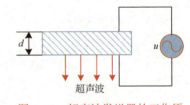

图 5-59 超声波发送器的工作原理图

超声波接收器则是利用正向压电效应制成的，即接收到的超声波促使超声波接收器的振子随着相应的频率进行振动，由于存在正向压电效应，因此产生与超声波频率相同的高频电压。这种电压非常小，必须采用放大器进行放大。

> **小贴士：超声波传感器的主要性能指标**
>
> 超声波传感器的主要性能指标有工作频率、工作温度和灵敏度等。
> （1）工作频率：工作频率就是压电晶片的共振频率。当加到压电晶片两端交流电压的频率和晶片的共振频率相等时，输出的能量最大，灵敏度也最高。
> （2）工作温度：由于压电材料的居里点一般比较高，特别是诊断用的超声波传感器的使用功率较小，所以超声波传感器的工作温度比较低，可以长时间工作而不失效。而医疗用的超声波传感器的温度比较高，需要采用单独的制冷设备。

项目5 新型传感器的应用与调试

（3）灵敏度：灵敏度反映了超声波传感器在谐振频率下接收或检测微弱信号的能力，它的大小主要取决于制造晶片本身。晶片的机电耦合系数越大，超声波传感器的灵敏度就越高；晶片的机电耦合系数越小，超声波传感器的灵敏度就越低。

3. 超声波传感器测量系统

1）系统的构成

超声波测量系统一般包括超声波发送电路、超声波接收电路、控制电路、电源电路和显示电路等部分，如图5-60所示。超声波发送电路一般包括振荡电路、驱动电路、超声波发送器等部分。振荡电路一般是RC振荡器，它可以产生频率为40 kHz的方波。驱动电路主要用于增大驱动电流，以便有效驱动超声波振子发送超声波。超声波发送器是利用压电晶体的逆向压电效应来发送超声波信号的，当高频电压作用于晶片上时，压电晶体受激励以相同频率在相邻介质中传播超声波，从而有效完成电能到机械振动的转换。

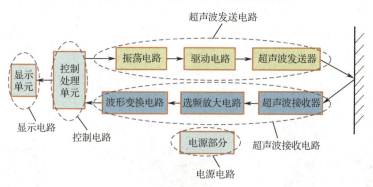

图5-60 超声波传感器测量系统的构成图

与超声波发送电路相反的是超声波接收电路，它主要包括超声波接收器、选频放大电路及波形变换电路等部分。超声波接收器的工作原理与超声波发送器正好相反，它是利用压电晶体的压电效应来接收超声波的，当超声波在不同介质中传播时，在介质交界面处发生反射，反射后的超声波作用于压电晶体上，便以机械振动频率产生电能，从而完成机械振动到电能的转换。由于经超声波接收器变换后的正弦波信号非常微弱，因此必须由选频放大电路对此信号进行放大。之后还要利用波形变换电路对选频放大后的正弦波信号进行波形变换，输出矩形波脉冲，最终实现 A/D 转换。

思考一刻：超声波传感器是如何实现水下测距的？

2）系统的测量原理

超声波测距系统主要应用的是反射式检测方式，如图5-61所示，它的具体原理是超声波发送器发出超声波脉冲的同一时刻开始计时，超声波在介质中传播，途中碰到障碍物就立即反射回来，当超声波接收器收到反射波时，立即停止计时。

根据超声波发送和接收的时间差 t，即可计算出发送点距障碍物的实际距离 L，具体计算公式为

$$L=vt/2 \qquad (5\text{-}11)$$

式中，v 为超声波在介质中的传播速度。

超声波传感器除了采用反射式检测方式,还可以采用对射式检测方式,其原理图如图 5-62 所示。一套对射式超声波传感器包括一个超声波发送器和一个超声波接收器,两者之间持续保持"收听"。位于超声波接收器和超声波发送器之间的被检测物会阻断超声波接收器接收超声波,从而使得传感器产生开关信号。

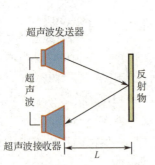

图 5-61　超声波测距系统的测量原理图　　　　图 5-62　对射式检测方式的原理图

鉴于上述的检测原理,超声波传感器测量系统有三种基本类型,分别是透射型、一体化反射型及分离式反射型,如图 5-63 所示。其中,透射型系统主要用于遥控器、防盗报警器、自动门、接近开关等场合,一体化反射型系统主要用于材料探伤、测厚等,分离式反射型系统主要用于测距、液位测量或料位测量。

(a) 透射型　　　　　　(b) 一体化反射型　　　　　(c) 分离式反射型

图 5-63　超声波传感器测量系统的三种基本类型

小常识:HC-SR04 超声波测距模块简介

HC-SR04 超声波测距模块具有 2～400 cm 的非接触式距离感测功能,测距精度可达到 3 mm。该模块包括超声波发送器、超声波接收器与控制电路。

1. 引脚功能表

HC-SR04 超声波测距模块的外形图如图 5-64 所示,它有四个引脚,分别为 V_{CC}(5 V)、Trig(控制端)、Echo(接收端)、GND(地),引脚功能参见表 5-6。

图 5-64　HC-SR04 超声波测距模块的外形图

2. 传感器参数表

HC-SR04 超声波测距模块的电气参数表如表 5-7 所示。

表 5-6 HC-SR04 超声波测距模块引脚功能表

引脚	说明
V_{CC}	接 DC 5 V
GND	接地线
Trig	触发信号输入端
Echo	回响信号输出端

表 5-7 HC-SR04 超声波测距模块的电气参数表

电气参数	说明
工作电压	DC 5 V
工作电流	15 mA
工作频率	40 kHz
最远射程	4 m
最近射程	2 cm
测量角度	15°
输入触发信号	10 μs 的 TTL 脉冲
输出回响信号	输出 TTL 电平信号,与射程成比例
规格尺寸	45 mm×20 mm×15 mm

3. 工作原理

(1) 采用 IO 口 Trig 触发测距,给至少 10 μs 的高电平脉冲触发信号。

(2) 模块会自动发出 8 个频率为 40 kHz 的声波,与此同时,回波信号输出端 Echo 引脚处的电平会由 0 变为 1(此时应该启动定时器计时)。

(3) 当超声波返回被模块接收到时,回波信号输出端 Echo 引脚处的电平会由 1 变为 0(此时应该停止定时器计数),定时器记下的这个时间即为超声波由发出到返回的总时长。再根据声音在空气中的传播速度,即可计算出所测的距离。

特别提醒

(1) 此模块不宜带电连接,如果要带电连接,则先让模块的 GND 端连接,否则会影响模块工作。

(2) 测距时,被测物体的面积不少于 0.5 m² 且要尽量平整,否则会影响测试结果。

超声波传感器的质量检测

常见超声波传感器的质量检测方式有如下 4 种。

1. 穿透式

超声波发送器和超声波接收器分别位于两侧,当被检测物从它们之间通过时,根据超声波的衰减(或遮挡)情况进行超声波传感器质量检测。

2. 限定距离式

超声波发送器和超声波接收器位于同一侧,当在限定距离内有被检测物通过时,根据反射的超声波进行超声波传感器质量检测。

3. 限定范围式

超声波发送器和超声波接收器位于限定范围的中心,反射物位于限定范围的边缘,并以无被检测物遮挡时的反射波衰减值作为基准值。当在限定范围内有被检测物通过时,根据反射波的衰减情况(将衰减值与基准值做比较)进行超声波传感器质量检测。

4. 回归反射式

超声波发送器和超声波接收器位于同一侧,以被检测物(平面物体)作为反射物,根据反射波的衰减情况进行超声波传感器质量检测。

基于上述方法,可以检测到一个传感器的状态。如果需要精确地检测,就需要根据不同场合使用不同的检测方式和标准超声波传感器,并根据被检测环境和输出信号的变化对传感器进行校准。

拓展篇

5.3.2 认识声音传感器

1. 声音传感器的原理与分类

声音传感器又称声敏传感器,其外形图如图 5-65 所示,它是一种将在气体、液体或固体中传播的机械振动转换成电信号的器件或装置,采用接触或非接触的方式检测信号。该传感器内置一个对声音敏感的电容式驻极体麦克风,声波使麦克风内的驻极体薄膜振动,导致电容发生变化,从而产生与之对应变化的微小电压。这一电压随后被转化成 0~5 V 的电压,经过 A/D 转换被数据采集器接收,并传送给计算机。

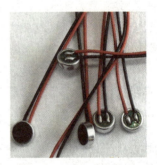

图 5-65 声音传感器的外形图

其实,声音传感器相当于一个麦克风,它用来接收波,显示声音的振动图像,但不能对噪声的强度进行测量。

> **特别提醒**
>
> 由于驻极体膜片与金属极板之间的电容比较小,因而它的输出阻抗值很高,至少为几十兆欧姆,这样高的阻抗是不能直接与音频放大器相匹配的,需要接入一只结型场效应管来进行阻抗变换。

2. 声音传感器的应用

1)在军事上的应用

声音传感器目前常被用于地面传感器侦察监视系统,其最大优点是分辨力强。如果运动目标是人员,则不仅可以直接听到声音,而且能根据声音判断出其国籍、身份和谈话内容;如果运动目标是车辆,则可根据声音判断车辆种类。

2）在医疗上的应用

光纤麦克风具有对磁场的天然的抗干扰能力，可被用于核磁共振成像的通信中，是唯一可以在核磁共振成像扫描时，使病人和医生进行通信的麦克风。

3）在生活上的应用

声音传感器可以对声音信号进行采样，因此被用于麦克风、录音机、手机等器件中。声控照明灯内装有声音传感器，只要有人发出一种摩擦音 1 s，墙上的照明灯就会自动点亮 10 s 左右；声控电视机可存储两个人的声控指令，开机工作、转换频道、调换色彩及关机等都可以用声控指令进行控制。

守正与创新

守正不是墨守成规、一成不变，创新不是无本之木、无源之水。只有在创新基础上的守正，才不会故步自封，才能与时俱进、推陈出新；只有在守正基础上的创新，才不会偏离方向，才能根深叶茂、源远流长。

研析应用

典型案例 47 超声波无损探伤

超声波无损探伤是目前应用十分广泛的无损探伤手段，它既可检测材料表面的缺陷，又可检测被检测物内部几米深的缺陷，这是 X 光探伤达不到的深度。超声波无损探伤的方法有很多，其中脉冲反射法的应用最广。脉冲反射法是根据超声波在工件中反射情况的不同来探测工件内部是否有缺陷的。它又分为一次脉冲反射法和多次脉冲反射法两种。

1. 测量原理

测量时，将超声波传感器放于被测工件上，并在工件上来回移动进行检测。超声波无损探伤的原理图如图 5-66 所示，由高频脉冲发生器发出脉冲（发射脉冲 T）加在超声波传感器上，激励其产生超声波。超声波传感器发出的超声波以一定速度向工件内部传播。其中，一部分超声波在遇到缺陷时反射回来，产生缺陷脉冲 F；另一部分超声波继续传至

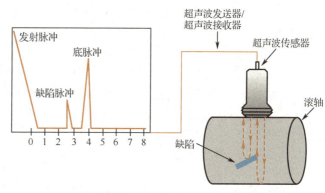

图 5-66 超声波无损探伤的原理图

工件底面，之后也反射回来，产生底脉冲 B。缺陷脉冲 F 和底脉冲 B 被超声波传感器接收后，变为电脉冲，并与发射脉冲 T 一起经放大后，最终在显示器荧光屏上显示出来。

多次脉冲反射法是以多次底波为依据而进行探伤的方法。超声波传感器发出的超声波由被测工件底部反射回超声波传感器时，其中一部分超声波被超声波传感器接收，而另一部分超

声波又返回工件底部,如此往复反射,直至声能全部衰减完为止。因此,若工件内无缺陷,则荧光屏上会出现呈指数函数曲线形式递减的多次反射底波,波形如图 5-67(a)所示;若工件内有吸收性缺陷,则声波在缺陷处的衰减很大,底波反射的次数减少,波形如图 5-67(b)所示;若缺陷严重,则底波衰减严重甚至完全消失,波形如图 5-67(c)所示。据此可判断出工件内部有无缺陷及缺陷的严重程度。

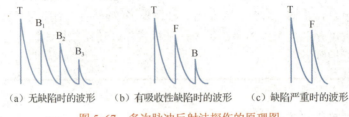

(a) 无缺陷时的波形　　(b) 有吸收性缺陷时的波形　　(c) 缺陷严重时的波形

图 5-67　多次脉冲反射法探伤的原理图

2. 优缺点

超声波无损探伤的优点是检测厚度大、灵敏度高、速度快、成本低、对人体无害,以及能对缺陷进行定位和定量。超声波无损探伤的缺点是对缺陷的显示不直观,探伤技术难度大,容易受到主、客观因素影响,以及探伤结果不便于保存。超声波无损探伤要求工作表面平滑,只有富有经验的检验人员才能辨别缺陷种类。另外,超声波无损探伤适用于厚度较大的零件检验,这也使得它具有局限性。

典型案例 48　超声波测量流体流量

超声波测量流体流量利用超声波在流体中传输时,在静止流体和流动流体中的传播速度不同的特点,以此求得流体的流速和流量。超声波测流量通常采用时差法、相位差法和频率差法。

1. 测量原理

时差法的测量原理图如图 5-68 所示,图中,v 为被测流体的平均流速,θ 为超声波传播方向与流体流动方向的夹角(必须小于 90°),t_1、t_2 分别为超声波在介质中的顺流传播时间、逆流传播时间,L 为两个超声波传感器之间的距离。通过测量超声波在介质中顺流和逆流的传播时间差来间接测量流体的流速,再通过流速及断面情况来计算流量。

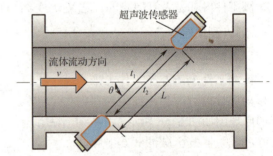

图 5-68　时差法的测量原理图

思考一刻:在用时差法、相位差法和频率差法测量时,流量分别如何计算?

2. 可测材料

超声波流量计具有不阻碍流体流动的特点,可以实现非接触测量。它可测的流体种类很多,不论是非导电流体、高黏度流体,还是浆状流体,只要能传输超声波的流体,都可以进行测量。超声波流量计可对自来水、工业用水、农业用水等进行测量,还可用于下水道水体、农业灌溉用水、河流等的流速测量。

项目 5　新型传感器的应用与调试

超声波流量计的应用非常广泛，安装形式也有多种，主要有外夹式、插入式、管段式等，如图 5-69 所示。

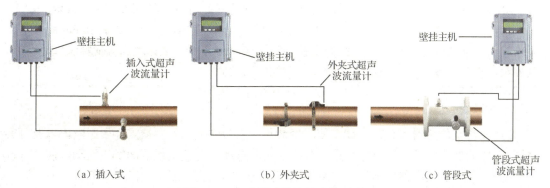

图 5-69　超声波流量计的安装形式

典型案例 49　超声波测量物位

超声波测量物位是根据超声波在两种介质分界面上的反射特性而工作的。根据超声波发送器和超声波接收器的功能，超声波物位传感器可分为单传感器和双传感器两种。单传感器在发送和接收超声波时均使用一个传感器，而双传感器对超声波的发送和接收各由一个传感器承担。

扫一扫看教学动画：超声波测量液位的原理

1. 测量原理

超声波液位计的工作原理图如图 5-70 所示，高频脉冲声波由超声波液位计的探头发出，遇到被测物体表面（水面）被反射，折回的反射回波被同一超声波液位计的探头接收，转换成电信号。脉冲发送和接收之间的时间（声波的运动时间）与超声波液位计的探头到物体表面的距离成正比，具体来讲，声波传输的距离 S 等于声速 v 和传输时间 t 一半的乘积。

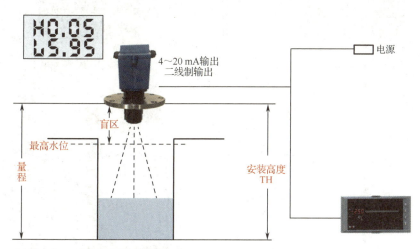

- 当前液位 H：测量得到的当前液位高度。
- 测量距离 L：测量得到的从仪表至液位面的距离。
- 安装高度 TH：量程，指从仪表到底部的总距离。
- 仪表界面显示 H 值、L 值，仪表计算公式为 TH−L=H，即量程减去测量距离得到当前液位高度。

图 5-70　超声波液位计的工作原理图

特别提醒

安装超声波液位计时,必须考虑超声波液位计的盲区问题,在液位进入盲区后,超声波液位计就无法测量液位了,所以在确定超声波液位计的量程时,必须留出 50 cm 的余量。安装时,超声波液位计的探头必须高出最高液位 50 cm 左右,这样才能保证对液位的准确监测及保证超声波液位计的安全。

2. 优缺点

超声波物位传感器具有精度高、使用寿命长、安装方便、不受被测介质影响,以及可实现危险场所的非接触连续测量等优点。其缺点是若液体中有气泡或液面发生波动,便会有较大的误差。在一般使用条件下,它的测量误差为±0.1%,测量范围为 $10^{-2} \sim 10^{4}$ m。

小贴士:超声波液位计的安装位置

很多超声波液位计工作不正常,原因就是安装位置、工况没有满足仪表的要求,选择合理的安装位置对超声波液位计尤为重要。图 5-71 和图 5-72 所示分别为正确安装示例和错误安装示例。

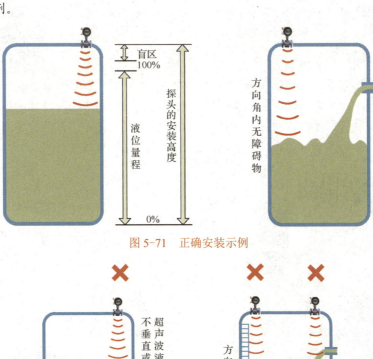

图 5-71 正确安装示例

图 5-72 错误安装示例

特别提醒

严禁液位进入超声波液位计的盲区；尽量避免在一个罐（池）内安装两个超声波液位计；不能将超声波液位计的探头安装于拱顶罐的中心位置（平顶罐除外）；将超声波液位计安装在支架上时，支架要厚实，支架与墙壁固定处需衬橡胶减震。

典型案例 50　超声波测厚

扫一扫看教学动画：超声波测厚的原理

超声波测厚仪的外形图如图 5-73 所示。当超声波测厚仪的探头发送的超声波脉冲通过被测物体到达材料分界面时，脉冲被反射回超声波测厚仪的探头，通过精确测量超声波在材料中传播的时间来确定被测材料的厚度。用超声波测量金属零件的厚度，具有测量精度高、操作简单、可连续自动检测等优点。

图 5-73　超声波测厚仪的外形图

1. 测量原理

超声波测厚的原理图如图 5-74 所示。超声波测厚采用以下两种模式。一种是普通测厚模式，它是测量发射脉冲和第一底面回波之间的时间差 t_1（包含涂层厚度）的，其发射脉冲宽度较大、盲区大，厚度测量下限只能达到 1.3 mm 左右；另一种是穿透涂层模式，它是测量两个连续底面回波之间的时间差 t_2（不包含涂层厚度）的，其底波脉冲宽度小、盲区小，厚度测量下限能达到 0.5 mm 以下。

图 5-74　超声波测厚的原理图

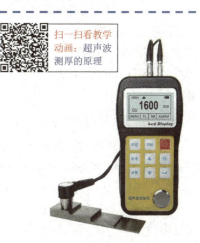

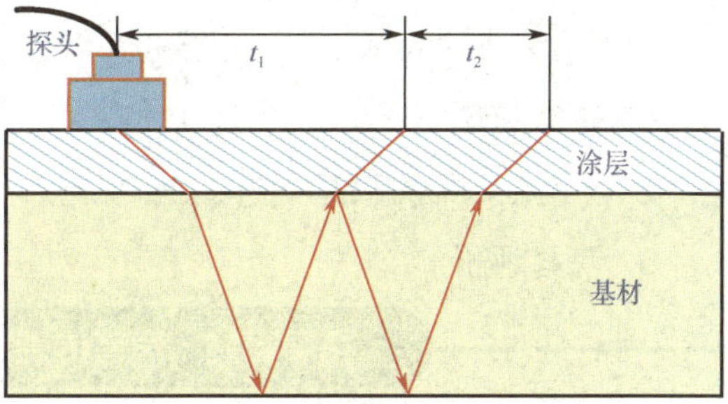

2. 可测材料

基于上述测厚原理，凡是能使超声波以一恒定速度在其内部传播的材料，均可采用超声波测厚仪进行厚度测量，这些材料包括钢、铁、铜、铝等金属材料和塑料、陶瓷、岩石、玻璃等非金属材料。

设计调试

提升篇

小试牛刀　扫一扫进行超声波传感器研析应用测试

5.3.3　超声波测距系统的调试

1. 系统的构成与原理

当超声波传播到两种不同介质的分界面上时，一部分超声波被反射，另一部分超声波透射过分界面。但若超声波垂直入射分界面或者以很小的角度入射，入射波完全被反射，几乎没有透射过分界面的折射波。这里采用脉冲反射法测量距离，因为脉冲反射不涉及共振机理，与被测物体的表面光洁度关系不密切。被测距离 D 的计算公式为

$$D = \frac{vt}{2} \tag{5-12}$$

式中，v 为超声波在空气中的传播速度；t 为超声波发出到返回的时间间隔。

为了方便处理，发出的超声波被调制成频率为 40 kHz 左右，具有一定间隔的调制脉冲信号。超声波测距系统框图如图 5-75 所示，系统由超声波发送部分、超声波接收部分、微控制器（MCU）和显示部分等组成。

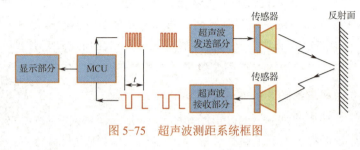

图 5-75　超声波测距系统框图

2. 电路搭接与调试

（1）将超声波发送接收器的引出线接至超声波传感器应用模块，并将 DC 15 V 稳压电源（电源模块）接至超声波传感器应用模块。

（2）打开主控台电源，将反射面正对超声波发送接收器，并逐渐远离超声波发送接收器。测量超声波发送接收器到反射面的距离，从 60 mm 至 200 mm，每隔 5 mm 记录一次超声波传感器模块显示的距离，将数据填入表 5-8 中。

表 5-8　系统调试数据记录表

距离/mm													
显示/mm													

3. 数据分析

根据所记录的调试数据，计算超声波传感器测量距离的相对误差。

4. 拆线整理

断开电源，拆除导线，整理工作现场。

扫一扫进行本环节的考核评价

5. 考核评价

> **拓展驿站：声音传感器声电转换系统的调试**
>
> 声音传感器的工作原理图如图 5-76 所示，当膜片受到声波的压力，并随着压力的大小和频率的不同而振动时，膜片极板之间的电容量就发生变化。与此同时，极板上的电荷随之变化，从而使电路中的电流也相应变化，负载电阻上也就有相应的电压输出，从而完成了声电转换。
>
> 声音信号—电信号的转换原理图如图 5-77 所示。声波信号经声音传感器 BM 拾取后，由于 R_2 的偏置使 VT_1 处于截止状态，VT_2 有很强的音频信号输出，可以通过示波器观察。
>
> 具体调试过程如下：
>
> （1）将声音传感器置于传感器应用模块上，打开主控台电源，将 +15 V 电源接入传感器应用模块。
>
> （2）说话或者敲击桌面发出声音，通过示波器观察 U_o 的输出信号。
>
> （3）调节 RP，改变系统的灵敏度，重复步骤 2，观察现象有什么不同。

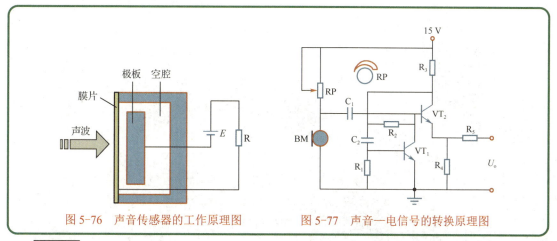

图 5-76 声音传感器的工作原理图　　图 5-77 声音—电信号的转换原理图

创新篇

5.3.4 超声波倒车雷达电路的设计与调试

1. 目的与要求

利用超声波传感器设计一种汽车倒车雷达电路，测距范围为 5~20 cm，测量精度为 ±1 cm。通过对超声波倒车雷达系统的调试，使学生加深对超声波测距电路组成与工作原理的理解，并能够对超声波测距系统进行调试。

2. 系统的构成与原理

这里要用到的器材设备主要有超声波传感器、运算放大器 LMV358、锁相环集成电路 CD4046、与非门 74HC00、电容、电阻、电位器、若干导线、倒车雷达系统传感器板、示波器、数字万用表、刻度尺。

超声波倒车雷达电路如图 5-78 所示，该电路主要由超声波产生与发送电路、单片机系统测量控制电路等组成。由锁相环集成电路 CD4046 的压控振荡器产生频率为 40 kHz 的方波，通过单片机系统控制其通过超声波发送器对外发送超声波。发送出去的超声波遇到障碍物时被反射回来，反射信号被超声波接收器捕捉后，被送入由 LMV358 构成的带通滤波器进行滤波、放大处理，然后被送入鉴相电路中，该电路输出一个低电平信号触发单片机中断，单片机系统（数字显示仪表）处理后得到所测距离。

3. 电路搭接与调试

1）电路搭接

在电路板上按照图 5-78 所示电路进行元器件的排版、布线与焊接。

2）电路调试

分别将超声波传感器应用模块与数字显示仪表、倒车雷达系统传感器板相连。打开超声波传感器应用模块电源，通过数字显示仪表上的按键 K_1 与 K_5 进入超声波倒车雷达系统显示界面，移动装置上的倒车雷达系统传感器板，通过示波器观察载波 TP_7、带通放大后的波形 TP_4，并查看数字显示仪表的测量距离。改变倒车雷达系统传感器板的位置，记录数字显示仪表上的测量距离和刻度尺上的示值。

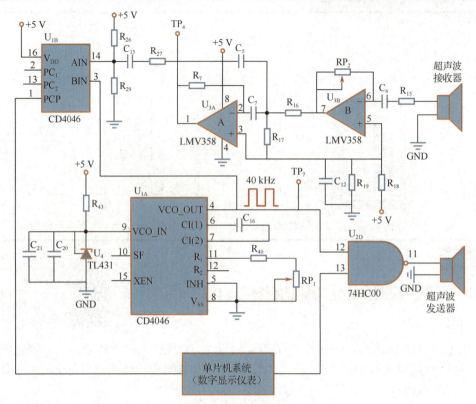

图 5-78 超声波倒车雷达电路

4. 拆线整理

断开电源,拆除导线,整理工作现场。

5. 考核评价

思考一刻:

(1)如果增加超声波接收器和超声波发送器之间的距离,是否会对测量结果造成影响?
(2)不同的环境温度是否会对测量结果造成影响?

测评总结

1. 任务测评

2. 总结拓展

该任务以"奋斗者"号全海多波束测深系统为载体,引入超声波传感器的应用与调试。任务 5.3 的总结图如图 5-79 所示,在探究新知环节中,主要介绍了超声波及其物理性质,超声波传感器的结构、工作原理、测量系统;在拓展篇中,阐述了声音传感器的原理、分类、应用。在研析应用环节中,重点分析了超声波传感器的四种典型应用。在设计调试环节中,实践了提升篇和创新篇的多个典型超声波传感器应用系统的调试任务。

通过对该任务的分析、计划、实施及考核评价等,掌握超声波传感器的结构与工作原理、测量系统,能够正确识别与检测超声波传感器,能够对超声波传感器的典型应用进行分析,能够根据任务要求正确选择超声波传感器并进行超声波传感器应用系统的调试。

项目5 新型传感器的应用与调试

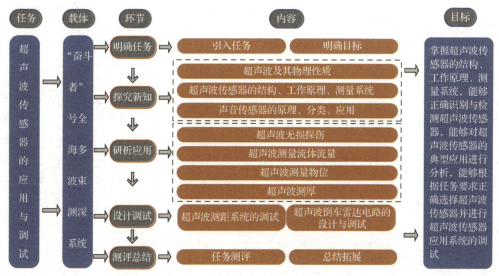

图 5-79 任务 5.3 的总结图

心灵驿站

知常明变者赢，守正创新者进

机遇从不等待不思进取、满足现状者，惟改革者进，惟创新者强，惟改革创新者胜。前瞻眼光和创新思维，以及终身学习的能力和"敢为天下先"的魄力，都是我们打开未来大门门的钥匙。葆有创新思维、砥砺创新精神，让创新成为一种习惯、一种姿态，为自己的精彩人生赋能导航。

这世上阡陌纵横，路长而歧，愿不忘初心，不畏荆棘染血，亦不负繁花似锦；愿在恰好的年纪做一个鲜衣怒马的少年，创新守正，行稳致远。

学习随笔

赛证链接

新型传感器是工业中十分重要的一种传感器，它是"1+X 工业传感器集成应用"和"1+X 中级物联网智慧农业系统集成和应用"职业资格鉴定考试的必考内容，同时是全国人工智能应用技术技能大赛智能传感器技术应用赛项的重点考核内容。赛证链接环节对接职业资格鉴定考试和技能大赛的考核要求，提供了相关的试题。

一、填空题

1. 霍尔传感器分为_____霍尔传感器和_____霍尔传感器。

2. 气敏电阻传感器可以把某种气体的_____、_____等参数转换成_____变化量。

3. 超声波传感器需要有_____和_____，它们的作用是用于_____和_____超声波。

4. 霍尔电势的大小与_____、_____、_____、_____有关。

5. 半导体气体传感器按照半导体变化的物理特性不同，可分为_____型和_____型。

6. 半导体气体传感器是利用气体吸附使半导体的_____发生变化的特性来工作的。

7. 超声波传感器的声波频率_____。

8. 超声波的频率越高，波长_____，指向角_____，方向性_____。

9. 线性霍尔传感器可以用来测量_____、_____、_____、_____等。

10. 开关型霍尔传感器可以用来进行_____、_____、_____、_____。

11. 烧结型二氧化锡气敏元件按其加热方式的不同，可以分为_____和_____两种。

12. 直热式二氧化锡气敏元件的优点是_____，但因其热容量_____，受_____的影响，稳定性较_____。

13. 霍尔传感器的灵敏度与霍尔系数成正比，与_____成反比。

14. 当载流导体或半导体处于与电流垂直的磁场中时，在其两端将产生电位差，这一现象被称为_____。

15. 气敏电阻元件的基本测量电路中有两个电源，一个是_____，用来_____；另一个是_____，用来_____。

16. 已知超声波传感器被垂直安装在被测介质底部，超声波在被测介质中的传播速度为 1 460 m/s，测得时间间隔为 28 μs，物位高度为_____。

17. 霍尔效应是导体中的载流子在磁场中受_____作用发生_____的结果。

18. 多数气敏元件都附带加热器，它的作用是将附着在气敏元件表面上的_____、_____烧掉，加速_____，提高气敏元件的_____和_____。

19. 图 5-80 是_____元件的基本测量电路。图中各编号的名称：①和②分别是_____，③和④分别是_____。电路中的被测量是_____。

20. 超声波在液体中的传播速度_____于其在空气中的传播速度。超声波传感器的检测方式有_____式和_____式两种，其测量流量主要是根据超声波_____的变化来实现的。

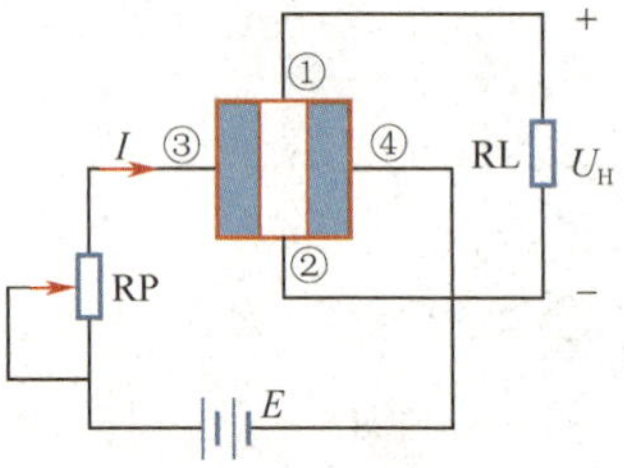

图 5-80　基本测量电路

二、选择题

1. 利用霍尔效应制成的传感器是（　　）。
　　A．应变传感器　　B．温度传感器　　C．霍尔传感器　　D．酒精传感器

2. 下列属于四端元件的是（　　）。
　　A．应变片　　B．压电晶片　　C．霍尔元件　　D．热敏电阻

3. 涉及机器人防止跌落和防止碰撞的传感器有（　　）。
　　A．红外传感器　　　　　　B．超声波传感器
　　C．视觉传感器　　　　　　D．激光雷达

4. 在霍尔传感器 OH3144 的三个引脚中，输出引脚是（　　）。
   A．1 引脚　　　　B．2 引脚　　　　C．3 引脚　　　　D．以上均不是
5. 下列说法中，对霍尔传感器 OH3144 描述正确的是（　　）。
   A．当磁铁靠近时，1 引脚的输出信号为高电平
   B．上电后，用万用表测量 2 引脚，电压为 0 V
   C．有字的一面朝着自己，左边第二个是输出端
   D．有字的一面朝着自己，左边第一个是电源端
6. 用来测量一氧化碳、二氧化硫等气体的固体电介质属于（　　）。
   A．湿度传感器　　　　　　　　B．温度传感器
   C．力传感器　　　　　　　　　D．气体传感器
7. 单晶直探头发送超声波是利用压电晶片的（　　），而接收超声波是利用压电晶片的（　　），发送在（　　），接收在（　　）。
   A．压电效应　　B．逆压电效应　　C．电涡流效应　　D．先
   E．后　　　　　F．同时
8. （　　）在生产实际中已较少使用。
   A．直热式二氧化锡气敏元件　　　B．旁热式二氧化锡气敏元件
   C．薄膜型二氧化锡气敏元件　　　D．厚膜型二氧化锡气敏元件
9. 酒精传感器的型号是（　　）。
   A．MQ-1　　　　B．MQ-2　　　　C．MQ-3　　　　D．MQ-4
10. MQ-2 型气体传感器是用来检测（　　）的。
    A．烟雾　　　　B．酒精　　　　C．甲烷　　　　D．一氧化碳
11. 公式 $U_H=K_H IB\cos\theta$ 中的 θ 是指（　　）。
    A．磁力线与霍尔薄片平面之间的夹角
    B．磁力线与霍尔元件内部电流方向之间的夹角
    C．磁力线与霍尔薄片的垂线之间的夹角
    D．以上均不是
12. 在制造霍尔元件的半导体材料中，目前用得较多的是锗、锑化铟、砷化铟，其原因是这些（　　）。
    A．半导体材料的霍尔系数比金属大
    B．半导体材料中的电子迁移率比空穴高
    C．半导体材料的电子迁移率比较大
    D．N 型半导体材料较适宜制造灵敏度较高的霍尔元件
13. 霍尔电势与（　　）成反比。
    A．激励电流　　　　　　　　B．磁感应强度
    C．霍尔元件的宽度　　　　　D．霍尔元件的长度
14. 超声波传感器可以使飞行器识别自身与地面的高度、识别自身与目标的距离，因此它不能实现的功能是（　　）。
    A．定高　　　　　　　　　　B．定距
    C．避免与前方障碍物碰撞　　D．避免与飞行器上方障碍物相撞
15. 超声波传感器常被称为超声波探测器、超声换能器、超声探头，超声波传感器有压

电式、磁致伸缩式、电磁式等，在检测技术上最常用的是（　　）。

　　A．磁致伸缩式　　B．电磁式　　C．压电式　　D．电压式

16．对于 MQ-3 型酒精传感器，其吸入酒精的浓度越大，敏感体的阻值就越（　　）。

　　A．大　　B．小　　C．不变　　D．以上均可以

17．对于加快气体反应速度最关键的是（　　）。

　　A．气敏元件　　B．加热丝　　C．催化剂　　D．以上均不是

18．对于提高气体传感器的选择性最关键的是（　　）。

　　A．气敏元件　　B．加热丝　　C．催化剂　　D．以上均不是

19．HC-SR04 超声波传感器有 4 个引脚，其中触发引脚是（　　）。

　　A．GND　　B．V_{CC}　　C．Trig　　D．Echo

20．超声波传感器与遮挡物之间距离的单位是（　　）。

　　A．cm　　B．mm　　C．μm　　D．m

21．采用超声波传感器测量距离的方法属于（　　）测量方法。

　　A．直接式、接触式　　　　B．间接式、接触式
　　C．直接式、非接触式　　　D．间接式、非接触式

22．减小霍尔元件的输出不等位电势的办法是（　　）。

　　A．减小激励电流　　　　　B．减小磁感应强度
　　C．使用电桥调零电位器　　D．以上均是

23．霍尔接近开关可以检测出（　　）的靠近程度。

　　A．人体　　B．液体　　C．磁性零件　　D．塑料零件

24．在倒车雷达测距过程中，测得障碍物与倒车雷达的距离大约为 1 m，那么超声波信号发出后经过（　　）被超声波接收器接收到。

　　A．12 ms　　B．6 ms　　C．9 ms　　D．3ms

25．水平送料方式的切丝机利用超声波传感器探测料位高度，其探测面要正对（　　）。

　　A．送料振槽的底部　　　　B．积料的中部
　　C．料仓的中部　　　　　　D．排链的底部

26．酒驾易造成交通事故，利用图 5-81 所示电路可以检测司机是否酒驾。图中的 R_1 是一个定值电阻，而 R_2 是一个气体传感器，它的阻值会随着周围酒精气体浓度的增大而减小。检测时，喝了酒的司机对着气体传感器吹气，则（　　）。

　　A．电路的总电阻减小，电压表的示值减小
　　B．电路的总电阻减小，电压表的示值增大
　　C．电路的总电阻增大，电压表的示值增大
　　D．电路的总电阻增大，电压表的示值减小

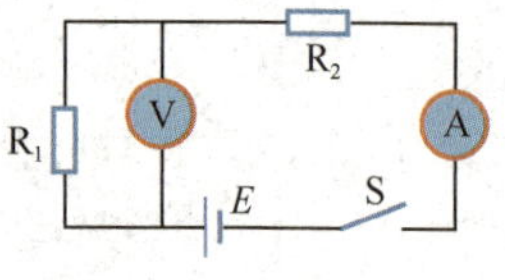

图 5-81　酒精浓度检测电路简图

三、综合分析题

1．简述如何检测开关型霍尔传感器 OH3144 的质量合格与否。

2．简述 MQ-3 型酒精传感器的质量检测方法。

3．某霍尔元件的尺寸 l、b、d 分别是 1.0 cm、0.35 cm、0.1 cm，沿 l 方向通以电流 I=1.0 mA，在垂直于 l 和 b 面的方向上加有均匀磁场 B=0.3 T，传感器的灵敏系数为 22 V/(A·T)，试求其输出霍尔电势及载流子浓度。

4. 结合图 5-82 说明霍尔式微位移传感器是如何实现微位移测量的？

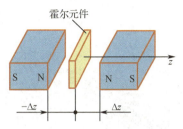

图 5-82　霍尔式微位移传感器的工作示意图

5. 用超声波传感器对一个器件进行探伤，采用图 5-83 所示反射法，超声波传感器包括发送、接收两部分，已知 $t_{d1}=3.0×10$ μs，$t_{d2}=2×10$ μs，$t_f=1.2×10$ μs，$h=3.2$ cm。问：
(1) 图 5-83（b）和图 5-83（c）两图中哪一个是对应此种情形的荧光屏所示的信号波形？
(2) 各脉冲电压分别对应什么信号？
(3) 由荧光屏上的结果可知此器件中的缺陷在何位置？

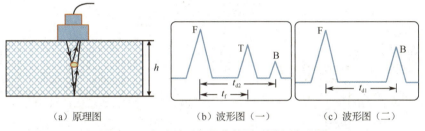

图 5-83　超声波无损探伤的原理图和波形图

6. 酒精浓度检测控制电路能有效地防止司机酒后驾驶车辆，保护人身和车辆安全，减少交通事故的发生，非常实用。试分析图 5-84 所示的酒精浓度检测控制电路图。

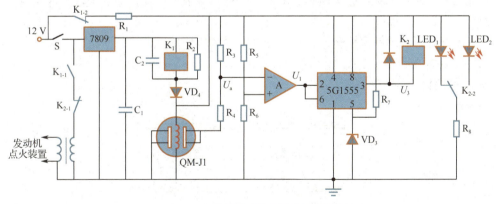

图 5-84　酒精浓度检测控制电路图

7. 矿灯瓦斯报警器电路可利用矿灯或矿灯安全帽进行改装，它能在矿井内瓦斯气体超限时发出闪光报警信号，提醒矿工注意安全。试分析图 5-85 所示的矿灯瓦斯报警器电路图。
8. 图 5-86 所示为霍尔计数装置的工作示意图和电路原理图。
(1) 简要说明霍尔传感器的工作原理（霍尔效应）。
(2) 分析霍尔计数装置的工作原理。

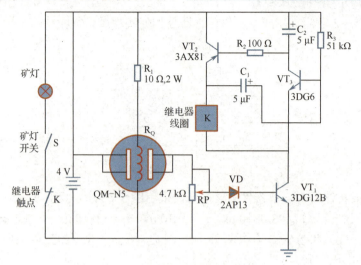

图 5-85 矿灯瓦斯报警器电路图

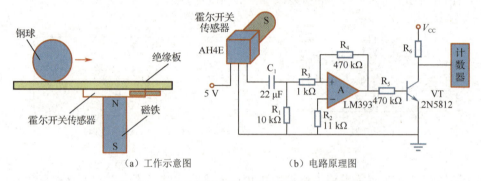

图 5-86 霍尔计数装置的工作示意图和电路原理图

9. 图 5-87 所示为利用超声波传感器测量流体流量的原理图,设超声波在静止流体中的流速为 c。

（1）简要分析利用超声波传感器测量流体流量的工作原理。

（2）求流体的流速 v。

（3）求流体的流量 Q。

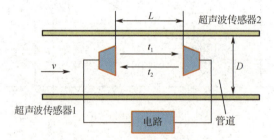

图 5-87 利用超声波传感器测量流体流量的原理图